职业院校电子电器应用与维修专业项目教程系列教材

新型电冰箱故障分析与维修项目教程

肖凤明　主编

电子工业出版社

Publishing House of Electronics Industry

北京·BEIJING

内 容 简 介

本书按中华人民共和国教育部中等学校要求，根据中职学生的实际情况编写。本书求新、求实、图文并茂、表格齐全，具有初中文化程度的读者即可读懂。本书适合于工人技术系列"制冷工、制冷设备维修工、家用电器维修工、冷藏工"及干部系列"制冷空调"中级职称、高级职称人员阅读，也适合作为职业高中、技校、中等职业学校、高等职业学院相关专业教材或各级技工、技师、高级技师培训用书。

未经许可，不得以任何方式复制或抄袭本书之部分或全部内容。

版权所有，侵权必究。

图书在版编目（CIP）数据

新型电冰箱故障分析与维修项目教程 / 肖凤明主编. —北京：电子工业出版社，2014.4
职业院校电子电器应用与维修专业项目教程系列教材
ISBN 978-7-121-22622-9

Ⅰ. ①新… Ⅱ. ①肖… Ⅲ. ①冰箱－维修－中等专业学校－教材 Ⅳ. ①TM925.210.7

中国版本图书馆 CIP 数据核字（2014）第 044348 号

策划编辑：张　帆
责任编辑：王凌燕
印　　刷：北京虎彩文化传播有限公司
装　　订：北京虎彩文化传播有限公司
出版发行：电子工业出版社
　　　　　北京市海淀区万寿路 173 信箱　邮编 100036
开　　本：787×1 092　1/16　印张：18.25　字数：467.2 千字
版　　次：2014 年 4 月第 1 版
印　　次：2024 年 8 月第 8 次印刷
定　　价：33.80 元

凡所购买电子工业出版社图书有缺损问题，请向购买书店调换。若书店售缺，请与本社发行部联系，联系及邮购电话：（010）88254888，88258888。

质量投诉请发邮件至 zlts@phei.com.cn，盗版侵权举报请发邮件至 dbqq@phei.com.cn。

本书咨询联系方式：（010）88254592，bain@phei.com.cn。

<<<<< PREFACE

《中华人民共和国劳动法》明确规定：国家对规定的职业制定职业技能标准，实行职业资格证书制度。职业技能鉴定是提高劳动者素质，增强劳动者就业能力的有效措施。通过建立职业资格证书制度，可以为企业、事业单位合理使用劳动力，以及劳动者自主择业提供依据和凭证。同时竞争上岗，以贡献定报酬的新型劳动分配制度，也必将成为劳动者努力提高职业技能的动力。

随着我国经济的迅速发展和人民生活品位的提高，电冰箱已成为家庭生活中不可缺少的电器产品。随着科学技术的进步，如何有效提高维修人员的技术水平，是当前制冷行业急需解决的难题。为了提高电冰箱维修水平和服务质量，普及电冰箱知识，按中华人民共和国教育部中等学校要求，电子工业出版社组织制冷技术专家，根据中职学生的实际情况，编写了《新型电冰箱故障分析与维修项目教程》一书。

本书编写过程中，每个章节均按中华人民共和国劳动和社会保障部职业技能鉴定中心题库内容编写，并得到了海尔、海信、美的、容升、科龙等电冰箱生产企业及中央国家机关职业技能鉴定指导中心、中国医学科学院协和医科大学、侨办宾馆、北京建筑大学、东城区职工大学、北科学校、文天学校的大力支持和帮助，在此表示诚挚的感谢。

本书由肖凤明高级工程师负责全书的统编工作，参加编写和提供帮助的还有李惠君、胡盛寿、丑承章、王峥、顾东凤、王希振、李志远、万雷、韩春雷、杨杰、胡道涛、朱曼露、李影、杨国胜、李光、曹也丁、赵伟、王琳、高虹、倪震勇、吴春国、刘保会、辛晓雁、许庆茹、孙晓建、于丹、刘辉、孙洁、王清兰、朱长庚、于广智、陈曦、郝友明、苑明、陈会远、海星、林芳芳、于志刚、孙占合、张顺兴、王自力、程芳甸、马玉梅、张文辉、杨鑫雨、肖剑、马玉华、韩淑琴、付秀英等。

由于编者水平有限，编写时间较短，编写难度较大，尽管尽了最大努力，书中也难免有不足之处，欢迎广大读者批评指正。

作　者

目录

<<<<< CONTENTS

制冷基础知识入门

学习目的：从理论基础入手，讲述热力学的基本概念和简单计算。

学习重点：绝对压力、相对压力、真空度、比容、温标和热量。

教学要求：掌握压力、温度和热量的概念及测量，熟悉热力学的基本定律和热力学的简单计算。

项目 1.1 夯实制冷基础知识

任务 1.1.1 学一点制冷理论基础知识

1. 制冷理论基础知识

1）气体的基本状态参数

气体或蒸发的分子时刻处于无规则的运行中，其状态随着外部条件的变化而发生变化，即物质以气态、液态、固态存在是相对的，在一定条件下可以相互转化，即使是气体，也有饱和及过热等状态之分。为了描述气体在各种状态下的特征，必须用某些物理量来确定地描述气体的性质，这些物理量称为气体的状态参数，最常用的有温度、压力和比容，它们被称为气体的基本状态参数。

2）温度与温标

温度是物体内部分子运动平均动能的标志，或者说是表示物体冷热程度的量度。两个冷热不同的物体相互接触时，一个物体放热，另一个物体吸热，热量由热物体转移至冷物体，放热的物体变冷，吸热的物体变热。

表示温度的标度称为温标，常用的有摄氏温标和华氏温标，前者的单位用摄氏度（℃）表示，后者用华氏度（℉）表示。摄氏温标规定在 1 个标准大气压下，清洁水的熔点和清洁水的沸点各为 0℃和 100℃。在这两个点之间 100 等分，每个等分就是 1℃。华氏温标规定在 1 个标准大气压下，清洁水的熔点和清洁水的沸点分别为 32℉和 212℉，在这两个点之间 180 等分，每个等分就是 1℉，摄氏和华氏温标之间的关系为：

$$t_C = \frac{5}{9}(t_F - 32)$$

式中　t_C——摄氏温标，℃；

　　　t_F——华氏温标，℉。

在热力学计算中通常使用绝对温标，也称热力学温标或开氏温标，其单位用 K 表示。它规定以水的三相点（273.16K 即 0.001℃）作为基点，每一个等分与摄氏温标大小一样，因此两者的关系为：

$$T = t_C + 273 - 15$$

式中　T——绝对温标，K；

　　　t_C——摄氏温标，℃。

在工程计算中，为了方便常近似地取：

$$T = t_C + 273$$

3）压强（包括绝对压力、表压力和真空度）

在工程上把单位面积上所受的垂直作用力称为压力，而在物理学上称为压强，用公式表示为：

$$P = \frac{F}{S}$$

式中　P——压力，Pa；

　　　F——垂直作用力，N；

　　　S——面积，m^2。

压力的单位为帕（Pa），在工程计算中由于 Pa 单位太小，经常用兆帕（MPa）来代替。

4）比容与密度

单位质量的物质所占有的容积称为比容，用公式表示为：

$$u = \frac{V}{G}$$

式中　u——比容，m^3/kg；

　　　V——容积，m^3；

　　　G——质量，kg。

单位容积的物质所具有的质量称为密度，用公式表示为：

$$\rho = \frac{G}{V}$$

式中　ρ——密度，kg/m^3；

　　　V——容积，m^3；

　　　G——质量，kg。

5）热能、热量、功、功率和制冷量

热能是能量的一种形式，它是物质分子运动的动能。热能是可以随物质运动由一种形式转变为另一种形式的能量。热量是物质热能转移时的度量，表示某物体吸热或放热多少的物理量，热量的单位为焦耳（J）或千焦耳（kJ），过去用卡（cal）或千卡（kcal）表示。其关系为：

$$1kcal = 4.18kJ$$

功是能量的一种形式，它是作用在物体上的力和物体在力的方向上所移动距离的乘积，单位为焦耳（J）或千焦耳（kJ）。

功率是单位时间内所做的功，单位为瓦（W）或千瓦（kW）。

制冷量又称冷量，是指单位时间里由制冷机从低温物体（房间）向高温物体（环境）所转移的热量，单位为瓦（W）或千瓦（kW），也可以用焦耳/小时（J/h）或千焦耳/小时（kJ/h）表示。

过去制冷量用千卡/小时（kcal/h）表示，它与瓦之间的关系为：

$$1W=0.86kcal/h \quad 或 \quad 1kW=860kcal/h$$

英制冷量为英热单位（B.T.U），其关系为：

$$1B.T.U=0.252kcal \quad 或 \quad 1B.T.U/h=0.292W$$

6）比热、显热

比热用来衡量单位质量物质温度变化时所吸收或放出的热量，比热的单位为 J/（kg·K）或 kJ/（kg·K）。

显热是指物体在加热（或冷却）过程中，温度升高（或降低）所需吸收（或放出）的热量，它能使人们有明显的冷热变化感觉，通常可以用温度计测量物体的温度变化。

如果把一杯开水（100℃）放在空气中冷却，它不断地放出热量，温度也不断地下降，但其形态仍然是水，这种放热称为显热放热。同样，把水放入电冰箱中，它的温度会逐渐下降，在冷却到0℃之前放出的热量也是显热。

7）潜热

当单位质量的物体在吸收或放出热量的过程中，其形态发生变化，但温度不发生变化，这种热量无法用温度计测量出来，人体也无法感觉到，但可通过试验计算出来，这种热量称为潜热。

例如，把一块 0℃ 的冰加热，它不断地吸热而融化，但其温度维持不变，直至固体的冰完全融化成水之前，这时单位质量的冰所吸收的热量称为溶解潜热。与上述现象相反，从 0℃ 的水中抽取热量，则会使水凝固成冰，这时单位质量的水放出的热量就称为凝固潜热，100℃ 的水因沸腾而汽化时，所吸收的热量称为蒸发潜热，也称汽化潜热；相反，100℃ 的水蒸气变成 100℃ 的水时，所放出的热量称为液化潜热。

8）物质的三态及状态变化

物质是具有质量和占有空间的物体。它以固态、液态和气态三种状态中的任何一态存在于自然界中，随着外部条件的不同，三态之间可以相互转化。如果把固体冰加热便变成水，水再加热变成水蒸气；相反，将水蒸气冷却可变成水，继续冷却可结成冰。这样的状态变化对制冷技术有着特殊意义，人们可利用制冷剂在蒸发器中汽化吸热，而在冷凝器中则又冷凝放热。即应用热力学第二定律的原理，通过制冷机对制冷剂气体的压缩，以及以后的冷凝中的冷凝和蒸发器中的汽化，实现热量从低温空间向外部高温环境的转移，实现制冷的目的。

物质在状态变化过程中，总是伴随着吸热或放热现象，这种形式的热量统称为潜热，如熔化潜热、汽化潜热、液化潜热、升华热和固化热。

9）沸腾、蒸发、汽化、冷凝和液化

沸腾是指在一定温度（沸点）下，液体内部和表面同时发生剧烈的汽化过程。这时，液体内部形成许多小气泡上升至液面，迅速汽化并吸收周围介质的热量。

蒸发是指在任何温度下，液体外露表面的汽化过程。蒸发在日常生活中到处可见，如放在杯子中的酒精很快会蒸发掉，湿衣服晒在阳光下会干燥等，物质的蒸发过程伴随着吸热。

> **⚠ 注 意**
>
> 沸腾和蒸发是汽化的两种形式。

在变频电冰箱制冷技术中，习惯上把制冷剂液体在蒸发器中的沸腾称为蒸发，这种换热器称为蒸发器也来源于此。

冷凝又称液化，是指物质从气态变成液态的过程。例如，水蒸气遇冷就会凝结成水珠。水蒸气液化很容易，但有些气体的液化要在较低温度和较高压力下才能实现，如电冰箱中制冷剂 R134a 在室温下需加压到 0.6MPa（6 个大气压）以上才能在冷凝器中放热液化。冷凝或液化都伴随着放热。

冷凝和汽化是相反过程，在一定的压力下，蒸汽的冷凝温度与液体的沸腾温度（沸点）相同，汽化潜热与液化潜热的数值相等。

10）饱和温度、饱和压力、过冷和过热

饱和温度和饱和压力：装在密闭容器里的液体，从液面飞越出来的分子不可能扩散到其他地方去，只能聚积在液体上面的那个空间里，做无规则运动。其中一部分气体分子碰撞液面时，又回到液体中去，一部分新的分子又从液面上飞升到气体空间。当两者达到平衡时，空间里的气体比容不再变化，液体和它的蒸气处于动态平衡状态，蒸气中的分子数不再增加，这种状态称饱和状态。在此状态下的蒸气称为饱和蒸气，饱和蒸气的温度称为饱和温度，饱和蒸气的压力称为饱和压力。

过冷和过热：在饱和压力的条件下，继续使饱和蒸气加热，使其温度高于饱和温度，这种状态称为过热，这种蒸气称为过热蒸气。饱和液体在饱和压力不变的条件下，继续冷却到饱和温度以下称为过冷，这种液体称为过冷液体。

11）制冷系数和电冰箱的能效比（EEP）

对于电冰箱来说，根据热力学第二定律，要把电冰箱中的热量 t_0 排放到高温环境中，必须消耗一定的机械功 L。为了评定电冰箱的性能，便引出了制冷系数 ε。

ε 的值可能大于 1，ε 越大，则在相同的条件下，该电冰箱的性能越好。因此，电冰箱技术的重要任务之一是不断提高制冷系数 ε。

12）温度和含湿量

绝对温度是指每立方米空气中所含水蒸气的质量，常用单位为 g/m^3。

相对湿度是指空气中的水蒸气分压力与同湿度下饱和水蒸气分压力的百分比值。

含湿量又称比湿，是指湿空气中水蒸气质量（一般以 g 为单位）与干空气质量（一般以 kg 为单位）的比值，常用单位为 g/kg。它比较确切地反映了空气中实际含有水蒸气的量，是电冰箱中常用的一种状态参数。

13）空气的干、湿球温度和干、湿球温差

干球温度和湿球温度：用干、湿球温度计测量空气温度时，温度计球部不包潮湿棉纱的干球温度计所指示的空气温度称为干球温度；球部包潮湿棉纱的湿球温度计所指示的空气温度称为湿球温度。

干、湿球温差：用干、湿球温度计测量未饱和空气时，干球温度计显示的温度较高，湿球温度计显示的温度较低，两个温度的差称为干、湿球温差。该温差大，表示空气干燥；温差小，表示空气潮湿。

14）传热和对流换热

传热又称换热，是指热量从高温物体（空间）向低温物体（空间）传递的形式。传热的基本形式有三种：导热（热传导）、对流（对流换热）和辐射。

▶ 2. 热力学名词、术语

1）工质与介质

在制冷技术中，将制冷剂称为工质，即表示工作的物质之意。

凡是可以用来传递热量的物质称为介质，常见的介质有空气和水等。

2）温度

温度是用来表示物体冷热程度的参数，从分子论的观点分析，温度反映了物质分子热运动的剧烈程度，更确切地说，反映了物质分子平均速度的大小。

我国法定计量单位规定：摄氏温度用符号℃来表示。

3）热量

热量是物体含热多少的一种度量，单位是焦耳（J）或千焦（kJ）。

4）制冷量、制热量

制冷量、制热量用于表示制冷或制热的能力，用 W 或 kW 表示。

5）蒸发与沸腾

（1）蒸发：液体表面的汽化现象，液体可在各种温度下蒸发。

（2）沸腾：液体表面和内部同时激烈汽化的现象，液体在一定压力下达到一定的沸点温度才能沸腾。

6）冷凝

气体液化为液体现象，分为冷却和凝结两个过程。

7）功率

功率是指单位时间内所做的功，其单位为瓦，一般用 W 或 kW 表示。

8）过热与过冷

（1）过热：饱和蒸气在饱和压力条件下，继续受热到饱和温度以上，称为过热气体。过热气体的温度与饱和温度的差值称为过热度。例如，水蒸气被加热到105℃时，过热度为5℃。

（2）过冷：饱和液体在饱和压力条件下，继续冷却到饱和温度以下，称为过冷液体。过冷物体的温度与饱和温度的差值称为过冷度。

9）节流

节流是指流体在管道中流动，通过阀门、孔板等设备时，由于局部阻力，使流体压力降低的现象。

10）热量传递方式

（1）热传导（导热）：热量由同一物体的某部分转移到另一部分，或者两个相接触的物体之间热量的转移（在气体、液体、固体中均可发生）。

（2）对流：热的流体因为质轻向上位移，冷的流体就沉降，如此不断循环（对流只能在气体、液体中发生）。

（3）热辐射：热能通过电磁波来进行传递，热能转换为辐射能，辐射能不要任何介质作为媒介，通过空间便可传递到另一物体，另一物体接受了辐射能后又转换成热能。

11）内能

由于组成物质的分子总是在不停地做无规则的运动，因此，像一切运动着的物体一样，运动着的分子具有动能。分子间存在相互作用力，因此，分子还具有由它们的相对位置所决定的势能，这就是分子的势能。物质的所有分子的动能和势能的总和称为物质的内能。内能用符号 U 表示，单位是 J/kg 或 kJ/kg。

12）外能

气体在任何条件下都具有和外压对抗的能量，这种能量称为外能。外能的大小取决于该条件下气体的压力 P 与比容 u 的乘积。

13）焓

焓是一种能量，用来表明制冷剂所处状态的热力状态参数。在热力学中，气体的内能和外能之和称为气体的焓。焓一般用符号 h 或 i 表示，单位是焦耳/千克（J/kg）。有时也采用千焦耳/千克（kJ/kg）作为焓的单位。

物质在各种状态下的焓，可由物质的热力性质表或物质 $\lg p\text{-}h$ 图直接查得。

14）熵

熵和焓一样，也是一种表示制冷剂所处状态的参数。制冷剂被加热时熵增大，反之，从制冷剂取出热量时熵就减小。只要制冷剂既不吸热，也不放热，熵值就不变。熵一般用符号 s 表示，单位是焦耳/开尔文（J/K）或千焦耳/开尔文（kJ/K）。

物质在状态变化过程中吸收或放出的热量 $\mathrm{d}Q$ 此时物质的热力学温度 T 的比值，称为熵的变化量，即物质吸收或放出的热量等于物质的热力学温度和熵的变化量的乘积。

熵和焓一样，由物质的热力学性质表或物质的 $\lg p\text{-}h$ 图直接查得。

3. EER 的含义与电冰箱的性能

1）EER 的含义

EER 是电冰箱的制冷性能系数，也称能效比，表示电冰箱的单位功率制冷量。

$$EER=制冷量/制冷消耗功率$$

单位：瓦/瓦或千卡/小时·瓦。

EER 反映了电冰箱的制冷效率的高低，是电冰箱运行中重要的技术指标。

2）电冰箱的性能

电冰箱性能的高低，主要取决于 EER 指标的高低。EER 越高，电冰箱能耗越少，性能越好。也就是说，性能系数的物理意义就是每小时消耗 1W 的电能所产生的冷量数，所以性能系数高的电冰箱，产生同等冷量所消耗的电能少。

任务 1.1.2　热力学基本定律及其在制冷技术中的应用

1. 热力学第一定律

在我们的现实生活中，无数的自然现象给出一个结论：能量不能消失也不能创造，它只能从一种形式转变为另一种形式，这一结论称为能量守恒及转换定律。它在自然界中具有普遍性，且是最基本的定律之一。

热力学第一定律是能量守恒及转换定律的一种特殊形式，它说明了热能和机械能之间相互转换的关系，其意义是："在所有情况下，当一定量的热能消失时，则必产生一定量的机械能"，反之亦然。换言之，即能量的形式可以相互转换而其总能量保持不变。因此，在制冷工质受热做功的过程中，工质由于受热而自外界得到的能量，应该等于工质对外做功所付出的能量与储存在工质内部的能量之和。这就是热力学第一定律的基本内容。

储存于工质内部的能量表现为工质内能的增加。所谓内能，是指工质在某种状态下内部所蕴藏的总能量。它是工质内部大量分子不断运动（移动、振动、转动）所具有的动能及分子相互之间吸引力所引起的位能的总和。通常用 u 表示 1kg 工质的内能，单位是 kJ/kg 或 kcal/kg；U 表示 G 千克气体的内能，单位是 kJ 或 kcal。

在工程中，常用马力（PS）作为功率的单位，而用马力·小时（PS·h）作为功的单位。已知：

$$1PS=75kgf \cdot m/s=735.499W$$

因此　　　　　　　　　$$1PS \cdot h=75 \times 60 \times 60=270000kgf \cdot m$$

如用热量单位表示，则

$$1PS \cdot h=\frac{270000}{427} \approx 632kcal$$

同样，在电能上功率用千瓦（kW），而功用千瓦·小时（kW·h）表示。

$$1kW=102kgf \cdot m/s$$

因此，$1kW \cdot h=102 \times 60 \times 60=367200kgf \cdot m=1.36PS \cdot h$

$$1kW \cdot h=\frac{367200}{427} \approx 860kcal$$

若在一个具有活塞的理想气缸中储存 1kg 气体工质，外界加给工质以微量的热量 dq，将使工质状态发生变化，此时工质做了微量的膨胀功 dl，同时工质吸热后又使本身内能产生 du 的变化。根据能量守恒原则，能量收支必须平衡：

$$dq=du+Adl$$

这个方程称为热力学第一定律的解析式。用文字简述：加给工质一定量的热能，结果一部分用于改变工质的内能，另一部分用于工质对外做功。

对 Gkg 工质而言则有：

$$Q=\Delta U+AL= U_2-U_1+AL$$

式中　L——每千克工质对外所做的功，kgf·m/kg；

　　　Q、ΔU、L——相应于 G 千克工质得到的热量 kJ（kcal）、内能的增加 kJ（kcal）和对外所做的功 kgf·m。

应该指出：上列方程式不仅适用于膨胀过程，也适用于压缩过程；不仅适用于加热过程，也适用于放热过程。按一般规定，工质吸收热量（$q>0$）为正值，放出热量（$q<0$）为负值；内能增加（$\Delta u =u_2-u_1>0$）为正值；膨胀功为正值，压缩功为负值。以上为热力学第一定律的内容。

❷2. 热力学第二定律

在工程热力学中研究的所有热力过程，都属于热力学第一定律的范畴。但是，任何不违反热力学第一定律的热力过程，在实际上并不是都可以实现的。第一定律指出：能量的形式可以转换而其能量的总量保持不变。但是它没有指明能量转变过程的方向。例如，两个温度不同的物体之间的传热问题，第一定律只说明了若物体失去热量，则另一物体必获得与其相等的热量。而热流的方向究竟如何？即热量是由高温物体传到低温物体呢，还是恰恰相反？对于热功相互转换的问题，第一定律仅说明了热能和机械能在相互转换时能量保持不变，而未说明这种转换的条件。通过长期观察自然界中进行的各种热力过程后，我们得到这样一个事实：热总是从高温物体传向低温物体，而不可能自发地从低温物体传向高温物体；机械能可以无条件地转变为热能，但是无法使热能再全部地转变为机械能。

进而言之，自然界涉及的热现象的一切过程都是单向进行的，无论用任何方法都不能使其恢复原状而不引起其他变化。这就是热力学第二定律的基础。

应该指出：上述情况仅说明了自发过程的单向性，并不是说自然界凡涉及热现象的一切过程都不能反向进行。这种反向过程是有可能实现的，但必须有另外的补偿过程存在。例如，制冷机的工作过程，就是要使热量由低温传向高温，正如低处的河水可用泵输送到高山一样，为此都必须消耗机械能，其消耗机械能的过程就是一个补偿过程。

根据上述能量形式转换的方向性，热力学第二定律可以表述为："不消耗外功，热量不可能自发地从低温物体传向高温物体"。另一表述："要使热能全部而且连续地转变为机械能，是不可能的"。

项目 1.2　掌握制冷技术的制冷循环与应用

任务 1.2.1　传热学在 $\lg p$-h 图上的应用及理论循环计算方法

1. 制冷剂状态变化在 $\lg p$-h 图上的表示

为了维修电冰箱使用方便，人们在实践中总结绘制出了制冷剂的压—焓图（$\lg p$-h 图），又叫莫尔图。此图由莫尔发明，用于制冷系统的理论分析和热力计算。此图规定制冷剂的焓 h 为横坐标，压力 $\lg p$ 为纵坐标组成坐标图，图上用不同的线簇将制冷剂在不同状态下的温度、质量体积及蒸气的干度同时表示出来。应注意图面上纵坐标的数值是制冷剂的绝对压力数值。$\lg p$-h 图具有下列特征：一点——工质的临界点 C；两线——干度 $x=0$ 的饱和液体线和 $x=1$ 的干蒸气线，两线交于临界点 C；三区——饱和液体线左方为过冷区，饱和液体线和干蒸气线之间为气液共存区，又称湿蒸气区或饱和区，干蒸气线右方为过热蒸气区；五态——图上的点对应着制冷剂的 5 种状态，过冷状态、饱和状态、湿蒸状态、干饱和蒸气状态、过热状态。实用的 $\lg p$-h 图通常只画出工程计算中需查取的部分，临界点 C 及气液共存区横向的中央部分不画出。

$\lg p$-h 图的组成如图 1-1 所示。

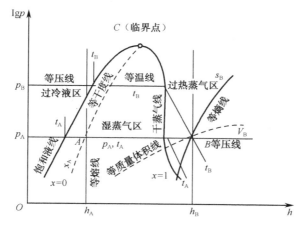

图 1-1 制冷剂 $\lg p\text{-}h$ 图的组成

由图 1-1 可见，在制冷剂 $\lg p\text{-}h$ 图上，代表各参数的等值线的分布情况为：

（1）等压线是一组水平线簇。气液共存区，由于在一定压力下就有一确定的温度值，所以等压线也就是等温线。

（2）等焓线为一组垂直线簇。

（3）等质量体积线为一组自左下向右上延伸，斜率较小的曲线簇。

（4）等熵线为一组自左下向右上延伸，斜率较大的曲线簇。

（5）等干度线簇只存在于饱和区，所有等干度线都相交于临界点 C。

（6）等温线为一组折线簇，即在过冷液区为垂直线，在气液共存区内为与等压线重合的水平线，在过热蒸气区则为略向右凸近似垂直的曲线。

对应于制冷剂的 p、h、t、V、s 及干度 x 6 个状态参数，只要知道其中任意两个，就可在该制冷剂的 $\lg p\text{-}h$ 图上确定制冷剂所处的状态和该状态下的其余参数值。而处于 $x=0$ 的饱和液体线与 $x=1$ 的干蒸气线上的制冷剂，则只需知道其中一个参数就可确定其所处的状态。

▶ 2. 理论循环计算方法

电冰箱压缩式制冷理论循环用 12341 表示，当冷凝温度由 t_2 降低为 t_5 后，该循环用 15671 表示。已知各状态点的比焓及状态 1 的比体积，计算冷凝温度降低前后该循环的单位质量制冷量 q_0、理论比功 w_0、单位容积制冷量 q_V 及制冷系数 ε，并分别比较它们值的大小，如图 1-2 所示。

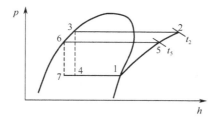

图 1-2 电冰箱压缩式制冷理论循环

解：单位质量制冷量 $q_0^{12341}=h_1-h_4$；$q_0^{15671}=h_1-h_7$，由于 $h_4>h_7$，所以 $q_0^{15671}>q_0^{12341}$，即

冷凝温度的降低使单位质量制冷量升高。（1.5分）

理论比功 $w_0^{12341} = h_2 - h_1$ ； $w_0^{15671} = h_5 - h_1$ ，由于 $h_2 > h_5$ ，所以 $w_0^{15671} < w_0^{12341}$ ，即冷凝温度的降低使理论比功减少。（1.5分）

单位容积制冷量 $q_V^{12341} = q_0^{12341}/V_1$ ； $q_V^{15671} = q_0^{15671}/V_1$ ，由于 V_1 不变而 $q_0^{15671} > q_0^{12341}$ ，所以 $q_V^{15671} > q_V^{12341}$ ，即冷凝温度的降低使单位容积制冷量增加。（2.5分）

制冷系数 $\varepsilon^{12341} = q_0^{12341}/w_0^{12341}$ ； $\varepsilon^{15671} = q_0^{15671}/w_0^{15671}$ ，由于 $q_0^{15671} > q_0^{12341}$ 而 $w_0^{15671} < w_0^{12341}$ ，所以 $\varepsilon^{15671} > \varepsilon^{12341}$ ，即冷凝温度的下降使制冷系数升高。（2.5分）

电工、电子技术基础训练

学习目的：从元器件入手，讲述元器件的参数识别、特征识别，这部分内容初学者必须掌握。

学习重点：了解元器件主要特征，为以后顺利分析电路工作原理打下基础；掌握元器件检测技术、主要结构和基本工作原理。

教学要求：本单元从电阻器、电容器、变压器、晶体管、反相器符号开始，系统介绍元器件的主要概念、外形特征、检测方法，重点分析各元器件的结构及工作原理，从实用技能的角度介绍一些实用技巧。

项目 2.1 掌握电工技术元器件结构、特点及工作原理

电冰箱控制电路较为复杂，既有强电也有弱电，维修人员只有在掌握了电工基础、电子电路、数字电路、模拟电路等知识之后，才能有效快捷地检测控制电路的各种元件故障。

任务 2.1.1 电工、电子基础知识

1. 电阻器

1）电阻的定义

何谓电阻？通俗地讲，电阻在电路中所起的作用如同水流中遇到的阻力一样。

电阻器的根本作用是为电路提供一个电阻。电阻是一个物理量。

电阻器通过消耗电量，分配电路中的电流，达到特定的目的。

2）电阻器在电路中的作用

电阻器在电子电路中的作用相当广泛，它在电路中可以构成许许多多功能电路。电阻器在电路中不仅可以单独使用，更多的是与其他元器件一起构成具有各种各样功能的电路。

对导体而言，电阻的存在使电流在流动中遇到了阻力，具体表现是电阻消耗了电能，显然从这个意义上讲电阻所起的作用是消极的。

3）固定电阻器

（1）结构。电阻器由电阻体、基体（骨架）、引线等构成。按电阻体材料可分为碳膜电

阻器、金属膜电阻器、线绕电阻器、氧化膜电阻器等。

电阻器的结构如图 2-1 所示。

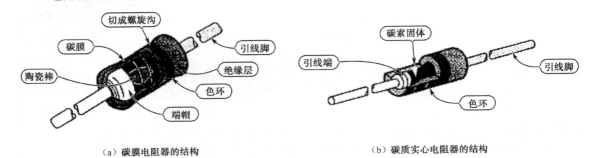

（a）碳膜电阻器的结构   （b）碳质实心电阻器的结构

图 2-1　电阻器的结构

（2）电路中电阻器的额定功率及图形符号如图 2-2 所示。

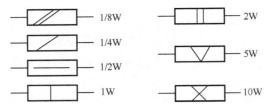

图 2-2　电阻器的额定功率及图形符号

（3）用途。在电路中，电阻器常用于降低电压、限制电流，组成分压器和分流器等。

（4）电阻器焊接前的加工方法。电阻器焊接前的加工方法如图 2-3 所示。

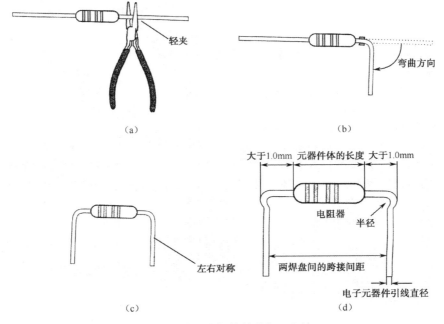

图 2-3　电阻器焊接前的加工方法

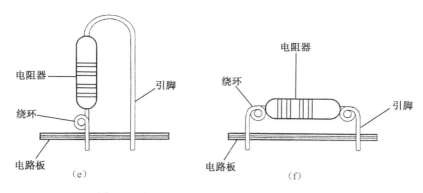

图 2-3　电阻器焊接前的加工方法（续）

（5）检测方法。电阻器的检测方法如图 2-4 所示。

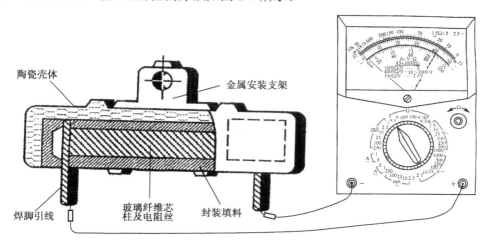

图 2-4　电阻器的检测方法

①　测量前把万用表转换开关调到电阻挡，挡位选择应尽量使指针在刻度线中间范围，此时测出的电阻值较准确。

②　测量中，每换一个挡位都应该重新调零。

③　测量时，应断开其他关联连线，双手不要同时触及被测电阻的两个引出线，以免造成测量误差。

4）热敏电阻器

（1）结构。热敏电阻体采用单晶或多晶的半导体材料制成，是一种半导体电阻器。

（2）基本特性。热敏电阻器的电阻值随温度变化而变化，是一种热电变换元件。

（3）用途。热敏电阻器主要用于对温度的感应和测量，使电路对温度进行控制和补偿。

（4）种类。热敏电阻器按阻值随温度变化的特性分为两种。正温度系数型，随温度升高而阻值增大；负温度系数型，随温度升高而阻值减小。

（5）检测。热敏电阻器可用万用表电阻挡检测，检测时应注意，热敏电阻器的标称值是指常温（25℃）时的电阻值，当温度变化时，其阻值随之而变，并满足关系式

$$R=R_{25℃}+a(t-25)$$

式中　a——温度系数；

　　　t——工作温度；

　　　$R=R_{25℃}$——标称值。

若达不到标称值说明电阻值漂移，维修时可采用激活法或更换法修复。

2. 晶体二极管

1）普通二极管

（1）PN 结。在纯净的本征半导体硅或锗晶体中加入微量杂质三价元素硼，可形成主要依靠空穴导电的 P 型半导体；加入微量杂质五价元素磷，可形成主要依靠电子导电的 N 型半导体。如果在一块半导体晶片上，用掺杂工艺使一边形成 P 型半导体，另一边形成 N 型半导体，则 P 型区和 N 型区的交界面会形成一个很薄的区域称为 PN 结。PN 结具有单向导电的特性。PN 结导电的特性如图 2-5 所示。

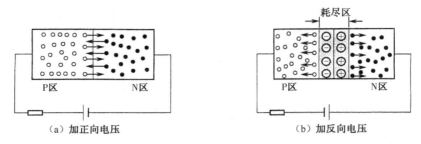

图 2-5　PN 结导电的特性

（2）结构和符号。二极管由一个 PN 结加上电极引线和密封管壳构成。二极管结构及其在电路中的图形符号如图 2-6 所示。

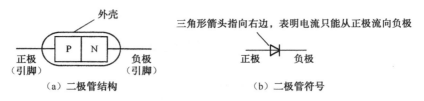

图 2-6　二极管结构及其在电路中的图形符号

（3）特点。在二极管正极加正电压，负极加负电压，称二极管外加正向电压，此时二极管有电流流过，处于导通状态；在二极管正极加负电压，负极加正电压，称二极管外加反向电压，此时二极管无电流流过，处于截止状态。这种特性就是二极管的单向导电性。

（4）伏—安特性。

① 正向特性曲线。正向电压很低时，流过二极管的电流非常小，通常称此区域为死区。硅二极管的死区电压约为 0.5V，锗二极管的死区电压约为 0.2V。在实际应用中，当二极管外加正向电压小于死区电压时，认为二极管正向电流为零，不导通。当二极管外加正向电压大于死区电压后，正向电流明显增加，二极管处于导通状态，而且此时管子两端电压降变化不大，硅管为 0.6～0.7V，锗管为 0.2～0.3V。

二极管伏—安特性曲线如图 2-7 所示。

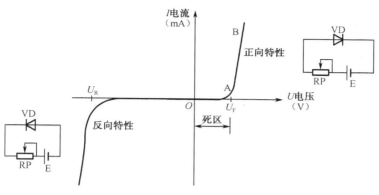

图 2-7 二极管伏—安特性曲线

② 反向特性曲线。当二极管外加反向电压时，只有微弱的反向饱和电流（纳安级）流过二极管，二极管处于截止状态。二极管外加反向电压增大到一定数值后，反向电流突然增大，这种现象称为二极管反向击穿。这种情况若不加以限制容易造成二极管损坏。

（5）用途。由于二极管具有单向导电的特性，电路中常用它进行整流或检波等。

（6）检测。

① 用万用表判别二极管极性：方法是将万用表置于 R×100Ω或 R×1kΩ挡，表笔分别接二极管两极，测出其正反向电阻。其中测出电阻小的一次，黑表笔所接为二极管正极，红表笔所接为二极管负极。

② 用万用表判别二极管的好坏：方法是若上述两次测出的阻值都小，说明二极管单向导电性能不好；若两次测出的阻值都为零，说明二极管内部短路；若两次测出的阻值都为∞，说明二极管内部断路。

二极管检测方法如图 2-8 所示。

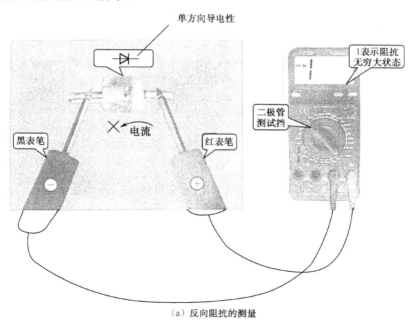

（a）反向阻抗的测量

图 2-8 二极管检测方法

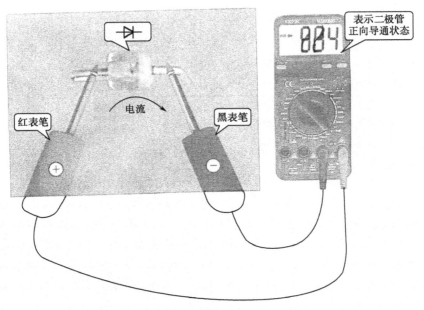

（b）正向阻抗的测量

图 2-8　二极管检测方法（续）

2）稳压二极管

（1）稳压原理。从对二极管的伏—安特性分析可知，二极管外加的反向电压增大到一定值时，反向电流会突然增大，二极管将反向击穿。但只要这时的反向电流不超过二极管的允许值，也就是仅发生电击穿而不产生热击穿，管子是不会损坏的。同时，反向电流大范围变化时，管子两端的电压变化却很小。二极管反向击穿时的这种伏—安特性就是稳压二极管的工作原理。

（2）结构和符号。稳压二极管的结构与普通二极管基本相同。由于硅管的热稳定性比锗管好，所以，稳压管都采用硅管。由于稳压管是利用二极管反向击穿区域工作的，所以负极应接在电路中的高电位端。稳压管在电路中的图形符号如图 2-9 所示。

$$VD \quad ▷|$$

图 2-9　稳压二极管的图形符号

3）发光二极管

（1）结构。发光二极管是由半导体材料磷化镓等制成的一种晶体二极管。

（2）基本特性。在外加正向电压达到发光二极管的导通电压（一般为 1.7～2.5V）时，发光二极管有电流流过并随之发光。按发出光的类型可以分为：发激光二极管、发红外光二极管、发可见光（红、绿、黄）二极管、双色发光二极管。发光二极管工作电流值为 5～10mA（不能超过 25mA），所以在发光二极管的电路中一定要串联限流电阻。

（3）发光二极管电路图形符号及焊接方法如图 2-10 所示。

（4）检测。将万用表转换开关置于 R×10kΩ挡，两表笔分别接发光二极管两极，测其正、反向电阻。一般正向电阻小于 50kΩ、反向电阻大于 210kΩ为正常。

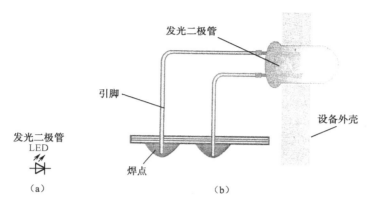

图 2-10　发光二极管电路图形符号及焊接方法

4）整流二极管

整流二极管常用于电源电路中，它利用二极管的单向导电性来完成整流作用。整流二极管的封装方式有金属壳封装、塑料壳封装及玻璃壳封装等。

整流二极管的正向电流往往较大，变频电冰箱整流电路多采用面接触型结构，PN 结面积大，结电容也大。

整流二极管广泛用于变频电冰箱及仪器设备的电源电路中，负责对交流电进行整流，获得脉动直流电压。有时还将 4 个整流二极管封装于一体形成桥堆。

5）整流电路

整流电路的结构比较简单，它利用二极管的单向导电性来实现整流的目的。整流电路的种类较多，常用的有半波整流电路、全波整流电路、桥式整流电路等。

3. 三极管

1）三极管的构成

三极管由两个 PN 结构成。

2）三极管的特性

三极管的基本特性是电流放大性。

3）三极管的分类

三极管的分类方法很多，不同的分类方法可以分出不同的类型。按所用的半导体材料来分，三极管可分为硅管和锗管。按 PN 结的结构来分，三极管可分为 NPN 管和 PNP 管两大类。

4）三极管的外形特征

三极管是所有元器件中最重要的元件，其基本特性是电流放大作用。其外形特征如图 2-11 所示。

（a）普通三极管　（b）大功率三极管　（c）金属封装三极管　（d）功率三极管　（e）贴片三极管

图 2-11　三极管的外形特征

5）三极管的内部结构（如图2-12所示）

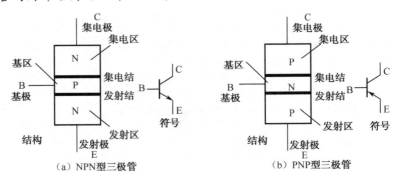

图 2-12　三极管的内部结构

6）三极管的检测

三极管有 NPN 型和 PNP 型两种，用万用表 R×100Ω挡或 R×1kΩ挡可测量其好坏。

（1）NPN 型和 PNP 型三极管的判别。

如果能够在某个三极管上找到一个引脚，将黑表笔接此引脚，将红表笔依次接另外两引脚，万用表指针均偏转，而反过来却不偏转，说明此管是 NPN 管，且黑表笔所接的引脚为基极。

如果能够在某个三极管上找到一个引脚，将红表笔接此引脚，将黑表笔依次接另外两引脚，万用表指针均偏转，而反过来却不偏转，说明此管是 PNP 管，且红表笔所接的引脚为基极。

（2）三极管好坏的判断。

三极管好坏的判断可用 R×100Ω或 R×1kΩ挡，如果按照上述方法无法判断出一个三极管的管型及基极，说明此管损坏。

对于 NPN 管来说：将黑表笔接基极，红表笔依次接其他两极，指针均应大幅度偏转，若不偏转或偏转角度很小，说明三极管已坏。反过来，将红表笔接基极，黑表笔依次接其他两极，指针均应不偏转，若指针偏转说明三极管已坏。集电极和发射极之间无论怎样测量，指针均应不偏转，若指针偏转说明三极管已坏。

对于 PNP 管来说：将红表笔接基极，黑表笔依次接其他两极，指针均应大幅度偏转，若不偏转或偏转角度很小，说明三极管已坏。反过来，将黑表笔接基极，红表笔接其他两极，指针均应不偏转，若指针偏转说明三极管已坏。集电极和发射极之间无论怎样测量，指针均应不偏转，若指针偏转说明三极管已坏。

（3）带阻行管的检测。

带阻行管的基极与发射极之间接有一个几十欧姆的电阻，集电极与发射极之间接有一个阻尼二极管，带阻行管好坏的判断方法与普通三极管有所不同。

将万用表置于 R×1Ω挡（或 R×10Ω挡），将黑表笔接基极，红表笔接发射极，此时，指针偏转，并测得一个阻值；交换两表笔位置，再次测量，指针也偏转，又测得一个阻值。若前一次阻值小于后一次阻值，说明带阻行管正常；若两次阻值均一样，说明此管损坏。再将万用表调至 R×100Ω挡，黑表笔接基极，红表笔接集电极，此时指针应偏转。交换两表笔位置后，指针就不偏转，若仍偏转，说明带阻行管损坏。若将黑表笔接集电极，将红表笔接发射极，此时，指针应不偏转，若偏转，说明管子损坏；交换两表笔位置，此时，指针应偏转，若不偏转，说明管子损坏。

根据笔者检验：一般来说，带阻行管损坏多以击穿为主，用万用表测量时，集电极与发射极或集电极与基极之间的电阻接近 0Ω，且指针偏转速度较快。

7）三极管的代换

三极管是决定电路性能好坏的重要元件，三极管损坏后，应选用同型号管子进行替换。在无同型号管子的前提下，也可选用参数相近的三极管进行替换。

4. 电容器

1）作用

电容器由被绝缘介质隔开的两个极板组成，它的作用一般为移相、选频和滤波。电容器的主要指标有电容量、耐压值、介质损耗和稳定性。电容量和耐压值一般都标注在电容器的外壳上，而损耗和稳定性通常需要用仪器来测定。

2）电容器故障检测方法

检测电冰箱压缩机、风机上使用的启动、运转电容器时，首先用钳子拔下电容器插件，用螺钉旋具的金属部分将电容器的两极短路放电后，再用万用表的 $R\times100\Omega$ 挡或 $R\times1k\Omega$ 挡检测。如果表笔刚与电容器两接线端子连通时，指针迅速摆动，然后慢慢退回原处，说明电容器的容量正常，充、放电过程良好。这是因为万用表欧姆挡接入瞬间充电电流最大，以后随着充电电流的减小，指针逐渐退回原处。电容器的测量方法如图 2-13 所示。

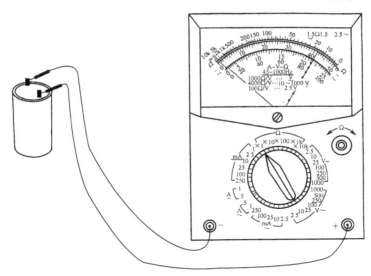

图 2-13　电容器的测量方法

（1）测量时，如果指针不动，可判定电容器开路或容量很小。

（2）测量时，如果指针退到某一位置后停住不动了，说明电容器漏电。漏电的大小可以从指针所指示的电阻值来判断，电阻值越小，漏电越大。

（3）测量时，如果指针摆动到某一位置后不退回，可判定电容器已经击穿。

5. 继电器

目前，电冰箱上使用的继电器有两种形式：一是电磁继电器，二是固态继电器。

1）电磁继电器

（1）构成。电磁继电器是一种电压控制开关，多用于电气控制系统上。它由一个线圈和一组带触点的簧片组成，电磁继电器符号及构成如图2-14所示。

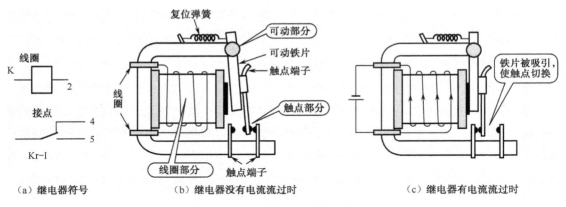

（a）继电器符号　　（b）继电器没有电流流过时　　（c）继电器有电流流过时

图 2-14　电磁继电器符号及构成

（2）工作原理。当交流电压从控制板输出并加在继电器线圈（两端）上时，线圈周围产生的磁场使可动铁芯动作，而可动铁芯的联动使可动触点移动，并与固定触点接触接通相应电路启动各部件，使电冰箱工作。

电磁继电器工作原理如图2-15所示。

（3）检测方法。如果电冰箱的继电器不吸合，应首先测量线圈的电阻值（一般在200Ω左右），如阻值为无穷大，可判定继电器线圈开路。如果在没有通电的情况下测量继电器触点仍导通，则表示该继电器触点粘连，应进行修复或更换。如果确认主控制板已接收到运转信号，但继电器未吸合，可检测继电器线圈两端是否有工作电压，如无，则应更换主控制板。

2）固态继电器

固态继电器主要用于变频电冰箱微电脑控制板上，它的特点是无触点、可靠性高、抗干扰能力强。固态继电器的外形及逻辑电路如图2-16所示。

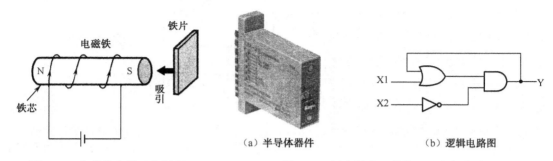

图 2-15　电磁继电器工作原理　　（a）半导体器件　　（b）逻辑电路图

图 2-16　固态继电器的外形及逻辑电路

固态继电器漏电电流通常为5～10mA，维修人员在代换时要把这项参数考虑进去，否则在控制大功率执行器时容易产生误动作。

任务 2.1.2　电冰箱关键元件：电源电路

▶ 1. 压敏电阻

1）作用

压敏电阻是电氧化亚铝及碳化硅的烧结体，在电冰箱的控制电路中，主要起过电压保护作用。

压敏电阻并接在熔丝管的后侧两端，用来保护印制电路板上的元件，防止来自电源线上的反常高压及雷电感应的电流破坏元器件。

2）特性

压敏电阻的导电性能是非线性的，当压敏电阻两端所加电压低于其标称电压值时，其内部阻抗非常大接近于开路状态，只有极微小的漏电电流通过，功耗甚微，对电冰箱外电路无影响；当外加电压高于标称电压值时，电阻变小迅速放电，响应时间在纳秒级。它承受电流的能力非常惊人，而且不会产生续流和放电延迟现象。

3）原理

压敏电阻是一种在某一电压范围内导电性能随电压的增加而急剧增大的一种敏感元件。

4）压敏电阻符号命名

压敏电阻通常称为浪涌吸收器，压敏电阻的图形符号如图 2-17 所示。

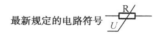

图 2-17　压敏电阻图形符号

5）压敏电阻结构及特性曲线

压敏电阻结构及特性曲线如图 2-18 所示。

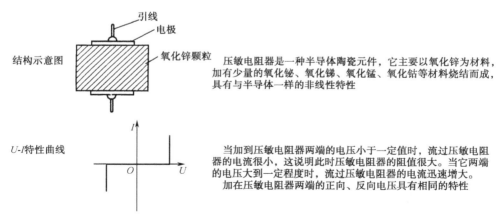

图 2-18　压敏电阻结构及特性曲线

6）压敏电阻直观判断

（1）压敏电阻如果被损坏，从外观上可以看出，通常会开裂或发黑。

（2）压敏电阻损坏，熔丝管熔丝必断。

7）压敏电阻检测方法

用万用表 R×1Ω或 R×1kΩ挡测量压敏电阻两脚电阻值，如果阻值为无穷大则压敏电阻良好；如果阻值为零，可判定损坏。如果压敏电阻漏电，可通过排除外围元件来确定。

> **⚠ 注 意**
>
> 压敏电阻是一个不可修复的元件，如果损坏要及时更换。有的维修人员发现压敏电阻击穿，就用钳子把压敏电阻去掉，这样做不可取，万一电压瞬间过高容易烧坏控制板。

▶ 2. 整流桥

电冰箱的供电是交流 380V/50Hz 或 220V/50Hz 市电，但电冰箱的电子控制电路却需要 +18V、+12V、+5V 直流电压，这个问题必须由整流来解决。

1）构成

单向桥式整流电路由 4 个晶体二极管接成电桥形式，故称为桥式整流，如图 2-19 所示。

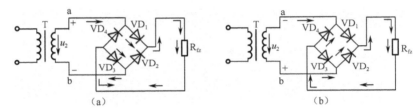

图 2-19　桥式整流电路

由图 2-19 可知，VD_1、VD_2、VD_3、VD_4 构成电桥的 4 个桥臂，电桥一条对角线接电源变压器的二次绕组，另一对角线接负载 R_{fz}。

2）工作原理

当变压器 T 的二次绕组 a 端为正、b 端为负时，整流二极管 VD_1 和 VD_3 因加正向电压而导通，VD_2 和 VD_4 因加反向电压而截止，这时电流从变压器二次绕组的 a 端按流向 a—VD_1—R_{fz}—VD_3—b 回到变压器二次绕组的 b 端，得到一个半波整流电压。

当变压器二次电压 a 端为负、b 端为正时，二极管 VD_2、VD_4 导通，VD_1、VD_3 截止，电流流向改变为 b—VD_2—R_{fz}—VD_4—a，回到变压器的 a 端，又得到一个半波整流电压。这样，在一个周期内，负载 R_{fz} 上就得到了一个全波整流电压。

3）检测方法

整流桥的输入端与变压器的二次侧相连。如检测到变压器二次侧有交流电压（约 13V）输出，则整流桥交流输入端也应有交流电压（约 13V）输入，同时整流桥的输出端应有直流电压（约 16V）。如整流桥出现故障，无直流电压输出会引起整机无电源显示，电冰箱无法工作。

▶ 3. 三端稳压器

目前，国内生产的三端集成稳压器基本上分为普通稳压器和精密稳压器两类，每一类又可分为固定式和可调式两种形式。

普通稳压器将稳压电源的恒压源、放大环节和调整管集成在一块芯片上，使用中只要输入电压与输出电压的差值大于 3V 以上，就可获得稳定的输出电压。普通稳压器外部有三个端子：输入端、输出端和公共地端，三端稳压器的外形、电路及并联使用方法如图 2-20 所示。

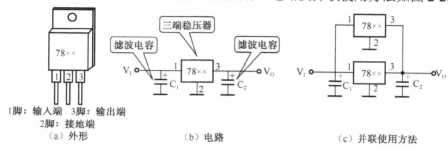

图 2-20　三端稳压器的外形、电路及并联使用方法

例如，电冰箱主芯片的工作电压是由 7805 三端稳压器提供的，其引脚①、②输入整流、滤波后的约 12V 的直流电压，由引脚②、③输出稳定的直流 5V 电压。如果输入电压低于 9V，则引脚②、③便可能得不到稳定的 5V 电压，造成电冰箱主芯片和整机无法正常工作。在检修工作中，如检测到 7805 输入端有电压输入而输出端无电压输出，说明该部件已损坏，需更换后电冰箱才能正常运转。三端稳压器检测方法如图 2-21 所示。

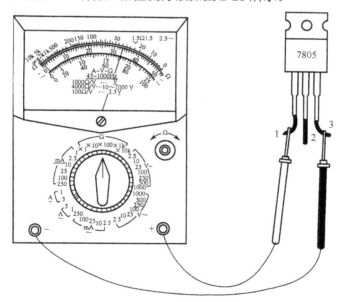

图 2-21　三端稳压器检测方法

> **4. 滤波电容器**

通过半波及全波整流可将交流电转换成直流电，但整流后的电压是脉动的直流电压，包含有交流成分，需要在整流电路后面加入滤波电容器。电冰箱使用的滤波电容器一般有正负极之分。所以当维修人员在更换滤波电容器时，应特别注意不要将"正"、"负"极搞反，否则会将电容器击穿，甚至烧坏控制板。

滤波电容器的检测方法与电解电容相同。这里特别应注意的是电容器检测前应首先断电，然后对电容器进行放电，确定无电荷后再测量。

滤波电容器焊接及检测方法如图 2-22 所示。

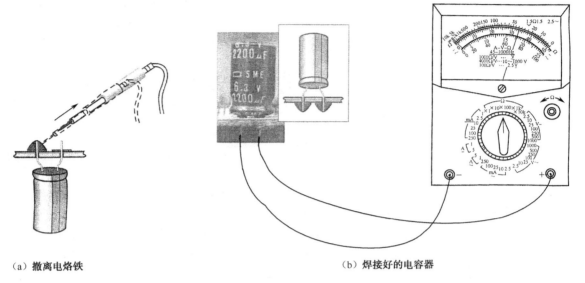

（a）撤离电烙铁 （b）焊接好的电容器

图 2-22　滤波电容器焊接及检测方法

项目 2.2　掌握电子技术元器件的结构、特点及工作原理

任务 2.2.1　电冰箱关键元件：CPU 电路

1. 反相器

1）非门

当反相器输入高电平时输出为低电平，而输入低电平时输出为高电平。输入与输出间是反相关系，即非逻辑，在逻辑电路中也把它称为非门。

实用的反相器电路为保证输入低电平时晶体管能可靠地截止，当输入低电平（0V）时，晶体管的基极将为负电位，发射结反向偏置，从而保证了晶体管 VT 的可靠截止，如图 2-23 所示。

2）与非门

如果把二极管和反相器连接起来就构成了与非门，如图 2-24 所示。

2. 石英晶体振荡器

石英晶体振荡器简称晶振，它具有体积小、稳定性好的特点，目前广泛应用于电冰箱的微电脑芯片的时钟电路中。

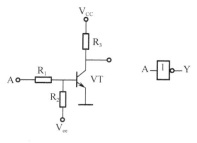

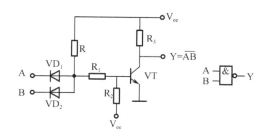

图 2-23 非门电路及逻辑符号　　　　图 2-24 与非门电路及逻辑符号

1）工作原理

石英晶体具有电压效应，当把晶体薄片两侧的电极加上电压时，石英晶体就会产生变形，反之，如果外力使石英晶片变形，在两极金属片上又会产生电压。这种特性会使晶体在加上适当的交变电压时产生谐振，而且所加的交变电压频率恰为晶体自然谐振频率时，其振幅最大。

2）检测方法

（1）用万用表电阻挡测量晶体振荡器输入、输出两引脚电阻值，正常时电阻值应为无穷大，否则判定晶体振荡器损坏。

（2）在电冰箱正常运转情况下，用万用表测量输入引脚，应有 2.8V 左右的直流电压，如无此电压，可判定为晶体振荡器损坏。根据笔者经验晶体振荡器短路熔丝管必炸。

3. 过零检测

过零检测电路的工作原理是，通过电源变压器或电压互感器采样，检测电源频率，获得一个与电源同频率的方波过零信号，该信号被送入 CPU 主芯片的中断脚后进行过零控制。当电源过零时控制双向晶体管触发角（导通角），双向晶体管串联在电冰箱回路里。当 CPU 检测不到过零信号时，会使电冰箱工作不正常或出现电冰箱不工作现象。

4. 复位电路

1）作用

复位电路是为 CPU 的上电复位（复位：将 CPU 内程序初始化，重新开始执行 CPU 内程序）及监视电源而设的。主要作用是：

（1）上电延时复位，防止因电源的波动而造成 CPU 的频繁复位，具体延时的大小由电容 C 决定。

（2）在 CPU 工作过程中实时监测其工作电源（+5V），一旦工作电源低于 4.6V，复位电路的输出端便触发低电平，使 CPU 停止工作，待再次上电时重新复位。

2）检修方法

本电路的关键性器件为复位电路。在检修时一般不易检测复位电路的延时信号，可用万用表检测各引脚在上电稳定后能否达到规定的电压要求，正常情况下上电后复位电路①、②、③脚电压分别为 5V、5V、0V。如复位电路损坏，则会出现电冰箱压缩机不启动故障现象。

5. EEPROM

EEPROM 内记录着系统运行时的一些状态参数，如压缩机的 V/F 曲线。

检修方法：正常情况下 EEPROM 的引脚为 5V。有时 EEPROM 内程序由于受外界干扰被损坏，引起故障。现象为电冰箱压缩机不启动，该故障在日常维修中较为常见。

6. 电源监视电路

1）过欠压保护电路

过欠压保护电路的主要作用是：检测电源电压情况，若供电电压过低或过高，则 CPU 会发出命令使系统进行保护。

检修方法：该部分电路的关键部件是电压互感器。通常电路中的电压互感器较易出现故障，正常情况下在检测时电压互感器一次线圈阻值约为 230Ω，二次线圈阻值约为 310Ω。出现故障多为互感器一次线圈或二次线圈断路、短路故障，从而导致电冰箱压缩机不工作。

如果是变频电冰箱，该电路中由于元件损坏可导致压缩机升频过大或过小。

2）过流检测电路

过流检测电路的主要作用是：检测电冰箱的供电电流，在电流过大时进行保护，防止因电流过大而损坏压缩机甚至电冰箱。当 CPU 的过流检测引脚电压大于设计值，过流保护，压缩机 3min 后启动。应注意的是，当检测电路开路时，使电流为 0，不会进行故障判断。电流互感器的一次线圈串联在通往整流硅桥的 AC 220V 上（注意与电压互感器区别）。

检修方法：该部分电路的关键部件是电流互感器。通常电路中的电流互感器较易出现故障。

3）瞬时掉电保护电路

瞬时掉电保护电路的主要作用是：检测电冰箱提供的交流电源是否正常，是针对由于各种原因造成的瞬时掉电立即采取保护措施，防止由此造成的来电后电冰箱压缩机频繁启、停，对压缩机造成损坏。

7. 继电器驱动电路

继电器驱动电路的主要作用是：通过芯片控制信号的小电流驱动电冰箱的大电流工作，以调节电冰箱的启、停。

检修方法：本部分电路的关键性器件是反向驱动器、各继电器。

驱动器电路在提供了正确的输入之后看其输出是否正常（可将 7805 的 5V 输出引出加在反向器前级然后测其后级对应引脚是否为低电平）；最后看继电器是否能够正常吸合。

8. 温度信号采集电路

该电路通过将热敏电阻不同温度下对应的不同阻值转化成不同的电压信号传至芯片对应引脚，以实时检测电冰箱工作的各种温度状态，为芯片模糊控制提供参考数据。本部分电路包括冷冻温度和冷藏温度。

检修方法：如果温度信号采集电路出现故障，现象多为压缩机不启动或启动后立即停止。首先，检查连线有无接触松动的情况，如内电脑不进电、通电无反应的故障，应先检查熔断器是否熔断；其次，测量变压器的一次侧是否有 220V 输入，再次测量变压器的二次侧是否有交流 12V 输出，以上测试均应在电脑板接线端子处进行测量，以确保电脑板供电部分正常。

任务 2.2.2 电冰箱电气安全技术

1. 触电的概念

因人体接触或接近带电体（如冰箱、冰柜、低温箱）所引起的局部受伤的现象为触电。按人受伤的程度不同，触电可分为电击和电伤两种类型。

1）电击

电击通常是指人体接触带电体后，人的内部器官受到电流的伤害。这种伤害是造成触电伤亡的主要原因，后果极其严重，所以是最严重的触电事故。

2）电伤

电伤通常是指人体外部受伤，如电弧灼伤、大电流下被因金属熔化而飞溅出的金属所灼伤，以及人体局部与带电体接触造成肢体受伤等情况。

3）电流对人体的危害

电击是由于电流流过人体内部造成的，其对人体伤害的程度由流过人体电流的频率、大小、时间长短、触电部位及触电者的生理性质等情况而定。实践证明，低频电流对人体的伤害小于高频电流，当电流流过心脏和中枢神经系统最危险。

通常，1mA 的工频电流通过人体时，就会使人有不舒服的感觉，10mA 的电流人体尚可摆脱，称为摆脱电流，而在 50mA 的电流通过人体时就有生命危险。当流过人体的电流达到 100mA 时足以使人伤亡。当然在同样的电流情况下，受电击的时间越长，后果越严重。

2. 维修人员触电原因

发生触电的原因很多，维修中主要由以下几点造成：

（1）维修人员在某种场合没有遵守安全工作规程，直接接触或过分靠近电冰箱的带电部分。

（2）电冰箱电气安装不符合安全操作规程，接地不良，带电体的对地绝缘不够。

（3）人体触到因绝缘损坏而带电的冰箱外壳和与之相连接的金属构架。

（4）不懂电气技术和一知半解的维修人员，到处乱拉电线、电器所造成的触电。

3. 常见的触电形式

触电的形式是多种多样的，但除了因电弧灼伤及熔化的金属飞溅灼伤外，可大致归纳为以下三种形式。

1）单相触电

人体直接接触带电冰箱及线路的一相时，电流通过人体而发生的触电现象称为单相触电。对于三相四线制中性点接地的电网，单相触电的形式如图 2-25（a）所示，此时人体受到相电压的作用，电流经人体和大地构成回路。而对于三相三线制中性点不接地的电网，单相触电形式如图 2-25（b）所示。

2）两相触电

人体同时触及带电设备及线路的两相导体而发生的触电现象称为两相触电，如图 2-26 所示。这时人体受到线电压的作用，通过人体的电流更大，这是最危险的触电形式。

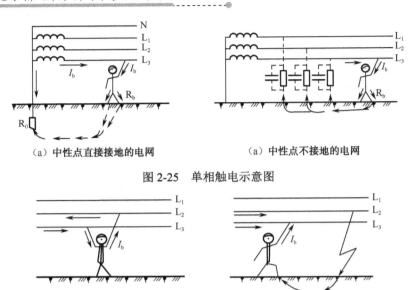

（a）中性点直接接地的电网 　　　　（a）中性点不接地的电网

图 2-25　单相触电示意图

（a）直接触及两相 　　　　（b）触电形成两相

图 2-26　两相触电

3）"接触电压"与"跨步电压"触电

在有高压设备的情况下，如果有人用手触及外壳带电的设备，两脚站在离接地体一定距离的地方，此时，人手接触的电位为 U_1，两脚所站地点的电位为 U_2，那么人手与脚之间的电位差为 $U=U_1-U_2$。这种在供电为短路接地的电网系统中，人体触及外壳带电设备的一点同站立地面一点之间的电位差称为接触电压。

在距接地体 15～20m 的范围内，地面上径向相距 0.8m（一般人行走时两脚跨步的距离）时，此两点间的电位差称为跨步电压。

接触电压与跨步电压的大小与接地电流的大小、土壤电阻率、设备接地电阻及人体位置等因素有关。如图 2-27 所示为接触电压触电与跨步电压触电示意图。

考虑到这两种电压，在遇到高压设备时就必须慎重对待，否则将受到接触电压及跨步电压所致的电击。

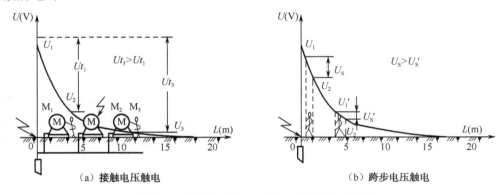

（a）接触电压触电 　　　　（b）跨步电压触电

图 2-27　接触电压触电和跨步电压触电示意图

▶4. 基本安全用电的技术技能实训

安全用电的基本方针是"安全第一，预防为主"。为预防直接触电和间接触电，必须采取必要的电气安全技术措施。

1）保护接地

将电冰箱在正常情况下不带电的金属外壳与大地之间做良好的接地金属连接。保护接地适用于电源中性线不直接接地的电气设备。采用了保护接地措施后，即使偶然触及漏电的电气设备也能避免触电。

2）保护接零

将电气设备在正常情况下不带电的金属外壳与供电系统中的中性线（零线）连接。保护接零适用于三相四线制、中性线直接接地的供电系统。

必须指出，在同一供电系统中，不允许一部分电气设备采用保护接地，而另一部分采用保护接零。

3）工作接地

为了提高电气设备运行的可靠性，将变压器低压侧的中性点与接地极紧密地连接起来。这样做可以减轻高压电窜入低压电的危险。

4）重复接地

在变压器低压侧中性点接地的配电系统中，将零线上一处或多处通过接地装置与大地再次连接，称为重复接地。

重复接地的作用是：降低漏电设备外壳的对地电压；减轻零线断线时的危险。

5）采用安全电压

选用安全电压的依据是安全电压国家标准（GB 3805—83）。安全电压的选用必须考虑用电场所和用电器具对安全的影响。移动行灯、手持电动工具及潮湿场所的电气设备，使用安全电压为36V。凡工作地点狭窄、工作人员活动困难、周围有大面积接地导体或金属构架（如在金属容器内），因而存在高度触电危险的环境及特别的场所，则应采用12V为安全电压。

6）保证电气设备的绝缘性能

使用绝缘材料将带电导体防护隔离起来，使电气设备及线路能正常工作，防止人体触电，这就是所谓的绝缘保护。完善的绝缘可保证人体与设备的安全。绝缘不良，会导致设备漏电、短路，从而引发设备损坏及人体触电事故。所以，绝缘防护是最基本的安全保护措施，其前提是电气设备的绝缘必须与工作电压相符。

7）保证安全距离

为了防止发生人体触电事故和设备短路或接地故障，带电体之间、带电体与地面之间、带电体与其他设施之间、工作人员与带电体之间必须保持0.3m以上的距离称为安全距离。

安全距离的大小，主要根据电压的高低、设备状况和安装方式来决定，并在规程中做出明确规定。凡从事电气设计、安装、维修及带电作业的人员，都必须严格遵守。

8）装设漏电保护装置

漏电保护的作用：一是电气设备（或线路）发生漏电或接地故障时，能在人尚未触及之前就把电源切断；二是当人体触及带电体时，能在0.1s内切断电源，从而减轻电流对人体的伤害程度。此外，还可以防止漏电引起的火灾事故。漏电保护作为防止低压触电伤亡事故的后备保护，已被广泛应用在电冰箱、电冰柜、低温箱电源前端。

9）电气防火和防爆的技术措施

火灾和爆炸事故往往是重大的人身和设备事故。另外，还可能造成大规模或长时间的停电，造成重大经济损失。电气火灾和爆炸事故在火灾和爆炸事故中占有很大的比例。

防火防爆措施必须是综合性的措施，包括以下几个方面：

（1）选用电气设备。在爆炸危险场所，应根据场所危险等级、设备种类和使用条件选用电气设备。

（2）保持防火间距。选择合理的安装位置，保持必要的安全间距，也是防火防爆的一项重要措施。

为了防止电火花或危险温度引起火灾，开关、接插器、熔断器、电热器具、照明器具、电焊设备等均应根据需要适当避开易燃或易爆建筑构件。

（3）保持电气设备正常运行。保持电气设备的正常运行对于防火防爆也有重要的意义。保持电气设备的正常运行包括：保持电气设备的电压、电流、温升等参数不超过允许值，保持电气设备具有足够的绝缘能力，以及保持电气连接良好等。

维修工具的结构及使用方法

学习目的：熟练维修工具的使用方法。

学习重点：了解割刀、扩管器、封口钳、真空泵、压力表、压力容器等的使用方法。这部分必须掌握。

教学要求：本单元从维修工具知识到基本操作，重点介绍维修工具结构及使用方法，从实用技能角度介绍一些实用技巧方法。

项目 3.1 维修工具的使用方法

对于电冰箱维修人员，工具好比是士兵手中的武器，武器的优劣直接影响战斗力。而维修工具的齐备、好坏与否，直接影响维修电冰箱的质量。俗话说："六分工具，四分手艺"，说的就是维修工具的重要性。

任务 3.1.1 管工工具及使用方法

1. 割刀

割刀也称割管器，是专门切断紫铜管、铝管等金属管的工具。直径 4~12mm 的紫铜管不允许用钢锯锯断，必须使用割刀切断。割刀的构造如图 3-1 所示。

割刀的使用方法：将铜管放置在滚轮与割轮之间，铜管的侧壁贴紧两个滚轮的中间位置，割轮的切口与铜管垂直夹紧；然后转动调整转柄，使割刀的切刃切入铜管管壁，随即均匀地将割刀整体环绕铜管旋转。旋转一圈后再拧动调整转柄，使割刃进一步切入铜管，每次进刀量不宜过多，只需拧进 1/4 圈即可，然后继续转动割刀。此后边拧边转，直至将铜管切断。切断后的铜管管口要整齐光滑，适宜胀扩管口。

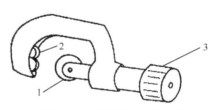

1—割轮；2—支撑滚轮；3—调整转柄

图 3-1　割刀的构造

电冰箱节流多采用毛细管，毛细管的切断要用专门的毛细管钳或用锐利的剪刀夹住毛细管来回转动划出裂痕，然后用手轻轻地折断。

2. 扩管器

扩管器又称胀管器，主要用来制作铜管的喇叭口和圆柱形口。喇叭口形状的管口用于螺纹接头或不适于对插接口时的连接，目的是保证对接口部位的密封性和强度。圆柱形口则在两个铜管连接时，一个管插入另一个管的管径内再经焊接。扩管器的结构如图 3-2 所示。

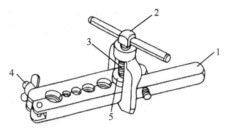

1—扩管器夹具；2—顶压装置（弓形架）；3—螺杆；4—夹具紧固螺母；5—扩管锥头（或胀头）

图 3-2　扩管器

扩管器的夹具分成对称的两半，夹具的一端使用销子连接，另一端用紧固螺母和螺栓紧固。两半对合后形成的孔径按不同的管径制成螺纹状，目的是便于更紧地夹住铜管。孔的上口制成 60° 的倒角，以利于扩出适宜的喇叭口。

扩管器的使用方法：首先将铜管扩口端退火并用锉刀锉修平整，然后把铜管放置于相应管径的夹具孔中，拧紧夹具上的紧固螺母将铜管牢牢夹住。具体的扩口操作方法如图 3-3 所示。

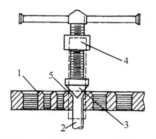

1—夹具；2—铜管；3—扩管锥头；4—弓形架；5—铜管的扩口

图 3-3　扩口的操作方法

扩喇叭形口时，管口必须高于扩管器的表面，其高度大约与孔倒角的斜边相同，然后将扩管锥头旋固在螺杆上，连同弓形架一起固定在夹具的两侧。扩管锥头顶住管口后再均匀缓慢地旋紧螺杆，锥头也随之顶进管口内。此时应注意旋进螺杆时不要过分用力，以免顶裂铜管。

一般每旋进 3/4 圈后再倒旋 1/4 圈，这样反复进行直至扩制成形。最后扩成的喇叭口要圆正、光滑、没有裂纹。

扩圆柱形口时，夹具仍必须牢牢地夹紧铜管，否则扩口时铜管容易后移而变位，造成圆柱形口的深度不够。管口露出夹具表面的高度应略大于胀头的深度。扩管器配套的系列胀头对于不同管径的胀口深度及间隙都已制作成形，一般小于 10mm 管径的伸入长度大约为 6mm。扩管时只需将与管径相应的胀头固定在螺杆上，然后固定好弓形架，缓慢地旋进螺杆。具体操作方法与扩喇叭口时相同。

3. 封口钳

封口钳主要在电冰箱等修理、测试符合要求后封闭修理管口时使用。

操作中首先要根据管壁的厚度调整钳柄尾部的螺钉，使钳口的间隙小于铜管壁厚的两倍，过大时封闭不严，过小时易将铜管夹断。调整适宜后将铜管夹于钳口的中间，合掌用力紧握封口钳的两个手柄，钳口便把铜管夹扁而铜管的内孔也随即被侧壁挤住，起到封闭的作用。封口后拨动开启手柄，在开启弹簧的作用下钳口自动打开。

4. 弯管器

弯管器就是弯曲紫铜管的专用工具。弯管器的构造和使用方法如图3-4所示。

使用方法：把退过火的紫铜管放入带导槽的固定轮与固定杆之间，然后用活动杆的导槽导住铜管，用固定杆紧固住铜管，手握活动杆手柄顺时针方向平稳转动。这样，紫铜管便在导槽内被弯曲成特定的形状。操作时用力要均匀，避免出现硬弯或裂痕。

在日常维修时，有时需要徒手弯曲紫铜管，这时要尽量以较大的半径加以弯曲平稳，否则容易将铜管弯扁。

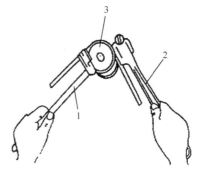

1—固定杆；2—活动杆；3—带导槽的固点

图3-4 弯管器的构造和使用方法

任务 3.1.2 钳工工具及使用方法

在电冰箱维修过程中，经常要对一些零配件进行加工、改制和修理。掌握钳工工具的使用方法是维修人员必不可少的基本技能。根据电冰箱维修的特点，需要使用的钳工工具主要有：台钳、剪刀、各种规格的螺旋旋具、钢锯、扳手、套筒扳手或梅花扳手、方榫扳手、各种锉刀、钢丝钳、尖嘴钳、什锦锉、錾子及手电钻等。

1. 钢锯的使用方法

钢锯是一种锯切工具，使用非常广泛。制冷设备维修中经常使用钢锯锯切各种金属管壁，如紫铜管、铁管及压缩机壳等。钢锯的构造如图3-5所示。

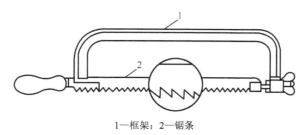

1—框架；2—锯条

图3-5 钢锯的构造及锯条的安装方法

使用钢锯前首先要掌握锯条的安装方法。锯条的锯齿直边应朝向前进的方向，用锯架上的紧固螺母把锯条固定好。锯条的松紧程度要调节适当。锯条过紧，使用时容易折断；锯条过松，容易扭曲。

用钢锯锯切金属时，起锯压力要轻，动作要慢，推锯要稳。锯在工件上的往复距离要由短而长。在锯切管道时，先锯透一段管壁，然后转动管子沿管壁锯断，这样锯条就不会被锯口卡住而折断。

▶2. 錾子的使用方法

錾子是錾切金属的工具。使用錾子錾切金属时要根据錾切对象的材料用砂轮把錾口磨出不同角度的楔角。錾切硬钢、硬铸铁的楔角为 65°～75°，錾切一般钢、铸铁的楔角为 60°，錾切铜材料的楔角为 50°。用錾子錾切金属，要掌握使用錾子和锤子的正确方法。錾子的握法如图 3-6 所示。

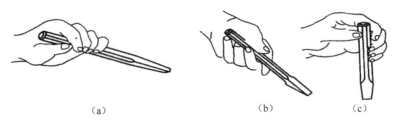

（a）　　　　　　　　　（b）　　　　　　　　　（c）

图 3-6　錾子的握法

握錾子的方法有三种：水平錾切金属用正握法，如图 3-6（a）所示；侧平面錾切金属用反握法，如图 3-6（b）所示；平面垂直錾切金属用立握法，如图 3-6（c）所示。

锤子的握法要根据錾切材料的硬度和厚度灵活掌握。錾切硬而厚的材料时宜握紧锤柄，用力锤击；錾切软而薄的材料时宜轻握锤柄，用劲适宜，缓而有力。锤击錾柄时要稳、准、狠，避免轻点锤击式的錾切。另外，要注意安全操作，防止击伤手部。

▶3. 锉刀的使用方法

锉刀是锉削金属的工具，锉刀的种类很多，有平板锉、方锉、三角锉、圆锉、半圆锉等。锉齿表面有粗、中、细之分。

使用锉刀时，用右手的拇指压在锉柄上，掌心顶住锉柄的端面；左手手掌轻压锉刀前部的上面。锉削金属时，锉刀前进的方向指向前方与下方的合力方向。向前推锉时要稳而有力，往复距离以长为宜。锉刀的使用方法如图 3-7 所示。

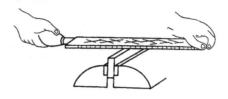

图 3-7　锉刀的使用方法

小零配件的修整和装配精度要求较高时，常常需要用什锦锉来完成。什锦锉分 5 件一组、8 件一组等，也称为组锉，使用时单手操作即可。

4. 方榫扳手

方榫扳手是专门用于旋动各类制冷设备阀门杆的工具，结构如图 3-8 所示。扳手的一端是可调的方榫孔，其外圆为棘轮，旁边有一个撑牙由弹簧支撑，使扳孔只能单向旋动。扳手的另一端有一大一小的固定方榫孔，小榫孔可用来调节膨胀阀的阀杆。这种扳手使用起来十分方便快捷。

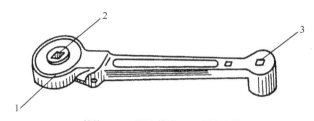

1—棘轮；2—可调方榫孔；3—固定方榫孔

图 3-8 方榫扳手

5. 一字、十字槽螺钉旋具的使用方法

在带电操作时，使用一字、十字槽螺钉旋具。手要握紧槽螺钉旋具手柄，不得触及其金属部分。在拧锈蚀螺钉时，应先用左手握住槽螺钉旋具手柄，右手用小锤子轻轻敲螺钉顶部，震动锈蚀螺钉，锈蚀螺钉松动后即可较容易地拧下，否则，将把螺钉顶槽拧成滑扣，且螺钉不易旋出。一字、十字槽螺钉旋具如图 3-9 所示。

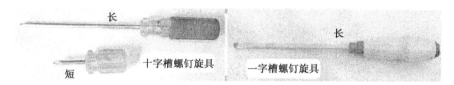

图 3-9 一字、十字槽螺钉旋具

6. 活扳手的使用方法

在拧紧螺母时，扳手嘴一定要和螺钉卡紧，用力均匀，并根据螺钉紧固的力矩要求拧紧螺钉，若力矩过大，超过螺母的承受能力时螺母会滑扣。在拧松螺母时，扳手嘴也一定要和螺母卡紧，要用"寸力"。8 寸、10 寸活扳手如图 3-10 所示。

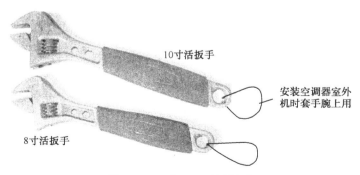

图 3-10 8 寸、10 寸活扳手

任务 3.1.3　抽真空、灌制冷剂工具及使用方法

▶ **1. 真空泵的结构及使用方法**

真空泵的结构：真空泵是抽取制冷系统里的气体以获得真空的专用设备。其基本结构如图 3-11 所示。

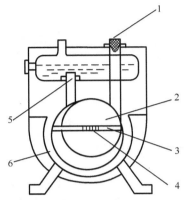

1—进气口；2—偏心转子；3—旋片；4—弹簧；5—排气口；6—泵体

图 3-11　真空泵内部基本结构

检修电冰箱时常用的真空泵为旋片式结构，利用镶有两块滑动旋片的转子，偏心地装在定子腔内，旋片分割了进、排气口。旋片在弹簧的作用下，时时与定子及电动机的拖动下带动旋片在定子腔内旋转，使进气口方面的腔室逐渐扩大容积，吸入气体；另一方面对已吸入的气体压缩，由排气阀排出，从而达到抽取气体获得真空的目的。电冰箱系统抽真空的目的如下：

（1）将系统内部残存的气体抽出，排出内部的湿气和不凝缩气体，保持干燥。

（2）对制冷系统进行检漏。若在抽真空过程中系统一直达不到所要求的真空度，表明系统有漏点。

（3）在充注制冷剂之前必须对整个系统抽真空，使系统内的真空度不低于-760Hg。

电冰箱等制冷系统抽真空的方法主要有以下三种：

（1）低压单侧抽真空。这种方法工艺简单，容易操作。真空泵与制冷系统的连接方法如图 3-12 所示。

确定系统内的制冷剂基本放空后，将真空泵的抽气口用一根耐压胶管与带有真空压力表的直通阀连接，然后先关闭直通阀的开关，启动真空泵，随即再缓缓打开直通阀的开关开始抽真空,30min 后关闭阀门,观察真空压力表指针的变化,如系统没有泄漏,继续抽真空 30min;停止抽真空时，先关闭直通阀的开关，然后再切断真空泵电源。低压单侧抽真空的方法简单易行，但由于仅在低压一侧抽真空，高压侧的气体受到毛细管流阻的影响，使低压侧的真空度比高压侧高 10 倍左右，因此需用较长时间，才能达到所要求的真空度。

（2）高、低压双侧抽真空。为了克服低压单侧抽真空的缺点，可以采用高、低压双侧抽真空，如图 3-13 所示。

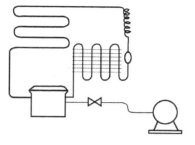

图 3-12　低压单侧抽真空

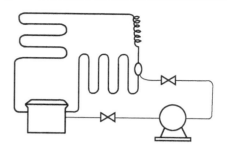

图 3-13　高、低压双侧抽真空

在干燥过滤器的工艺管上焊接一根铜管，通过直通阀与压缩机修理管并联在同一台真空泵上，然后同时抽真空，具体操作方法同前所述。高、低压双侧抽真空有效地克服了毛细管流阻对高压侧真空度的不利影响，提高了整个制冷系统的制冷性能，而且适当缩短了抽真空的时间，但增加了焊接点，提高了工艺要求，操作也较复杂。

（3）复式抽真空。复式抽真空就是对整个制冷系统进行两次以上的抽真空，以获得理想的真空度。经过一次抽真空后，制冷系统内部保持了一定的真空度。此时，拧下真空泵抽气口上的耐压胶管管帽，接在制冷剂钢瓶阀口上，向系统内充注制冷剂，启动压缩机运转数分钟，使系统内残存的气体与制冷剂混合，再开启真空泵进行第二次抽真空，抽真空时间至少在 30min 以上。这样不止一次地反复抽真空，能使系统内的气体进一步减少，以达到规定的真空度。复式抽真空的方法比单侧抽真空的效果好，但增加了制冷剂的损耗。因此，维修中一般多采用高、低压双侧抽真空的方法。

真空泵使用注意事项：放置真空泵的场地周围要干燥、通风、清洁。真空泵与制冷系统连接的耐压胶管要短，而且要避免出现折弯。启动真空泵前要仔细检查各连接处及焊口处是否完好，泵的排气口胶塞是否打开。瞬间启动真空泵，观察泵的电动机旋转方向是否与三角皮带轮上的箭头方向一致。停止抽真空时要首先关闭直通阀的开关，使制冷系统与真空泵分离，不使用真空泵时要用胶塞封闭进、排气口，以避免灰尘和污物进入泵内影响真空泵的内腔精度。要经常保持真空泵整洁，随时观察油窗上的润滑油标志，加强对真空泵的日常保养，提高设备的完好率。

2. 真空压力表与各种阀门

1）真空压力表

真空压力表是电冰箱维修中必不可少的测试仪表。它既可测量电冰箱制冷系统中 0.1～1.6MPa 的高压压力，又可测量抽真空时低于 0.1MPa 的真空度。

如图 3-14 所示是一种常用的真空压力表。

在表盘上由里向外共有两圈刻度数值，一种是英制表示，一种是国际单位制表示。

2）阀门

（1）直通阀，又称二通截阀，是最简单的修理阀，常在抽真空灌制冷剂时使用，如图 3-15所示。

直通阀共有三个连接口：与阀门开关平行的连接口多与设备的修理管相接；与阀门开关垂直的两个连接口，一个常固定装上真空压力表，另一个在抽真空时接真空泵的抽气口，充注制冷剂时接钢瓶。直通阀的结构简单，但使用不太方便。

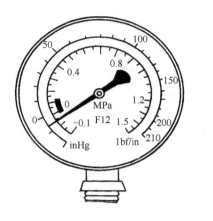

图 3-14　真空压力表

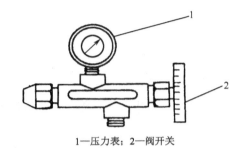

1—压力表；2—阀开关

图 3-15　直通阀

（2）专用组合阀。由于直通阀在使用中受到限制，维修中应用较多的是专用组合阀，如图 3-16 所示。

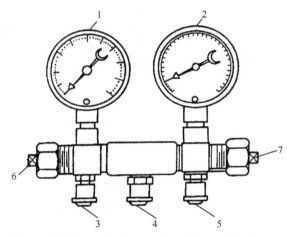

1—压力表；2—真空表；3—接钢瓶；4—接压缩机；5—接真空泵；6、7—阀开关

图 3-16　专用组合阀

这种阀门上装有两块表：一块是真空表，用来监测抽真空时的真空压力；一块是压力表，用来监测充注制冷剂时的压力。三个连接口分别与制冷剂钢瓶或定量充注器、压缩机、真空泵相接。如图 3-16 所示，阀 7 打开，阀 6 关闭，进行抽真空；阀 6 打开，阀 7 关闭，进行充注制冷剂。这种阀门使抽真空、充注制冷剂连续进行，使用起来比较方便。

（3）顶针式开关阀。从制冷系统中收回制冷剂时经常要使用专用阀门，这种阀门称为顶针式开关阀，如图 3-17 所示。

使用方法如下：

① 卸下连接上、下瓣的紧固螺钉，扣合在将要接阀的管道上，然后拧紧紧固螺钉。

② 打开顶针开关阀的阀帽，装上专用检修阀，使检修阀的阀杆刀口插在开关阀上部的槽口内，然后将检修阀的阀帽拧紧。

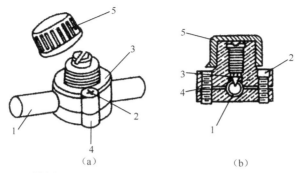

1—制冷剂管道；2—紧固螺钉；3—上瓣；4—下瓣；5—阀帽

图3-17 顶针式开关阀

③ 顺时针旋转检修阀阀柄，开关阀的阀顶（顶针）随即也被旋进管道内，使管道的管壁顶压出一个锥形圆孔。

④ 逆时针旋转检修阀，开关阀的阀尖也退出管壁圆孔，制冷剂也随即喷出，沿着检修阀的接口流入制冷剂容器中。

在现场维修时使用这种阀门十分方便，并且也可以用在制冷系统的抽真空、充制冷剂等工序中，从而省掉了焊接操作。需要注意的是：操作完毕后，顺时针旋转检修阀，使开关阀的顶尖关闭所开之圆孔，然后卸下检修阀，拧紧开关阀阀帽，整个顶针式开关阀便永久保留在系统管道中。

3）管及连接

在制冷设备维修中，常常使用软管作为连接管路，如系统与真空泵、钢瓶、定量加液器的连接，检测仪表阀门与设备的连接等。用于连接的软管大多是耐高压的橡胶软管，长度为800～6500mm，软管的两端制成带螺纹的管帽，便于连接后的密封。目前用于充注制冷剂的软管也有用透明聚氯乙烯制作的，主要是为了便于观察制冷剂的充注情况。选择连接软管的长度时最好以短为宜，并且要经常保持软管的干燥和清洁，避免沾上油污或接近锐器。

项目 3.2　抽空灌注机使用方法

任务 3.2.1　抽空灌注机使用方法（R600a/R134a）

1. 抽空灌注机使用要点

首次启动本装置前必须给真空泵加油。当真空泵可视油镜达到油面中间时即表示油量正好，过量的油可能导致损坏真空泵。

在将本装置与制冷循环系统连接之前，必须先放空该系统。只有当制冷剂已回收后才可以开始修理该制冷系统。抽空灌注机连接图如图3-18所示。

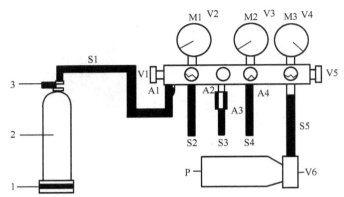

1—数字式电子秤；2—罐装制冷剂（选配）；3—开瓶阀（选配）；S1—加注软管 LR-FS-SK1；S2—重型力加注软管 HDS-60-B/V；S3—加注软管 E-360-FTR（红色）；S4—加注软管 E-360-FEB（蓝色）；S5—连接软管 HAD-6-18；A1—对应加注软管 S1 接头；A2—R134 制冷系统接头；P—真空泵；A3—服务阀座（用于高压侧抽真空）；A4—R600a 制冷系统接头；V1—REF 阀（R134a）；V2—低压阀（R134a）；V3—低压阀（R600a）；V4—真空阀（通真空泵）；V5—真空阀（通真空表）；V6—服务阀；M1—R134a 表头；M2—R600a 表头；M3—真空表

图 3-18　抽空灌注机连接图

◆ 2. R134a 抽空灌注机使用方法

R134a 抽空灌注机抽真空/抽湿按以下步骤操作：

（1）确认支管表上所有阀门均已关闭。

（2）将软管 S2（黑色）与接头 A2 相接；软管另一端与系统低压侧相接。

如果需要同时对高压侧抽真空，则必须将软管 S3（红色）的一端与服务阀座 A3 相接，另一端与系统高压侧连接。本装置上已装有 S1 细软管（半透明），且其一端已与接头 A1 连接，请将另一端与制冷剂罐连接。

（3）打开阀门 V4 和 V5，启动真空泵达到最终真空后将真空表 M3 红色指针调向终极真空。

（4）打开阀门 V1 和 V2（或 V3），如果需要抽真空高压侧，同时打开服务阀 V6，开始对系统抽真空。

（5）关闭阀门 V4 和 V2（或 V3），关掉真空泵。如果在关掉真空泵以前没有关上 V4 阀，则真空会泄漏而且真空泵油可能会倒灌进入制冷系统。启动制冷系统压缩机工作，使制冷剂与冷冻油分离，观察真空表，注意其真空度能否维持，若不能，请检查系统，然后按上述步骤重新对系统抽真空。

（6）关闭阀 V5，若同时对高压侧抽真空请关上服务阀 V6，并将软管 S3 从高压侧（如干燥器）上取下并封堵开口处。

如果使用数字式电子秤灌注，按以下步骤操作：

（1）开始时，关闭 V2～V6 的所有阀门。

（2）将罐装制冷剂放到数字式电子秤（1）上并打开电子秤，读数为"0000"。

（3）打开开瓶阀，启动制冷系统，然后打开阀门 V2（R134a），制冷剂进入系统，则可以从电子秤上看到一个负的读数，显示进入系统的制冷剂的重量。

（4）当所需的加注量达到后，关闭阀 V1，然后关闭开瓶阀。

（5）再次打开阀 V1 一小段时间，以便将软管 S1 中的残余制冷剂吸入系统中。

！注　意

如果没有关闭 V5，那么下次加注时真空表会被击坏！

3. R600a 抽空灌注机使用方法

R600a 抽空灌注机抽真空/抽湿按以下步骤操作：

（1）确认支管表上所有阀门均已关闭。

（2）将软管 E-360-FEB（蓝色软管 S4）与 A4 相接。软管另一端与系统低压侧相接。

如果需要同时对高压侧抽真空，则必须将软管 S3（红色）的一端与服务阀座 A3 相接，另一端与系统高压侧连接。本装置上已装有 S1 细软管（半透明），且其一端已与接头 A1 连接，请将另一端与制冷剂罐连接。

（3）打开阀门 V4 和 V5，启动真空泵达到最终真空后将真空表 M3 红色指针调向终极真空。

（4）打开阀门 V1 和 V2（或 V3），如果需要抽真空高压侧，同时打开服务阀 V6，开始对系统抽真空。

（5）关闭阀门 V4 和 V2（或 V3），关掉真空泵。如果在关掉真空泵以前没有关上 V4 阀，则真空会泄漏而且真空泵油可能会倒灌进入制冷系统。启动制冷系统压缩机工作，使制冷剂与冷冻油分离，观察真空表，注意其真空度能否维持，若不能，请检查系统，然后按上述步骤重新对系统抽真空。

（6）关闭阀 V5，若同时对高压侧抽真空请关上服务阀 V6，并将软管 S3 从高压侧（如干燥器）上取下并封堵开口处。

如果使用数字式电子秤灌注，按以下步骤操作：

（1）开始时，关闭 V2～V6 的所有阀门。

（2）将罐装制冷剂放到数字式电子秤（1）上并打开电子秤，读数为"0000"。

（3）打开开瓶阀，启动制冷系统，然后打开阀门 V3（R600a），制冷剂进入系统，则可以从电子秤上看到一个负的读数，显示进入系统的制冷剂的重量。

（4）当所需的加注量达到后，关闭阀 V1，然后关闭开瓶阀。

（5）再次打开阀 V1 一小段时间，以便将软管 S1 中的残余制冷剂吸入系统中。

！注　意

如果没有关闭 V5，那么下次加注时真空表会被击坏！

当软管 S4 连接在系统上且所有阀门均关闭时，表头 M1（或 M2）即显示蒸发压力。蒸发压力正常后，检查制冷系统工作是否正常及有无泄漏，然后将软管 S1 从开瓶阀上取下，将软管 S2（或 S4）从系统上取下。将各个工艺阀用相应的堵帽盖好，在拧紧堵帽前最好在螺纹上滴一滴冷冻油以确保密封。

常用仪表技能实训

学习目的：熟练掌握指针式万用表、数字式万用表、钳形电流表、兆欧表的使用方法。

学习重点：掌握指针式万用表、数字式万用表、钳形电流表、兆欧表的结构、工作原理及使用注意事项。

教学要求：万用表、钳形电流表、兆欧表好比是维修人员手中的武器，武器的优劣直接影响维修能力。本单元重点介绍仪表结构、工作原理、使用方法，从实用技能角度介绍实用技巧。

项目 4.1 万用表技能实训

任务 4.1.1 指针式万用表的使用方法

万用表又叫万用电表或万能表，是一种使用极其广泛的具有多种用途和多个量程的直读式仪表。万用表有指针式和数字式两种。

> **1. 指针式万用表的结构原理**

指针式万用表的外形如图 4-1 所示，它主要由表头、表盘、转换开关和表笔等部分组成。

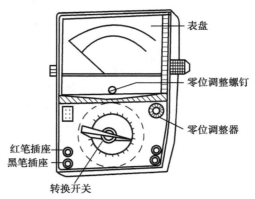

图 4-1　MF-47 型万用表外形图

1）表头

表头是一只高灵敏度的磁电式电流表，其结构如图 4-2 所示。它的工作原理是当直流电通过表头线圈时，线圈受到磁场力的作用而转动。当转动力矩和上、下两盘游丝的反方向力矩平衡时，指针停止偏转，此时可以在表盘上指出实数。指针偏转角度大小与电流成正比。

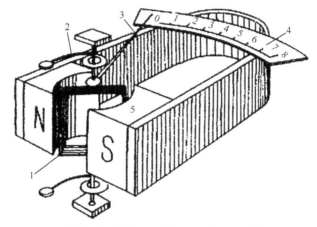

1—线圈；2—游丝；3—指针；4—表盘；5—磁铁

图 4-2　表头结构图

2）表盘及表面标尺

万用表的各个测量项目都共用一个表盘，如图 4-3 所示。

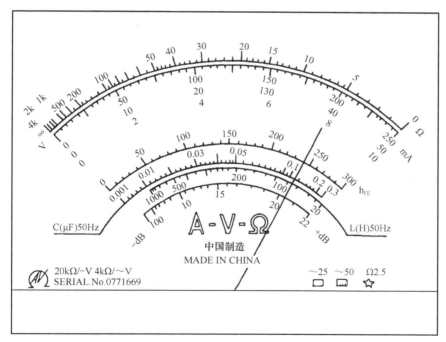

图 4-3　MF4-3 型万用表的表盘

各测量项目及仪表其他参数均以各种文字和符号表示。它共有 6 条刻度线，从上往下数，第 1 条刻度线为电阻挡专用线，用符号"Ω"表示；第 2 条刻度线为交直流电压、直流电流共用线，用符号"V"和"mA"表示；第 3 条刻度线为测量晶体管放大倍数用的，用字母"h_{FE}"表示；第 4 条刻度线为测量电容容量用的，用字母"C（μF）50Hz"表示；第 5 条刻度线为测量电感量用的，用字母"L（H）50Hz"表示；第六条刻度线为 dB 线。

3）调整机构

（1）转换开关：转换开关是用来选择万用表测量项目和量限（或称量）的，与表面刻度尺配合使用。目前，大多数万用表只用一个转换开关，这样做可以简化维修人员的操作，减少差错。

（2）零位调整器：零位调整器又称零位调整旋钮，在测量电阻前，将红、黑测电表笔短路，调整该旋钮，使指针对准"0"位置。

（3）零位调整螺钉：测量前，调整零位调整螺钉，使指针指示"0"位。

（4）测电表笔：测电表笔用绝缘塑料制成。用它来连接电表与测试点，在万用表面板上有两个插孔"+"和"−"（称测定端子）。测量时，红表笔插入"+"孔，黑表笔插入"−"孔。

2. 指针式万用表的使用方法

下面以 MF-47 型万用表为例，介绍它的使用方法。

使用指针式万用表应首先检查指针是否在机械零位上，如果不在零位，则可旋动零位调整螺钉，使表针回零，一般不必每次都调。红色表笔的连线应接到红色接线柱上或"+"插孔内，黑色表笔应接黑色接线柱或"−"插孔内，这样，测量直流时总是用红色表笔接正极，黑色表笔接负极，可以避免因极性接反烧坏表头或撞坏表针。有些万用表有专用高压插孔与大电流插孔，使用时黑色表笔仍接在黑色接线柱上或"−"插孔内，而将红色表笔插接到高压插孔或大电流插孔内。

测量直流时，如果不知道电路正、负极性，则可以把万用表量程放在最大挡，在被测电路上快速试一下，看指针怎样偏转。若指针正向偏转，则说明连接正确；若指针反向偏转，则说明两表笔应交换位置。

测量前应根据所测种类将转换开关旋至所需要的位置。例如，需要测量交流电压时，就把转换开关拨至标有"V"的区间。有的万用表面板上有两个旋钮，一个是选择测量种类，一个是选择量程。使用时，应先选择测量种类，然后选择量程。

选择测量种类时要特别细心，否则有可能造成严重后果。例如，误用电流或电阻挡测高压，就有可能损坏表头。因此，在选择测量种类后，要仔细核对一下是否有误。

根据所需测量的大致范围，将量程选择开关旋至适当量程上。例如，测 220V 交流电，可选用"V"250V 的量程挡。在测量电流或电压时，最好使指针偏转满刻度 1/2 以上，这样测量的结果准确。如果被测量的范围不能预先知道，则在测量时应将转换开关旋至最大量程挡上进行试测，若读数太小，逐步减小量程。但要注意，必须使表笔脱离电路，否则可能损坏开关触点。

3. 指针式万用表的具体测量方法

下面介绍 MF-47 型万用表的具体使用方法。

1）测量直流电流和直流电压

测量直流电压时，万用表必须与被测电路并联，并注意红色表笔应接到"+"极端，将转换开关转到一适当直流电压的位置。注意，此时转换开关所指数值为表针满刻度读数的对应值。

例如，表针所指数字如图4-3所示，若转换开关置于 10V 挡的位置，则说明电压值为 8V；若转换开关置于 50V 挡的位置，则说明电压值为 40V。

测量直流电流时，万用表必须与被测电路串联，应注意使被测电流从"+"端流到"–"端，量程选在"mA"上，读数方法与测直流电压相同。

例如，将转换开关拨至 5mA 挡，则万用表的最大量程为 5mA，表针所指如图4-3所示，那么所读电流值为 4mA。

2）测交流电压和交流电流

测量交流电压的方法及其读数方法与测量直流电压相似，不同的是测交流时万用表的表笔不分正、负。被测交流电必须是正弦交流电。MF-47 型万用表不能测交流电流。

交流电压的刻度线多为红色，标有"AC"或"～"，有的万用表还有交流电压挡的专用标尺，测量低压时比较准确。测 220V 交流电时必须注意安全，手不可接触到表笔导电部分，以免触电。

> ⚡ **注 意**
>
> 交、直流电压种类不要选错。如果误用直流电压挡去测交流电压，那么表针不动或略微抖动；如果误用交流电压挡去测直流电压，则读数可能偏高一倍，或者读数为零。

3）测电阻

测电阻时，首先要选择适当的量程挡。电阻的标度大多在表盘的最上一行，读数写在线上，右端从零开始，分格由疏渐密，到左端为无穷大，测量范围由 R×1 到 R×10k。

量程选好后，在测量之前还应将两表笔碰接在一起，并旋转零位调整器，使表针偏转到右边的零点，以保证测量结果的准确性。在每次转换量程后都要重复这一步骤。如果指针不能调到零位，就说明表内电池电压不足，需更换电池。测量时，将两表笔接触到被测器件的两个引出端，即可在表盘上得到表针的读数。注意，测试时手不要触及表笔金属部分，以保证测量准确度。测量无极元器件时，表笔无极性之分。在测试晶体管、电解电容器等有极性的元器件时，必须注意红、黑表笔的连接位置。测电阻时注意绝不能带电测量电阻。测量电阻的欧姆电路是由干电池供电的，被测电阻绝不能带电，因为带电测量相当于一个额外的电源，不仅测不到正确的测量结果，还有可能损坏表头，这一点必须特别注意。在测量某一电路中的电阻时，必须首先切断电路电源（如果被测电阻有并联支路，还应将其电阻的一端断开），以确保电阻中没有电流通过。在测量通电后的电容器时，将电容器的一端从电路上拆下后，要先将电容器的两引出端短接一下，使之放电，然后才能测量，否则将烧坏万用表表头。

▶ 4. 指针式万用表的使用注意事项

观察万用表的读数时，视线应正对着表针。若表盘上有反射镜子，眼睛看到的表针应与镜子里的影子相重合。

为了提高读数精度，选取量程时，尽量使表针偏到满刻度的 2/3 以上。测量高电压或大电流时，不能带电旋转量程开关，以防止触头产生火花，损伤或烧坏转换开关。

万用表使用完毕，应将转换开关旋至交流最高电压挡或拨至 OFF 挡上，这样可防止由于无意中将两表笔碰到一起造成短路，引起电池消耗。长期不用的万用表，应取出电池。

任务 4.1.2　数字式万用表的使用方法

数字万用表采用叠层电池供电，采用大规模集成电路，测量元器件时，先把被测电量变成电压信号，再经模数（A/D）转换，最后以数字形式反映在 LCD 液晶显示屏上。

▶ 1. 数字式万用表的主要性能

数字式万用表可测量的电量有：直流电压、直流电流、交流电压、交流电流、电阻、电容、二极管正向压降及三极管直流放大倍数等，有的表还附有交直流大电流（10A）测量各一挡，还具有自动调零和显示极性的功能、超量程和电池低电压显示功能。有的数字式万用表设有过电流、过熔熔断器和过载保护等元件。万用表所能测量的量程挡可从万用表的表盘刻度上看出。

▶ 2. 数字式万用表的使用方法

下面以 DT-830 型数字式万用表为例，介绍数字式万用表的使用方法。DT-830 型数字式万用表的表盘如图 4-4 所示。

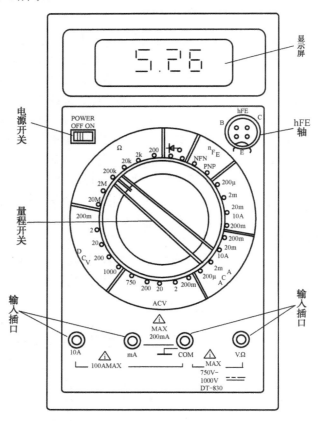

图 4-4　DT-830 型数字式万用表的表盘

首先要了解所有万用表各部分的功能然后再进行测量。在测量前，务必检查量程开关是否置于恰当的位置，并注意红表笔所在的插口是否与量程开关所在的范围一致。在测量交、直流电压和电流时，若不知被测量的大约数值，可先将量程开关置于最高挡位，然后根据实际情况逐渐减小，这样防止因超量输入而损坏仪表。开启电源后，先查看电池低电压指示字母"LOBAT"是否显示，如果显示，则表示电池电压不足，应立即更换电池，否则将会产生很大的测量误差。之后再查看仪表调零情况，在电压、电流、三极管测量挡位时，仪表应显示为零。电阻挡两表笔开路时，显示为无穷大；两表笔短路时，也应显示为"0"。使用200Ω挡测电阻时，应先将两表笔短路后测出两表笔导线的电阻值（一般为0.2～0.3Ω），正式测量结果应减去此值。

1）测量直流电压或交流电压

根据被测量的大约数值，将量程开关转至"DCV"或"ACV"范围内适当的挡位上，黑表笔置于"COM"插口（以下各种测量，黑表笔的位置不变），红表笔置于"V.Ω"插口，电源开关推至"ON"位置。两表笔接触测量点之后，显示屏上便出现测量值。若量程开关置于"200m"挡位，屏幕上的显示值以"mV"为单位；置于其他4挡时，显示值以"V"为单位。

注 意

随着量程开关所置的挡位不同，测量的精度也不同。

2）测量直流电流或交流电流

根据被测值的大约数值，将量程开关转至"DCV"或"ACV"范围内的适当挡位上。

当测量的电流值小于200mA时，红表笔应置于"mA"插口；当测量的电流大于200mA（但最大不超过10A）时，红表笔应置于"10A"插口。接通电源，把表串入要测量的电路中，即可显示出读数。

3）测量电阻

将量程开关置于"Ω"范围，根据所测值选择合适的量程，红表笔置于"V.Ω"插口，接通电源便可进行测量。当量程开关置于"2M"或"20M"上时，显示的数字以"MΩ"（兆欧）为单位；当量程开关置于"200k"、"20k"或"2k"上时，显示的数字以"kΩ"（千欧）为单位；当量程开关置于"200"上时，显示的值以"Ω"为单位。

4）检查电路通断

将量程开关转至有蜂鸣发声符号的位置，黑表笔置于"COM"插口，红表笔置于"V.Ω"插口，接通万用表电源，将表笔触及被测电路。若两支表笔间电路的电阻值小于20Ω，则仪表内的蜂鸣器发出蜂鸣声，说明电路是接通的；反之，若听不到蜂鸣声，则表示电路不通或接触不良。

5）检查二极管

把量程开关转至标有二极管符号的位置，红表笔置于"V.Ω"插口，将表笔接至二极管两端，正向接法使二极管导通，万用表显示的是管子的正向压降（V）。对好的硅二极管，其值介于0.5～0.8V；若二极管内部短路或开路，将分别显示"000"。假如使二极管做反向连接，若管子是好的，则在显示屏左端出现"1"字；若已损坏，则显示"000"或其他数字。

6）测量晶体管的 h_{FE}

将被测晶体管插入 h_{FE} 插口便可。若被测管子是 PNP 型的，则应将量程开关转至"PNP"位置；若管子是 NPN 型的，则应转至"NPN"位置。然后接通表内电源，显示屏上便出现被测管子的 h_{FE} 值。

3. 数字式万用表的使用注意事项

数字式万用表虽然有很多优点，但是较为娇贵，若使用不当，则可造成损坏或使读数不准，所以使用中要严格按说明书规定的使用条件和方法，同时还要注意以下事项：

（1）使用环境，不能在高温、阳光、高湿度环境中使用和保存。

（2）数字式万用表的测量周期为 0.35s，因此不能反映连续变量。

（3）数字式万用表虽有极性显示装置，但应尽量采用正极性测量，以免反极性测量时损坏万用表。

（4）测量电容时，人体应远离被测元件，以消除人体电容的影响。不能用数字式万用表测人体等效电阻，因为人体与大地之间存在电容，人体上能感应出较强的 50Hz 交流干扰信号，有时可达到 15V 左右。同样，测元器件电阻时，不得用手碰触表笔尖。

（5）数字式万用表的频率特性较差，一般只能测 45～500Hz 的低频信号，不能测高频信号。如果工作频率超过 2kHz，测量误差迅速增大，无法保证 1.0% 的精度。

（6）万用表要轻拿轻放，防止跌落和挤压。

（7）共用的数字式万用表应专人专管。

项目 4.2　钳形电流表、兆欧表技能实训

任务 4.2.1　钳形电流表的使用方法

在电冰箱检修工作中常用的钳形电流表，又称卡表，用于测量交流电流，一般在 500V 以下的电压电路测量中使用。

1. 钳形电流表的结构原理

钳形电流表由磁电式电流表、电流互感器铁芯及二次绕组、胶木手柄等组成，如图 4-5 所示。

测量时，将钳口打开，把被测载流导线放在电流互感器铁芯的中间，然后闭合钳口。在电流的作用下，电流互感器铁芯中产生了交变磁场，交变磁场又使二次绕组中产生与载流导线有一定比值关系的电流。由磁电式电流表测得二次绕组的电流值，便可确定载流导线中的电流。

2. 钳形电流表的使用方法

测量时，先将转换开关旋转至比预测电流大的量程，可将导线在钳形铁芯上绕几圈，这时，指针便停留在较大电流的数值上。把测得的电流值除以钳形铁芯上的导线匝数，即是该导线的电流值。

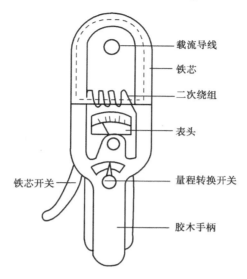

——————载流导线

——————铁芯

——————二次绕组

——————表头

铁芯开关——————

——————量程转换开关

——————胶木手柄

图 4-5　钳形电流表整体结构

3. 钳形电流表的使用注意事项

（1）为使读数准确，钳口的两表面应紧密闭合。如果有杂声，可将钳口重新开合一次；如铁芯仍有杂声，应将钳口铁芯两表面上的污垢擦净后再测量。

（2）进行电流测量时，被测载流导线的位置应放在钳口中间，以免产生误差。

（3）测量前应先估计一下被测电流的数值范围，以选择合适的量程，或者先选用较大的量程测量，然后再视电流的大小选择适当的量程。

（4）测量后，应把调节开关放在最大的电流量程上，以免下次使用时由于未经选择量程而损坏仪表。

（5）钳形电流表钳口必须卡一根线，钳口卡两根线读数为"0"。

任务 4.2.2　兆欧表的使用方法

1. 兆欧表的结构原理

指针式兆欧表在使用时必须摇动手把，所以又叫摇表。它是一种测量高电阻的仪表。常用的兆欧表有两种：5050（ZC-3）型，直流电压 500V，测量范围为 0～500MΩ；1010（ZCⅡ-4）型，直流电压 1100V，测量范围为 0～1000MΩ。选用兆欧表时，要根据电器的工作电压来决定，如 500V 以下的电器，应选用 500V 的兆欧表。

兆欧表一般用于测量各种电气设备布线的绝缘电阻，如测量电线的绝缘电阻、电冰箱压缩机绕组的绝缘电阻等。

2. 兆欧表的使用方法

使用兆欧表测量绝缘电阻时，必须先切断电源，然后用绝缘良好的单股线把两表笔（或端钮）连接起来，做一次开路试验和短路试验。当两测量表线开路时，摇动手柄，表针应指向无穷大；如果把两测量表线迅速短路一下，表针应摆向零。如果不是这样，则说明表线连接不良或仪表内部有故障，应排除故障后再测量。

测量绝缘电阻时，要把被测电器上的有关开关接通，使电器上的所有电气件都与兆欧表的表线有导线连接。如果有的电气件或局部电路不和兆欧表的表线相通，则这个电气件或局部电路就没被测量到。兆欧表有三个接线柱，即接地柱 E、电路柱 L、保护环柱 G。其接线方法依被测对象而定。测量设备对地绝缘时，被测电路接于 L 柱上，将接地柱 E 接于地线上，如图 4-6（a）所示。测量电动机与电气设备对外壳的绝缘时，将绕组引线接于 L 柱上，外壳接于 E 柱上，如图 4-6（b）所示。测量电动机的相间绝缘时，L 和 E 柱分别接于被测的两相绕组引线上。测量电缆芯线的绝缘电阻时，将芯线接于 L 柱上、电缆外皮接于 E 柱上、绝缘扎物接于 G 柱上，有关测量接线如图 4-6（c）所示。

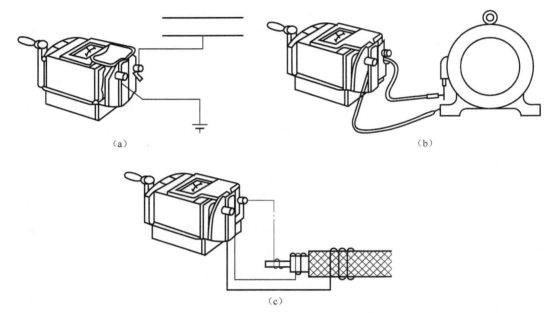

图 4-6　兆欧表使用方法

利用兆欧表还可以检查电动机绕组的断路故障。若绕组中有断路，表针将指向无穷大的位置上；若没有断路，则稍微摇动手柄，表针便迅速偏转到"0"位。读数时，兆欧表手柄的摇动速度应为 120r/min 左右。

3. 兆欧表的使用注意事项

（1）兆欧表接线柱至被测物体间的测量导线，不能使用双股并行导线或胶合导线，应使用绝缘良好的导线。

（2）兆欧表的量限要与被测绝缘电阻相适应，兆欧表的电压值要接近或略大于被测设备的额定电压。

（3）用兆欧表测量设备绝缘电阻时，必须先切断电源。对于有较大容量的电容器，必须先放电后检测。

（4）测量绝缘电阻时，应使兆欧表转速在 120r/min，一般以兆欧表摇动一分钟测出的读数为准,读数时要继续摇动手柄。

(5)由于兆欧表输出端钮上有直流高压,所以使用时应注意安全,不要用手触及端钮。要在摇动手柄、发电机发电状态下断开测量导线,以防电器储存的电能对表放电。

(6)测量中,若表针指示到零,则应立即停摇,如果继续摇动手柄,则有可能损坏兆欧表。

第 5 单元

焊接技术技能实训

学习目的：从理论基础上入手，介绍焊接工艺知识和操作方法。

学习重点：掌握软钎焊、硬钎焊、焊接安全，熟悉焊接操作与设备工具：焊料、焊剂选用、火焰调节、焊接结构形式、操作方法。

教学要求：熟练掌握焊接技术、操作方法及维修安全。

制冷设备维修工、制冷工、冷藏工，家用电器维修工中级要求熟练掌握气焊焊接技术，此技能考核占实操的 30%。

气焊是一门很强的焊接技术，在制冷设备维修中涉及铜管与铜管度、铜管与铁管之间的焊接，掌握这方面的知识是维修人员最基本的要求。

项目 5.1 硬钎焊焊接技术实训

任务 5.1.1 气焊焊接火焰操作技术入门

气焊焊接需具备乙炔气瓶、氧气钢瓶、焊枪（焊炬）、软管等。在氧气瓶内有 15.0MPa 压力的氧气，在乙炔气瓶内，最大压力为 1.5MPa，乙炔分子式为 C_2H_2，当与适当的氧气混合后，点火即可产生高温火焰。焊枪也称焊炬。氧气与乙炔经两个针阀调节后按正确的比例混合，从焊枪喷出点燃后产生高温火焰。

焊接时火焰的大小可通过两个针阀控制调整，在焊接不同的材料、不同的管径时，所需的焊枪大小和火焰温度的高低也不同。

气焊火焰有氧化焰、中性焰、碳化焰三种，如图 5-1 所示。

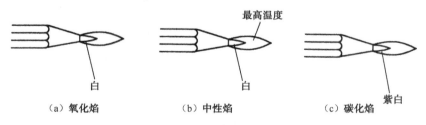

(a) 氧化焰　　　　　(b) 中性焰　　　　　(c) 碳化焰

图 5-1　三种不同气焊火焰

1. 中性焰

中性焰是由氧气和乙炔按（1～1.2）:1 的比例混合燃烧而形成的一种火焰，它由焰心、内焰、外焰三部分组成，如图 5-2 所示。

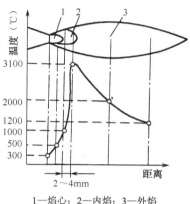

1—焰心；2—内焰；3—外焰

图 5-2　中性火焰温度分布

1）中性焰的作用

如图 5-2 所示，内焰是整个火焰中温度最高的部分，在离焰心末端 5mm 处的温度达到最大值，为 3100～3150℃，整个内焰呈蓝白色，一般用这个区域焊接，所以称为焊接区。因能对许多金属氧化物进行还原，所以焊接区又称还原区。

乙炔燃烧的第二阶段是当燃烧不完全的一氧化碳和氢气与空气中的氧气化合燃烧，形成二氧化碳和水蒸气，形成外焰。

实质上，由于外焰是最外层部分，外界空气中的氮气也进入火焰中参加反应，所以在这个区域还存在氮的成分。该部分火焰的温度从里到外下降，温度变化范围从 2600℃降到 1300℃左右，整个外焰呈橘红色。

在外焰中，由于 CO_2 和 H_2O 在高温时很容易分解，分解后产生的氧原子对金属有氧化作用，故外焰也称为焊接火焰的氧化区。外焰的温度较低，且具有氧化性，因此不适于焊接。

2）中性焰操作

点燃焊枪后会出现碳化焰，经调解手轮后，逐渐增加氧气流量，火焰由长变短，颜色由淡红变为蓝白色，当焰心、内焰和外焰的轮廓相当清晰时，就可以取得标准的中性焰。

施焊时，一般都使用中性焰。例如，焊接铜管时，用中性焰能使熔池清晰，液体金属易于流动，火花飞溅少。中性焰还可焊接低合金钢和有色金属等。

2. 碳化焰

在中性焰的基础上减少氧气或增加乙炔均可获得碳化焰。

氧气与乙炔的比值小于 1（通常为 0.85～0.95），三层火焰之间无明显轮廓，火焰最高温度为 2700～3000℃。

碳化焰的焰心呈蓝白色，似圆锥。内焰为淡白色，因供给乙炔量的多少不同，内焰的长度也不一样。在一般情况下，其内焰的长度为焰心的 2～3 倍。外焰也是橘黄色。火焰中有过剩乙炔，故碳化焰又称为3倍乙炔过剩焰，当过剩乙炔较多时，由于燃烧不完全而开始冒黑烟，火焰长而无力。

用碳化焰焊接时，碳化焰燃烧过程中过剩的乙炔分解为碳和氢，内焰中过量的炽热碳微粒能使氧化铁还原，因此碳化焰也称为还原焰。用碳化焰焊接钢时，由于高温液体金属吸收火焰中的碳微粒（即游离状态的碳渗入熔池中），使熔池产生沸腾现象，增加焊缝的含碳量，改变焊缝金属的性能，使焊缝常常具有高碳钢的性质，塑性降低，脆性增大。而过多的氢进入熔池，也容易使焊缝产生气孔和裂纹。

轻微的碳化焰常常用于焊接高速钢、高碳钢、铸铁及镁合金等。在火焰钎焊及钢件上堆焊硬质合金及耐热合金时，为使基本金属增碳，改善金属性能，也使用碳化焰。

3. 氧化焰

氧化焰中氧气和乙炔的比值 $O_2/C_2H_2 > 1.2$，由于氧气的供应量较多，整个火焰氧化反应剧烈，而火焰各个部分（焰心、内焰和外焰）的长度都缩短了，内焰和外焰之间没有太明显的轮廓。

氧化焰的外表特征为焰心呈青白色，且短而尖；外焰也较短，略带淡紫色；整个火焰很直，燃烧时还发出"嘶嘶"的响声。

三种火焰中，氧化焰温度最高，约为3600℃。

氧化焰的内焰和外焰中有游离状的氧气（O_2）、二氧化碳（CO_2）及水蒸气（H_2O）存在，因此整个火焰具有氧化性。用氧化焰焊接焊件时，焊缝中会产生许多气孔和金属氧化物，烧损金属中的元素，使焊缝性能变坏（发脆）。在焊接钢件时，氧化焰中过量的氧能与钢溶液化合，会出现严重的沸腾现象，产生气泡及大量火花飞溅。

在中性焰的基础上逐渐增加氧气，这时整个火焰将缩短，当听到有"嘶嘶"响声时即为氧化焰。焊接时不采用此火焰。

总而言之，焊接不同的材料，要使用不同性质的火焰才能获得优良的焊缝。

4. 气焊点燃、熄灭、调节操作技术

1）焊接火焰的点燃

点燃焊接火焰时，先打开乙炔开关，放出乙炔管内的空气及微量的乙炔，再拧开氧气开关放出氧气管内的空气及少量的氧气，两种气体进入混合室里混合之后，将焊嘴接近火源，点燃混合气体。点燃火焰之后，再根据焊接的需要，调节气体成分，获得所需要的火焰性质。点燃火焰时，如果只有微量的氧气，乙炔就不能充分地燃烧，则产生黑色的碳丝。点火时，如发生连续"放炮"声或点不燃，则是因为氧气压力过大或乙炔不纯（乙炔内含有空气）。这时应立即减少氧气的送给量或先放出不纯的乙炔，然后重新进行点火。

用火机点火时，手应偏向焊枪的一侧，同时要特别注意火焰的喷射方向，不得对准他人，更不能在电弧上进行点火，以防灼伤或影响他人工作。

2）火焰与热量的调节

刚点燃的火焰多为碳化焰。焊接前，应根据所焊材料的种类和性质，选择所用焊接火焰的性质，然后点燃火焰进行调节。如选用中性焰，调节方法如下。

调节标准的中性焰，简单地说，就是把点燃的碳化焰逐渐增加氧气，直到焰心有明显轮

廓时，即为标准中性焰。如果再增加氧气或减少乙炔，就能得到氧化焰。

在焊接过程中，由于减压器的作用，氧气供给量一般不变化，但是乙炔供应量经常自行增减（指发生器供乙炔的），引起火焰性质的改变，使标准中性焰常常自动地变为碳化焰或氧化焰。由中性焰变为碳化焰比较容易发现，但中性焰变为氧化焰则难以察觉出来，所以在整个焊接过程中，要注意观察火焰性质的变化并及时进行调节，保证火焰性质不变。

调节中性焰或氧化焰火苗的方法：减少火焰火苗时，应先减少氧气，后减少乙炔；若要增加火焰火苗时，则先增加乙炔后增加氧气。而调节碳化焰火苗的方法则与此顺序相反。

3）焊接火焰的灭火

工作完毕或中途停止焊接时，必须熄灭火焰。正确的灭火过程是先关闭氧气，后关闭乙炔。否则，若先关闭乙炔会出现回火等现象。氧气或乙炔开关均不宜关得过紧（不漏气即可），否则不但会影响下一次点火，而且若关得过紧容易磨损，影响焊枪使用寿命。

任务 5.1.2　气焊焊接火焰操作技术提高

用气焊焊接的铜管钎焊要具备以下条件：插管钎焊时，两管之间要有适当的嵌合间隙；焊接金属表面要洁净，并去除油污；焊料、火候要适当；具有熟练的技术。

▶ 1. 套插铜管的间隙和深度

钎焊铜管时，接缝间隙对连接部位的强度有影响。间隙过小，焊料不能很好地进入间隙内，造成焊接质量不佳；强度不够或虚焊，间隙过大，则妨碍熔化焊料的毛细管作用，焊料使用量增多，并且由于焊料难以均匀地渗入会出现气孔，导致漏气。配管钎焊部分的插入长度过短，则强度降低。两管插入深度及内、外部的间隙如图 5-3 所示。

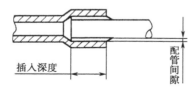

图 5-3　两管插入深度及内、外部的间隙

铜管外径及插入深度与配管间隙如表 5-1 所示。

表 5-1　铜管外径及插入深度与配管间隙

序　号	管外径/mm	最小插入深度/mm	配管间隙（单边）/mm
1	5～8	6	0.05～0.035
2	8～12	7	0.05～0.035
3	12～16	8	0.05～0.045
4	16～25	10	0.05～0.055
5	25～35	12	0.05～0.055

毛细管与干燥过滤器焊接时，一般插入的毛细管端面距过滤网端面为 5mm，毛细管的插

入深度为 20−5=15（mm）。

若毛细管插入过深，会触及过滤网，造成制冷量不足；若毛细管插入过浅，焊接时焊料会流进毛细管端部，引起堵塞，如图 5-4 所示。

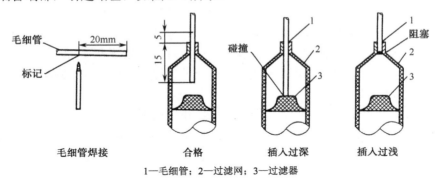

1—毛细管；2—过滤网；3—过滤器

图 5-4　毛细管与插入尺寸标准

为保证毛细管插入合适，可在限定尺寸处用色笔标上记号或加工上定位凸包。毛细管应该用专门的毛细管剪断开，而不能使用任意的剪刀，否则断口易变形或出毛刺，不利于焊接。为充分发挥干燥过滤器的作用，毛细管应该在干燥过滤器的下方并且至少应该带有 15° 的倾斜角安装。

▶ 2. 焊接温度与火焰

用气焊进行施焊应采用中性焰。焊接温度要比被焊物的熔点温度低，一般在 600～800℃，当气焊火焰将铜管烤成暗红色或鲜红色时，焊料即可熔化。温度过高或过低均会造成焊接不佳。强火焊接会造成铜管氧化烧损或使铜管变形，从而影响焊接强度。相反，用弱火加热（慢加热）会使熔点低的金属和熔点高的金属分层。

▶ 3. 焊接技术要点

焊接技术要求如下：

（1）正确使用焊枪和焊嘴。焊枪和焊嘴的大小应按照钎焊时所需的热量大小来选择，火焰钎焊通常选用 5～6 号焊嘴。不管焊嘴的孔径大小，一定要避免火焰开叉。

（2）由于铜管被加热到接近钎料熔化温度时表面氧化加剧，内部生成的氧化层粉末在制冷剂的冲刷下容易堵塞毛细管、过滤器、换向阀等，并易使压缩机气缸圆面"拉毛"，缩短压缩机寿命，严重时会使换向阀阀门、压缩机活塞等零件卡住，使电冰箱无法工作。因此，在接头装配之后、钎焊之前应在系统内部充以 0.05MPa 的氮气，以有效地减少氧化层的产生，起到隔绝空气、保护钎焊区的作用。

（3）钎焊加热时，为防止空气中的水分从钎焊隙进入管内，其火焰方向应与管子的阶梯方向相同。

（4）为保证均匀加热，应将焊炬沿接头圆周和全长方向来回摆动，使之均匀加热到接近施焊温度。否则接头易形成气孔、夹渣、裂纹等缺陷。

（5）铜管与铜管连接时，其加热比例为 6∶3，毛细管与干燥过滤器的加热比例为 2∶8（以防毛细管过热熔化）。同种材料的管道焊接，应先加热内管（插入的管道），后加热外管。使钎料和外管温度略高于内管温度。如果内管温度高、外管温度低，液态钎料则会离开钎焊面而流向热源处。

（6）接头施焊。当焊接铜管头时，通常用乙炔火焰或注液化气体进行焊接。焊接时，首先要用微带乙炔或液化气的中性火焰，将焊件加热到呈桃红色时，再将涂有钎剂的焊条置于火焰下，用外焰将焊条熔化，并使其熔化的焊条渗到结合的间隙里，直到焊缝表面平整即可。

（7）蒸发器铜管接头的焊接方法。蒸发器铜管的焊接主要有接头焊、堵头焊及补漏焊。在焊接之前，首先要将焊口局部用细砂纸打磨干净，露出光泽。在管路对接时，应按制冷特殊要求用扩管器进行提前处理，然后同样用细砂纸清除表层污物，露出光泽。再根据焊缝所处的环境位置，尽可能改变为最佳焊接角度，采取相对应的焊接方式进行操作。

首先将焊炬的火焰调节为中性火焰，中性火焰的内心（焰心）呈蓝白色，轮廓清晰，内焰微微可见，外焰呈淡橘红色；然后左手拿焊丝（包括铜焊条、银焊条及焊剂），右手拿焊炬。一般采用左焊法，焰心距铜管表面应保持 5～10mm，与焊面夹角为 70°左右。焊接时，先将焊口预热至暗红色（预热的方法是上下移动火焰），焊丝的头端要在外焰中。当达到焊接温度时，把焊丝送入焊口处熔化一滴，这滴铜水和接口黏合后，接着焊丝和焊炬要有节奏地连续送入熔池中，沿着铜管圆周接缝或堵头缝隙处均匀焊接。

焊接的速度要均匀，快慢要由火焰温度来决定，既不能过慢烧穿产生焊瘤，阻塞管子，也不能过快熔深不够产生夹渣及气孔。目前市售的专用银焊条使用非常方便，价格也很低廉，是维修者的首选材料。

焊接是一项仔细、耐心的工作，只要掌握了一定焊接基础知识，在实践中不断勤学苦练，就能不断提高焊接水平。

铝管与铝管的焊接：如图 5-5 所示是一个冷冻室蒸发器的铝管，铝管被锯断了。扩口铝管如图 5-6 所示。扩好的铝管套好后用铝焊条粘取焊粉焊接，注意掌握焊接温度不能太高。焊好的铝管与铝管接头如图 5-7 所示。

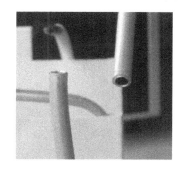 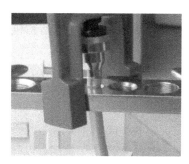 

图 5-5　铝管　　　　　　图 5-6　扩口铝管　　　　　图 5-7　焊好的铝管

铜管与铝管的焊接：铝管与铜管套好后（如图 5-8 所示）用铜铝焊剂加焊环焊接。

铝管补漏焊接：铝管中间有个小洞（如图 5-9 所示），焊接参照铝管和铝管焊接，已经补好的铝管如图 5-10 所示。

(a) (b)

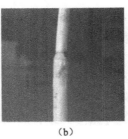

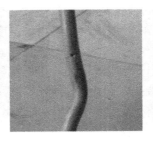

图 5-8　铝管与铜管焊接　　　　图 5-9　有洞的铝管　　　图 5-10　补好的铝管

▶ 4. 氧气焊焊接安全注意事项

由于氧气是一种助燃气体，性质极为活泼。当气装满瓶时，压力为 15.0MPa，在使用中如不谨慎就有发生爆炸的危险。因此，在使用氧气时要注意以下事项：

（1）首先将氧化瓶竖立放妥，维修人员应站在气瓶出口的侧面，稍打开瓶阀，将手轮旋转约 1/4 圈，放出一些氧气吹洗瓶口 2～3s，以防止污物、尘埃或水分带入减压器，随后立即关闭。然后装上减压器，此时减压器的调节螺钉应处在松开状态，慢慢开启瓶阀，观察高压表是否正常、各部分有无漏气。最后接上氧气皮管并用铁丝扎牢，拧紧调节螺钉，调节到工作压力。

（2）焊炬在点火前，必须检查它的射吸能力是否合格，如不合格禁止使用。

（3）检查连接处、阀门是否漏气，如漏气禁止使用，以防造成火灾事故。

（4）检查气路部分是否通畅。若有阻塞现象，必须清理通畅后使用。

（5）焊嘴不许沾染油脂，以防爆炸。

（6）氧化瓶内的氧气不能用完，应留有 0.01MPa 以上压力的余气，以便充气时检查。

（7）氧气瓶在电焊场所使用时，若地面是铁板，气瓶下面要垫木板绝缘，以防气瓶带电。

（8）氧气瓶与乙炔并列使用时，两个减压器不能成相对位置，以免气流射出时冲击另一只减压器而造成事故。

（9）氧气瓶应每三年进行一次全面检查（22.5MPa 的水压试验）。

（10）氧气瓶严禁沾染油脂，运输时绝对不能与易燃物和油类放在一起，应专车搬运。

（11）氧气瓶离开火源应大于 10m，离开热源如暖气管（片）应大于 15m，夏天在室外不能在阳光下曝晒，以防爆炸。

（12）点火前一般应先开乙炔气阀，再开氧气阀调节所需火焰。在使用完毕后，应先关闭乙炔气阀，后关闭氧气阀。

（13）焊接操作点火时，要以"火等气"为原则。右手拿焊炬，左手先开液化石油气阀门，并根据把线的长短驱净管内的空气，同时微开氧气阀门，以防点火时，焊枪有黑色碳丝冒出。点燃时，焊枪嘴不准对着人，也不准对着被焊件旁的电控部件。阀门要缓开，待火焰为中性焰稳定后，再施焊。焊接时，火焰先对准接口上端，待铜管焊接处通红（约 700℃），左手迅速添加银焊条。焊出的铜接口应焊料均匀、光滑、试压不漏。如检测漏压，说明在焊接的火焰温度不够时就去点银焊条，造成焊口内部产生假焊和气孔。关焊炬时，应先关氧气阀门，然后迅速关液化石油气阀门。如使用的焊炬阀门关不灭液化石油气微火，说明阀门漏气，可采用再反开氧气阀门冲气的方法，熄灭焊炬火焰。

家用新型电冰箱分类与制冷循环

学习目的：了解电冰箱基础知识、特点、功能、用途。

学习重点：掌握电冰箱结构、分类、产品命名。

教学要求：熟悉电冰箱用途，设计制冷工艺知识。

项目 6.1　新型电冰箱的分类与结构特点

任务 6.1.1　电冰箱的分类

电冰箱的种类很多，按制冷方法分为压缩式电冰箱、吸收式电冰箱和半导体制冷电冰箱等；按箱体形式分为立式电冰箱、卧室电冰箱、台式电冰箱等。目前，家用电冰箱绝大多数为压缩式立式电冰箱。

1. 压缩式电冰箱的制冷方式

（1）直冷式电冰箱：食物直接接收蒸发器的冷量，通过箱内空气的自然对流进行热量的交换，此种电冰箱市场占有率较高。

（2）间冷式电冰箱：蒸发器设在冷冻室与冷藏室的夹层之间，食物放在箱内而不是放在蒸发器内，装有一台微型电风扇，强制箱内冷气反复循环冷却食物。还装有自动除霜装置，这种电冰箱称无霜电冰箱。它的优点主要有：

① 箱内壁和食物表面无霜，传热效率高。

② 降温速度快，箱内各部分温度均匀。

③ 长期使用而不必人工化霜。

缺点是箱内食物易干，比直冷式电冰箱耗电多 10% 左右。

2. 压缩式电冰箱的结构

（1）单门电冰箱：只有冷冻室有一个蒸发器，冷冻室和冷藏室共用一个箱门，门内的冷冻室再另设一个简易门又称冷冻门。靠箱内冷气的自然对流来冷却冷藏室内的食物。

（2）双门电冰箱：冷冻室和冷藏室分别各设一个门，由两个蒸发器串接。这种电冰箱的冷冻室较大，温度较低，使用方便。此种结构的电冰箱市场占有率较高。

（3）三门和多门电冰箱：把冷冻室、冷藏室和果菜室分别设门即为三门电冰箱。根据不同温度和使用需要，也为了使用方便并减少冷量损失，有四门、五门电冰箱，其中的蒸发器设置则需要根据每个门内所需要的温度来决定，冷冻室一般为-24℃。

3. 冷冻室温度

冷冻室温度及星级如表 6-1 所示。

表 6-1　冷冻室温度及星级

星　　级	一星	二星	三星	四星
标　　志	✳	✳✳	✳✳✳	✳✳✳✳
冷冻室温度	-6℃以下	-12℃以下	-18℃以下	-28℃以下

4. 电冰箱使用的气候条件

（1）温带型电冰箱使用环境温度为 16～32℃。

（2）亚温带型电冰箱使用环境温度为 10～38℃。

（3）热带型电冰箱使用环境温度为 18～43℃。

（4）亚热带型电冰箱使用环境温度为 18～38℃。

任务 6.1.2　电冰箱的结构特点

典型电冰箱的结构形式如下。

1. 单门直冷式电冰箱结构

单门直冷式电冰箱结构如图 6-1 所示。

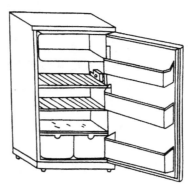

图 6-1　单门直冷式电冰箱

2. 双门电冰箱结构

双门电冰箱结构如图 6-2 所示。

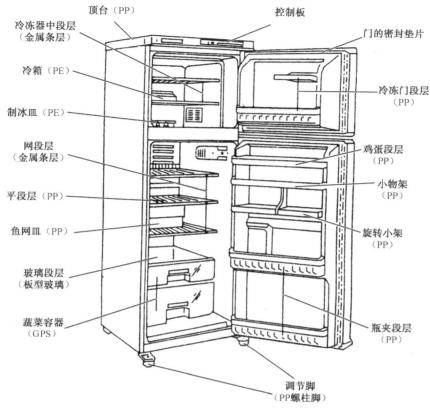

PP—聚丙烯；PE—聚乙烯；GPS—格式聚丙乙烯

图 6-2 双门电冰箱结构

3. 三门电冰箱结构

三门电冰箱结构如图 6-3 所示。

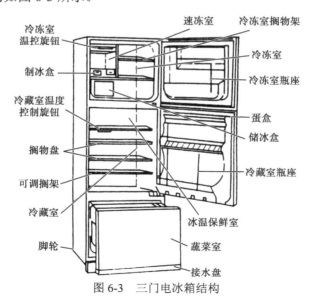

图 6-3 三门电冰箱结构

4. 四门电冰箱结构

四门电冰箱结构如图 6-4 所示。

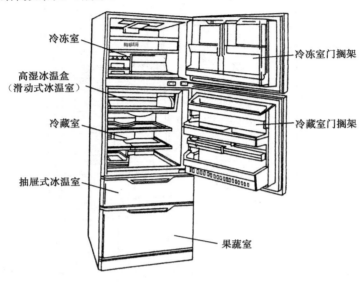

冷冻室

冷冻室门搁架

高湿冰温盒
（滑动式冰温室）

冷藏室

冷藏室门搁架

抽屉式冰温室

果蔬室

图 6-4　四门电冰箱结构

5. 间冷式（风冷式）电冰箱蒸发器结构

间冷式（风冷式）电冰箱蒸发器结构如图 6-5 所示。

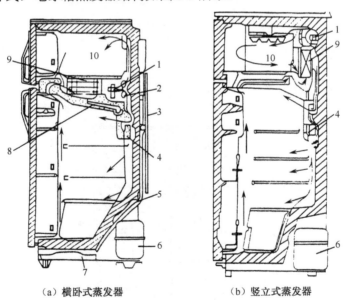

（a）横卧式蒸发器　　　　（b）竖立式蒸发器

1—风扇电动机；2—风扇；3—冷凝器；4—风门调节器；5—排水管；6—压缩机；

7—蒸发器；8—排泄水管；9—蒸发器；10—冷冻室

图 6-5　间冷式电冰箱蒸发器结构

任务 6.1.3　电冰箱的正常标准

▶ 1. 安全性

绝缘电阻：压缩机三个接线柱（电动机引线接线柱）与机壳及箱的电阻值应大于 $2M\Omega$。

耐压：压缩机电动机及其他各控制部件，瞬间应可承受 247V 的电压而正常运行。

接地电阻：电冰箱外壳与接地线间的电阻值应大于 $2M\Omega$。

泄流电流：不应大于 1.6mA。

不应有感应电压：电冰箱制冷运行时，人接触箱体时不应有麻手的现象。

▶ 2. 制冷性能

在环境温度为 16～35℃时，若电冰箱冷藏室的温度达到规定值，压缩机必须有开有停。冷藏室及冷冻室的冷却能力如表 6-2 和表 6-3 所示。

表 6-2　冷藏室的冷却能力

环 境 温 度	温控器的调定位置	冷藏室的温度
15℃	弱或 "1"	高于 0℃
32℃	冷位置	不高于 6℃
43℃	最冷位置	不高于 9℃

表 6-3　冷冻室的冷却能力

环 境 温 度	温控室内位置	冷藏室内温度	冷冻室平均冷冻负荷温度	冷冻室的星级
16～35℃	在可调范围的中点或冷点	0～6℃	不高于-6℃	*
			不高于-12℃	**
			不高于-15℃	**
			不高于-18℃	***
			不高于-24℃	****

▶ 3. 冷冻速度

单门电冰箱压缩机工作 10～15min，蒸发器应结霜均匀，用手指盖蘸水接触蒸发器应有一道白印（最好的方法是手上戴手套）；压缩机工作 30min 左右，蒸发器应结满霜。电冰箱冷藏室内温度降到 10℃，冷冻室内温度降到-8～-6℃，所需时间不超过 1.5h。

双门电冰箱压缩机工作 15min，冷藏室蒸发器应结满霜；压缩机工作 30min，冷冻室蒸发器应结满霜。在环境温度 35℃以上时，对于新买来的双门直冷式电冰箱，冷藏室温度降到 8℃、冷冻室温度降到-12℃左右大约需 2h。双门间冷式电冰箱，在环境温度 35℃以上时，初次运行试车，冷藏室内温度降到 8℃、冷冻室温度降到-18℃时大约需要 3h。

4. 制冰能力

在环境温度35±1℃时，将温控器调到最冷点（不停点）。当电冰箱运行达到稳定状态后，把1升水倒入制冰盒内，放入冷冻室，然后关好箱门。在压缩机运行1.5h后，制冰盒的水应结成实冰。

5. 绝热性能

在环境温度35±1℃时，单门电冰箱冷藏室温度稳定在6±0.5℃，双门直冷式电冰箱冷藏室温度稳定在5～6℃，冷冻室内温度在符合星级要求的前提下，压缩机稳定运行。箱体表面不允许有凝露现象。

6. 启动性能

在环境温度35±1℃时，进行电冰箱压缩机升压或降压试验应满足如下要求：电源电压由220V调到247V，每次启动后应立即停机，连续启动三次均应正常；初次启动时，允许热保护继电器跳开一次。将电源电压由220V调整到187V，连续启动三次，每次运行5min，停3min，均应正常；初次启动时，允许热保护继电器跳开一次。

7. 耗电量

电冰箱的输入功率应不超过铭牌标定值的10%。

8. 控制系统性能

单门电冰箱箱内温控器应能在一定的温差范围内自停、自启，其停、走时间比例，夏天应保证在2:1或3:1。开机时间越短越好（但不应少于5～6min），停机时间越长越好（但停机时不允许有化霜现象）。冬天电冰箱停、走时间的比例为3:1～4:1。

对于双门、三门、四门直冷式和间式电冰箱来讲，夏天电冰箱停、走时间比例应不小于1:2；冬天电冰箱停、走时间比例达到2:1～3:1；电冰箱停机后，将箱门打开，用手握温控器的感温管应能迅速启动为正常（表明温控器的灵敏度高）。

> **注意**
>
> 电冰箱停机、启动运转与使用环境有关，不要千篇一律来判断电冰箱的质量。

任务 6.1.4　电冰箱内胆材料特点及发展方向

电冰箱由箱体、制冷系统、控制系统三大部分组成。其中箱体主要由箱内胆、外壳、绝热层、门体、顶盖、筋脚等组成，它的功能是用来构成与周围环境偏离的冷藏、冷冻空间。而箱内胆是电冰箱箱体的一个重要部件，它位于箱体（包括门体）内层，用以把冷藏、冷冻空间与隔热层分开，并通过制冰阁、棚架和果菜盒等附件存放食品。

1. 电冰箱内胆的材料及特点

目前，电冰箱的内胆（含门胆）有采用经过搪瓷处理或喷涂的薄钢板、防锈铝板、不锈钢板等金属成型的，也有用优质的 ABS 或改性聚苯乙烯（HIPS）塑料经过加热干燥后真空成型。后者已成为目前国内生产厂家的首选方式，其中大部分用 ABS 板材，也有不少厂家内胆材料是采用 HIPS 板材。

聚苯乙烯（PS）是应用范围很广的热塑性塑料，主要缺点是脆性大、抗冲击性能差、耐热较差，高温时会变形，表面硬度较低。将聚苯乙烯链支接于橡胶分子上，成为改性聚苯乙烯，使其兼有刚性和韧性，它的英文缩写名为 HIPS，商品俗名为不碎胶。

ABS 塑料是苯乙烯、丁二烯、丙烯腈三组元的共聚物。三元共聚的特点是使它兼有三种组元的共同性能，A 代表的丙烯腈使其耐化学腐蚀和具有一定的表面硬度，B 代表的丁二烯使其呈现橡胶状韧性，S 代表的苯乙烯使其具有良好的热塑性和染色性。ABS 的商品俗名为高级不碎胶。

ABS 和 HIPS 熔融时热稳定性和流动性均非常好、易加工成型，成型时收缩小，制品尺寸稳定，加工方便。HIPS 的各种物理性能与 ABS 相仿或稍低，但价格要低 1/3～1/2。故选用 HIPS 制作电冰箱内胆是比较合适的。

用 ABS 和 HIPS 制作的内胆，从外观看来，ABS 塑料强度高、轻便，表面硬度大，非常光滑，易清洁处理。HIPS 的内胆不如 ABS 的光洁平滑，内胆壁也稍厚。ABS 内胆与聚氨酯（发泡层）相粘，内胆与箱体成一体，刚体感强。HIPS 与聚氨酯粘连不紧，箱体的刚体感差。此外，ABS 内胆在冲切或装配时较之 HIPS 内胆出现裂纹要少。

用 ABS 和 HIPS 为材料的电冰箱内胆，内表面均呈白色、光洁美观、无毒无味、耐腐蚀、绝热绝缘性能好，但强度和硬度较低、耐热性能也较差，当电冰箱配有除霜管等电热器件时必须备有过热保险装置。

2. 箱体及保温要求

箱体主要由外壳、内胆和保温材料构成。

（1）箱外壳一般由厚度 0.6～0.8mm 的钢板冲压折边焊接（点焊）而成，外表面喷漆或喷塑，使之平滑光亮，耐磨而牢固。

（2）箱内胆采用 2mm 厚的高强度塑料板材在模具内加热后真空成型，表面光洁无污染。

（3）在外壳和内胆之间填充绝热材料以达到保温的要求。早期使用超细玻璃纤维，目前广泛采用聚氨酯发泡剂，其导热系数小，绝热性能优良。

（4）箱内保温层加厚保温效果好，可节省能耗，但要增加制箱材料消耗。一般对箱体保温的要求是：箱外周围空气温度、湿度较高时，系统稳定后，箱体外表面的温度应高于空气的露点温度，即箱外表面不应产生凝露。

3. 电冰箱内胆的发展

构成电冰箱内胆的材料基本要求是无毒、无臭、无味、耐腐蚀和具有一定的耐低温性等，随着人们生活水平的提高，越来越多的消费者希望用上能够预防和抵抗有害细菌生存的健康型电冰箱，于是对电冰箱内胆材料又有了"能抗菌、杀菌"的新要求。

国内众电冰箱厂家掀起了一个推出健康型电冰箱的高潮，其内在原理是，采用了经过特殊处理加入高效广谱无机抗菌杀菌剂的塑料（ABS 或 HIPS）板材成型电冰箱内胆。用这种新型抗菌板材成型的内胆据有关卫生防疫部门检测能有效抑制电冰箱内有害细菌的滋生，对附着在内胆壁上的大肠杆菌、黄色葡萄球菌等对人体有害及导致食物变质的毒菌有一定的杀伤力，电冰箱箱体内食品卫生环境有显著提高，故此称为"健康型"电冰箱。但这并不意味着放入健康型电冰箱内的食品能自动杀菌、卫生安全，家庭防止"病从口入"最简便有效的办法还是：冷藏的熟食要高温加热，生吃的瓜果要削皮。

▶ 4. 电冰箱内胆的故障及维修

电冰箱内胆长期在低温下工作，塑料易老化，而且内胆与冰醋酸和某些植物油接触等都可能造成电冰箱内胆的破裂。出现这种情况，用 ABS 和 HIPS 制作的内胆要用不同的方法进行修补。

ABS 内胆破裂的修补方法是：用毛笔蘸少量丙酮，仔细地填涂在裂缝中，至表面平齐，待其干燥即可补牢。

HIPS 内胆破裂的修补稍繁，其修补步骤如下：用氯仿（三氯甲烷）作为溶剂，把 PS 边角料溶于氯仿中，使溶液成胶浆状，然后用毛笔把少量修补剂刷到内胆裂缝上，固化后用水砂纸把修补处磨平，用抛光膏抛光。

任务 6.1.5　磁性门封条及防露结构

▶ 1. 磁性门封条

电冰箱的门与门框之间采用塑料磁性封条作为密封装置。它由塑料封条和磁性胶条两部分组成，将磁性胶条插入塑料封条中，利用渗有磁粉的磁性胶条的磁性吸附在门框上，从而防止箱内、外的热量交换。其结构如图 6-6 所示。

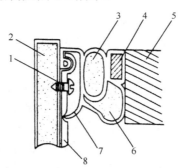

1—紧固螺钉；2—绝热层；3—气室；4—磁性胶条；5—箱体；6—气室；7—翻边；8—内胆

图 6-6　磁性门封条内部结构

▶ 2. 防露结构

电冰箱在门框外壳的内侧装有防露热管，实际上是冷凝器管道的一部分，如图 6-7 所示。从压缩机排出的高温、高压制冷剂经过门框内侧，以防止门框周围在温热的气候条件下结露。

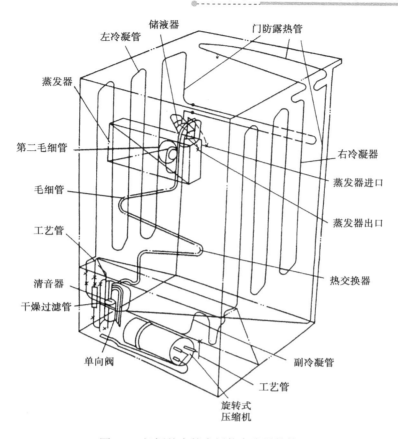

图 6-7　门框外壳的内侧装有防露热管

项目 6.2　新型电冰箱的制冷系统冷量循环方法

任务 6.2.1　直冷式、间冷式电冰箱制冷系统循环分析

电冰箱的制冷系统从原理上来讲，是利用制冷剂液体和气体的转化特性，把蒸发的制冷剂还原成原来的液体，并在一个密闭的系统内循环使用。这种循环称为"制冷循环"。压缩式制冷循环经过压缩、冷凝、节流、蒸发 4 个过程，而实现这一循环的系统部件则由压缩机、冷凝器、毛细管、蒸发器构成，如图 6-8 所示。

整个系统内充注制冷剂，并密闭在循环系统内；压缩机是电冰箱的心脏，它吸入从蒸发器已吸收的热量并且变成气态的低压低温制冷剂，再将其压缩生成高温高压的气态制冷剂输送至冷凝器。在冷凝器里，气态的高温制冷剂将大量的热量传递给箱外的空气，成为温度不高、压力较高的液体制冷剂，然后经过干燥过滤器，制冷剂中的微量水分和有形脏物被干燥过滤器吸收过滤。接着，高压的制冷剂液体经毛细管节流进入蒸发器。经毛细管控制流量而进入蒸发器的制冷剂由于体积瞬间增大，使其压力和温度同时降低。在蒸发器里，制冷剂在一定的压力下蒸发沸腾，吸取蒸发器周围空间的热量。在此过程，液态制冷剂变成了低温低压的气体，然后再被吸入压缩机进行压缩，继续下一个循环。这样，制冷剂在这个密闭的系统中反复循环，将冷藏空间的热量通过制冷剂传递给周围的空气，使电冰箱内温度降低，达到人工制冷的目的。

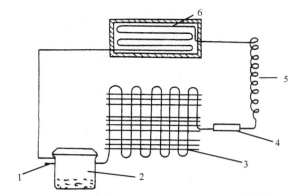

1—工艺管；2—压缩机；3—冷凝器；4—干燥过滤器；5—毛细管；6—蒸发器

图 6-8 电冰箱制冷循环图

在电冰箱的实际制冷系统中，为了保证制冷循环的正常运行，除上述 4 大部件以外，还有一些辅助设备，如控制阀、过滤器、干燥器等，这些器件为提高制冷循环的可靠性、安全性和经济性提供了保证。

1. 直冷式电冰箱的制冷系统循环方法

单门直冷式电冰箱制冷系统中一般只设置一个蒸发器，蒸发器大多安装在冷冻室内，而冷藏室内的温度则依靠蒸发器（冷冻室）作为冷源，箱内自然流动的空气作为媒介，从而构成了电冰箱内的温度梯度分布。单门直冷式电冰箱制冷循环如图 6-9 所示。

双门直冷式电冰箱设置两个蒸发器，分别安装在冷冻室和冷藏室中，两个室的温度差以蒸发器盘管的长度和制冷剂进入蒸发器的前后来区分。一般从毛细管进入蒸发器的制冷剂先流过冷冻室，然后进入冷藏室，如图 6-10 所示。

2. 间冷式电冰箱的制冷系统循环方法

间冷式电冰箱把蒸发器设置在冷冻室和冷藏室的隔层中间或垂直放置在后壁上，用 30W 左右风扇将被蒸发器吸收热量后的冷气强制送入冷冻室进行循环冷却，通过调节风门来控制进入冷藏室的冷风量大小，从而控制冷藏室的温度。典型的系统结构如图 6-11 所示。

3. 电冰箱的热负荷和箱内温度分布方式

电冰箱的热负荷来自两个方面：一是周围环境温度；一是箱内储存的食物。电冰箱在实际使用中由于季节的变化，环境温度温差变化比较大。根据我国所处的亚热带气候条件，使用环境温度为 16~36℃，在这样一个温差幅度的波动下，应适当通过调节温度调节旋钮来使箱内的温度适应环境温度的变化，以减小电冰箱的热负荷。同时为了能够提高电冰箱的制冷效率，箱内储存的物品及开门的次数都要适应电冰箱内部的温度分布。电冰箱内部空气对流示意图如图 6-12 所示。

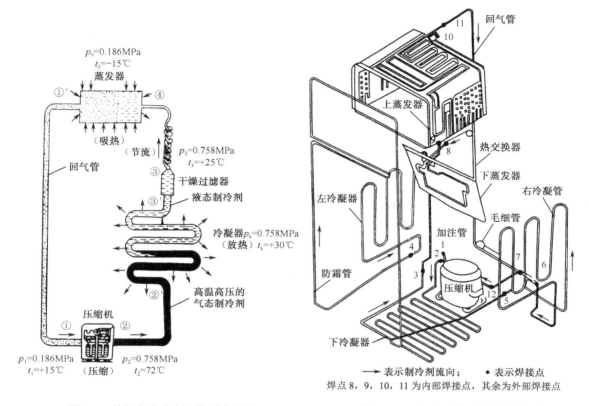

图 6-9　单门直冷式电冰箱制冷循环

图 6-10　双门直冷式电冰箱制冷循环

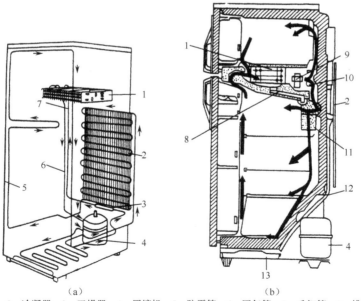

（a）

（b）

1—蒸发器；2—冷凝器；3—干燥器；4—压缩机；5—防露管；6—回气管；7—毛细管；8—排泄水路；

9—风扇电动机；10—风扇；11—风门温控器；12—排水管；13—接水盘

图 6-11　双门间冷式电冰箱制冷循环

从图 6-12 中可以看出，如果食品储存时不能合理放置，将会影响箱内的冷空气流动，增加电冰箱的热负荷。在电冰箱维修中，常常会遇到压缩机长时间运转而电冰箱降温效果不佳的现象，其中一个原因就是因为用户不按规定使用或将热物品过多存入箱内，阻碍了箱内气流循环或造成电冰箱热负荷过大，使箱内温度降不下来。

图 6-13 给出了双门电冰箱内的温度分布。一般来讲，当电冰箱内的温度分布趋于相对平衡状态时，冷冻室内的温度不高于星级所规定的温度，而这时电冰箱压缩机必须开、停正常。冷藏室内温度波动范围及不均匀性则不得大于 3℃。

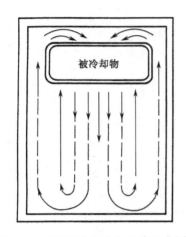

图 6-12 电冰箱内部空气对流示意图

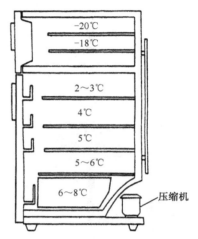

图 6-13 双门电冰箱内的温度分布图

任务 6.2.2　理想与理论制冷循环分析

蒸气压缩式制冷系统示意图如图 6-14 所示，主要由压缩机、冷凝器、节流机构、蒸发器等组成。制冷工质（即制冷剂）在蒸发器内吸收被冷却物体的热量并气化成蒸气，压缩机不断地将产生的蒸气从蒸发器中抽出，并进行压缩，经压缩后的高温高压蒸气排到冷凝器后向冷却介质空气放热，冷凝成高压液体，再经节流机构降压后进入蒸发器，再次气化，吸收被冷却物体的热量，如此周而复始地循环。

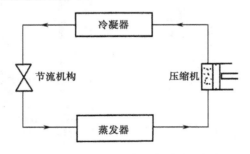

图 6-14 蒸气压缩式制冷系统示意图

▶ 1. 电冰箱理想制冷循环

理想制冷循环就是逆卡诺循环，它在 *T-S* 图上的表示如图 6-15 所示。它由以下 4 个热力过程组成。

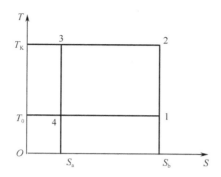

图 6-15 理想制冷循环的 $T\text{-}S$ 图

（1）可逆的绝热压缩过程 1—2，即为等熵压缩过程。

（2）可逆的定温放热过程 2—3，即制冷工质在 T_K（称为冷凝温度）下冷凝，向环境介质放出热量，放热量为 $Q_2=T_K(S_b-S_a)$。

（3）可逆的绝热膨胀过程 3—4，即为等熵膨胀过程。

（4）可逆的定温吸热过程 4—1，即制冷工质在温度 T_0（称为蒸发温度）下蒸发，吸收被冷却物体的热量，吸热量（即制冷量）为 $Q_1=T_K(S_b-S_a)$。

制冷工质在一次循环中向外界所放出的净热量为 Q_2-Q_1。根据热力学第一定律，在一次循环中外界对系统所做的功 W（称为循环功）应等于制冷工质向外界所放出的净热量，即 $W=Q_2-Q_1(T_K-T_0)(S_b-S_a)$。

制冷循环的制冷效率用单位功耗所能制取的冷量（即从被冷却物体中吸收的热量）来表达，称为制冷系数。理想循环的制冷系数 c 为

$$c=W=T_K-T_0$$

由此可见理想循环的制冷系数只与 T_0、T_K 有关，当 T_0 下降或 T_K 上升时，c 都将下降。

▶ 2. 电冰箱理论制冷循环

理论制冷循环在 $\lg p\text{-}h$ 图上的表示如图 6-16 所示，它由 4 个热力过程组成。

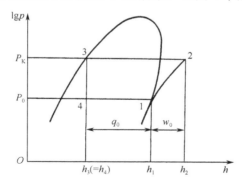

图 6-16 理论制冷循环的 $\lg p\text{-}h$ 图

（1）等熵压缩过程 1—2，压缩机压缩 1kg 的制冷剂蒸气所做的功记为 w_0，称为单位理论功或单位压缩功，$w_0=h_2-h_1$。

（2）等压冷凝放热过程 2—3，1kg 制冷剂在冷凝器中放出的热量记为 q_k，称为单位冷凝热量，$q_k=h_2-h_3$。

（3）节流过程 3-4，节流前后焓值不变，即 $h_3=h_4$。

（4）等压蒸发吸热过程 4—1，1kg 制冷剂在蒸发器中吸收的热量记为 q_0，称为单位制冷量，$q_0=h_1-h_4$。理论制冷循环的制冷系数为 $E_0=q_0/w_0$。

▶3. 液体过冷和吸气过热对电冰箱循环性能的影响

1）液体过冷对电冰箱循环的影响

制冷剂在节流前处于过冷状态时的循环在 $\lg p-h$ 图上的表示为 1—2—3′—4′—1，如图 6-17 所示。

它相对于无过冷的循环 1—2—3—4—1，其单位制冷量增加了 Δq_0，而单位理论功 w_0 不变，因此循环的制冷系数 E_0 将提高。节流前制冷剂的过冷还有利于节流阀的稳定工作。在实际中常采用过冷器、回热器等方法实现节流前制冷剂液体的过冷。

2）吸气过热对循环的影响

压缩机吸入的制冷剂蒸气为过热蒸气时的循环在 $\lg p-h$ 图上的表示为 1′—2′—3—4—1′，如图 6-18 所示。

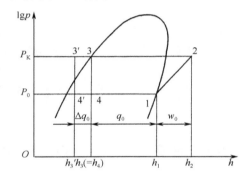

图 6-17　液体过冷对电冰箱制冷循环的影响　　图 6-18　吸入过热蒸气对电冰箱制冷循环性能的影响

它相对于无过热的循环 1—2—3—4—1，其单位制冷量增加了 Δq_0（过热发生在蒸发器内），单位理论功也增加为 w_0'。对一些制冷剂，循环的制冷系数 E_0 将提高，这类制冷剂称为过热有利的制冷剂，如 R134、R502 等。而对另一些制冷剂，循环的制冷系数 E_0 将降低，这类制冷剂称为过热无利的制冷剂，如 R717 等。如果过热发生在吸气管中，则称为有害过热，这种情况下，循环的制冷系数 E_0 总是下降的。吸气过热可避免湿压缩的发生，但会使压缩机的排气温度升高，对过热无利的制冷剂温度升高的幅度更大，严重时会影响压缩机的正常润滑。因此对采用过热无利的制冷剂的制冷系统应严格控制其过热度。

3）回热循环的影响

在电冰箱制冷系统中使用回热器，利用蒸发器流出的低温制冷剂蒸气来冷却从冷凝器流出的制冷剂液体，使之过冷。采用这种方法的循环称为回热循环。如图 6-19 所示为采用回热循环的电冰箱制冷系统的流程图和 $\lg p-h$ 图。

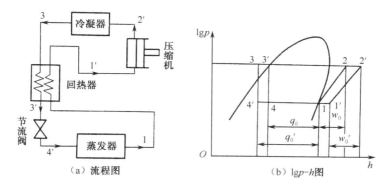

图 6-19　回热循环的流程图和 lg$p$–h 图

对选用过热有利的制冷剂作为制冷工质的制冷系统可采用回热循环的方式，采用后不仅使循环的制冷系数 E_0 提高，还可避免湿压缩的发生，而压缩机排气温度升高的幅度并不是很大。对选用过热无利的制冷剂作为制冷工质的制冷系统不能采用回热循环的方式，若采用则不仅使循环的制冷系数 E_0 降低，还会使压缩机的排气温度大幅度升高。

任务 6.2.3　制冷剂在制冷系统主要部件中制冷时循环工作的压力、温度、状态分析

电冰箱通电后，制冷系统内制冷剂 R134a 或 R600a 的低压蒸气被压缩机吸入并压缩为高压蒸气后排到冷凝器，经冷凝器散热，带走制冷剂放出的热量，使高压制冷剂蒸气凝结成为高压液体，高压液体经过滤器、节流毛细管后喷入蒸发器，并在相应的低压下蒸发，吸取被冷却热量，如此在电冰箱里不断循环流动。

1. 压缩机部分

制冷循环的过程为蒸发器吸入的低温、低压、蒸发后的气体进入压缩机吸入口，由压缩机内曲轴箱经电动机驱动，将制冷剂压缩后从排气管路排出的制冷剂变为高温、高压、气体（压缩机排出的制冷剂为高温、高压、气体）。

2. 冷凝器部分

由压缩机至排气管排出的高温、高压、气体制冷剂，经排气管送入冷凝器后，制冷剂被冷却，由高温向常温转化，由气体向液体转化，但散热冷凝后的制冷剂高压压力不变（冷凝器内冷却后的制冷剂为常温、高压、液体）。

3. 毛细管（电子膨胀阀）部分

由冷凝器经冷却后的常温、高压、液体制冷剂进入毛细管（电子膨胀阀）节流降压后，通过管道送入蒸发器进行低压、低温蒸发气化（进入蒸发器内制冷剂为低温、低压，逐步气化达到气体饱和的制冷剂）。

▶4. 蒸发器部分

由毛细管节流和降压后的制冷剂，经连接管道送入蒸发器，在低压、低温下蒸发气化，气体蒸发逐步达到饱和，通过蒸发器盘管上的肋片进行冷热交换，降低食物温度，达到制冷目的（制冷剂在蒸发器内低压、低温进行蒸发气化，气体达到饱和回压缩机吸入口）。

▶5. 回气过程

由蒸发器的低温、低压、饱和气体制冷剂，经连接管回到压缩机吸入口，被再次压缩排出高温、高压、气体制冷剂。

任务 6.2.4　电冰箱噪声的产生及排除

▶1. 噪声点滴

1）噪声的概念

所谓噪声，是指在一般可听到的声音中使人感到厌烦，不愿听到的声音。在物理性质方面，噪声与正常的声音是一致的。

2）噪声的传播

噪声产生的原因虽然有多种，但90%以上的噪声都是由于物体的振动引起的。物体振动迫使周围空气也产生振动，空气以其自身为媒体，振动人耳的鼓膜，使人感觉到有声音。因此，物体的振动是产生噪声的主要原因。

3）噪声的频率

空气发生振动而影响到人的耳膜时，其每秒振动的次数即为声音的频率（单位：Hz）。声音在空气中的传播速度为定值（340m/s），该速度等于频率（f）乘以波长（λ），即：

$$音速（v）=频率（f）×波长（\lambda）$$

由于声音的速度为定值，因此频率高的声音波长较短，频率低的声音波长较长。一般人可以听到的声音的频率范围是 20～30Hz。通常情况下，低频声音较为低沉，高频声音较为高亢，如电冰箱风扇电动机的声音属于低频声，压缩机的声音则属于高频声。

4）噪声的描述参数

描述噪声的参数有声压（Pa）/声压级（分贝 dB）、响度（宋 Sone）/响度级（方 Phon）等。通常以声压（Pa）/声压级（分贝 dB）来表示。

声压级（dB）是这样定义的，以正常人听到的最小声压 20μPa 为基准声压，实际测量的声压与基准声压的比值的常用对数值即为声压级（dB）。

也就是说，声压从 10 倍基准声压到 20 倍基准声压增强了 2 倍，而声压级从 20dB 到 26.20dB 只增加了 6.20dB（1.3 倍），这一结果正是由声压级的定义而得出的。实际上，人的耳朵在声压增加 2 倍时，听到的并不是 2 倍大的声音（当然不同的人会有不同的差异）。一般情况下，当声压级增加 3dB 时，人会感到稍微的变化；增加 5dB 时，就会感到明显的变化；增加 10dB 时，就会感到声音增加了 2 倍。

▶ 2. 电冰箱噪声的产生原因及排除方法（如表6-4所示）

表6-4 电冰箱常见噪声的产生原因及排除方法

噪 声	产 生 原 因	排 除 方 法	备 注
风扇电动机噪声	（1）电动机转轴周围结冰。 （2）嚙鸣声较大。 （3）风扇与其他部件相干涉。 （4）电动机噪声	（1）清除结冰。 （2）更换电动机。 （3）重新安装冷冻室罩等部件，消除干涉现象。 （4）更换电动机	
积水盘噪声	积水盘没有安装到位	重新安装到位	
安装引起的噪声	（1）安装处不结实。 （2）安装不平稳	（1）提高结实程度。 （2）改变安装位置，调整电冰箱下面的可调支脚使之平稳	
部件振动引起的噪声	"嗡、嗡"声	检查部件是否装配到位	一般发生在电冰箱冷藏室内
压缩机引起的共振噪声	轴框松动	调整橡胶减振圈及周围管道，消除共振噪声；消除周围管道之间的干涉	
压缩机噪声	压缩机不平衡	调整橡胶减振圈，使压缩机保持平衡；或者更换压缩机	
除霜定时器噪声	定时器内部电动机和凸轮在转动过程中因摩擦产生的噪声	更换定时器	

▶ 3. 降低电冰箱噪声的基本方法

（1）切断：采用高密度的物质切断声音的传播路径，使之传不到人的耳朵中（高频情况有效）。

（2）使用吸音材料：与切断方法类似，将吸音材料放置在声音的传播路径上。

（3）减振：带有驱动机构的部件运行时，会发生振动现象，对此常采取减振措施。

（4）维持动态平衡：对于一些旋转部件，应尽可能降低它的动态不平衡性。

（5）固定振动部件：根据实际情况，固定好振动部件。

（6）避免部件相互接触：物体间周期性的碰撞会产生声音，因此应避免与物体的相互接触或将其固定好。

新型电冰箱常用的制冷剂和酯类油

学习目的： 了解制冷剂的概念、常用制冷剂种类、载冷剂与冷冻机油。

学习重点： 掌握制冷剂、载冷剂与冷冻机油的种类、不同要求和用途，选择理想介质。

教学要求： 从对制冷剂的要求、种类、主要特征，载冷剂、冷冻油规格分类方法，重点分析结构、使用工作原理、操作规范，从实用技能的角度介绍实用技巧、使用方法。

项目 7.1　掌握新型电冰箱制冷剂代换办法与使用注意事项

任务 7.1.1　制冷剂

氟利昂制冷剂自 20 世纪 30 年代问世以来，以 R12、R502、R503、R11、R13 为代表的制冷剂便以其优良的理化性质和热力循环性能，被人们视为完美的制冷工质，迅速在制冷冰箱系统中获得广泛应用。在半个世纪的应用中，氟利昂一方面对推动 20 世纪制冷冰箱产业及相关经济的大发展、提高人类生活质量起到了重要作用；另一方面，由于包含氯或溴原子（含溴的卤代烃又称哈龙）、分子高度稳定，在人类浑然不觉中对生态环境构成了严重破坏。

近年来人类滥用化学物质而导致环境恶化一直是人们关心和讨论的热点问题。在这些问题中，臭氧层被破坏和全球变暖是最主要的。为解决这一难题，20 世纪末在全世界范围内开展了声势较大的活动。为了阻止或逆转臭氧层破坏和全球变暖的趋势，需要世界各国在政治、经济、工业和科学研究领域进行全面合作。

▶ 1. 大气与紫外线辐射

大气层可以根据离地高度而划分成 4 个层次：0～15km，对流层；15～50km，平流层；50～85km，散逸层；>85km，热电离层。

太阳能的一部分是作为紫外线（UV）辐射的，UV 辐射根据波长可以进一步分成三种：UVA，3200～4000Å；UVB，2900～3200Å；UVC，<2900Å（$1\text{Å}=10^{-10}\text{m}$）。人类已经证实了 UV 辐射中的某种波段的射线（波长较短）在很多方面对地球上的生命有害，同时也证实在这种有害的 UV 辐射到达地表之前已经被平流层中的臭氧层过滤了一大部分。在这种前提下，

人们又认识到正是由于使用的大量化学物质中的氯和溴原子可能导致了具有保护作用的臭氧层的破坏，这一事实极大地震撼了全世界，同时也引发了声势较大的科研活动来解决这一难题。

2. 制冷剂破坏臭氧层的原因

氟利昂除用于电冰箱等制冷系统外，还有两种用途：一是作为隔热材料的发泡剂，在电冰箱隔热泡和预制泡沫塑料板生产中应用；二是在卫生杀虫和化妆品生产中用作气雾罐的喷射剂。因此，全世界的氟利昂用量非常大。消耗的氟利昂排入大气后聚集在大气上层，使臭氧层被破坏。

臭氧（O_3）是大气中具有微腥臭的浅蓝色气体，主要集中在离地面 20～25km 的平流层内，科学家称此为臭氧层。它是地球上生命的保护伞，阻挡了 99% 的紫外线辐射，使地球生物免遭紫外线的伤害。

据科学家实验，臭氧层浓度每降低 1%，太阳紫外线的辐射就增加 2%，皮肤癌的患者将增加 7%，白内障患者增加 0.6%。紫外线还会破坏植物的光合作用和受粉能力，最终降低农业产量。

臭氧层消减和南极上空臭氧层出现"空洞"的原因主要有两种：一是自然因素，太阳黑子爆炸产生的带电质子轰击臭氧层，使臭氧分解，加上氧流的上升运动使南极上空的臭氧浓度降低；二是人为因素，制冷剂、发泡剂、灭火剂、消毒剂等向大气中排放了氟利昂，在太阳紫外线的照射下会分解出氯原子，氯原子会夺取臭氧分子中的一个原子而使臭氧变成普通氧。科学家们发现臭氧在遭到破坏以后，国际制冷学会在 1983 年召开了第 16 届国际制冷会议，在巴黎的圆桌会议上讨论了 CFC 的排放及它们对环境的影响等问题。与会者当时的感觉是假如 CFC 对平流层中的臭氧产生了影响，那么这种影响的进程也是非常缓慢的，不需要制订强硬的规则来限制 CFC 的排放。他们认为有足够的时间来对这一难题进行深入研究。在圆桌会议上，大气层被破坏总是受到了广泛的关注，但是温室效应仅仅被一笔带过。自此以后关于臭氧层的讨论就没有停止过。1985 年在联合国的赞助下签署了保护臭氧层的维也纳协议。由于认识到这个问题的全球性，24 个工业国（包括欧洲经济共同体）于 1987 年 9 月 16 日签署了《蒙特利尔协议》，限制使用对臭氧层有破坏作用的物质，所有 CFC 和哈龙的主要生产和消费国都在这个协议上签了字。

《蒙特利尔协议》要求对 CFC11、CFC12、CFC13、CFC114、CFC115 的使用维持在 1986 年的水平上，在 1993 年 7 月前要求比 1986 年的水平减少 20%，到 1998 年 7 月 1 日前再减少 30%。紧接着蒙特利尔会议，又在海牙（1988 年）、赫尔辛基（1989 年）、伦敦（1990 年）、内罗华（1991 年）和哥本哈根（1992 年）等地举行了会议。因为这个问题的严重性和紧迫性变得越来越清楚，更多的国家联合起来制订了逐步禁用更多物质的时间表。在这种情况下，伦敦和哥本哈根会议就显得尤为重要。伦敦会议对《蒙特利尔协议》要求对 CFC11、CFC12、CFC13、CFC114、CFC115 的使用维持在 1986 年的水平上，在 1993 年 7 月前要求从 1986 年的水平减少 20%，到 1998 年 7 月 1 日前再减少 30% 进行修改。

1992 年 11 月有 100 个国家参加的哥本哈根会议上，对《蒙特利尔协议》进行了重大的调整和修改。甲基溴化物、HCFCF、HBFC 也列入将逐步禁用的物质中。

3. 温室气体及温室效应

温室气体主要是指大气对流层中的二氧化碳（CO_2）、甲烷（CH_4）、氩气（Ar）和臭氧（O_3）等，也包括制冷剂中的 CFC。它们可以让短波太阳光几乎不受阻挡地通过，而把从地球表面反射出来的长波辐射热挡住，使地球表面保持了一定的温度。但是过量的温室气体排放到大气中后，会增强地球表面的温室效应，影响气温和降雨量，导致气候变暖，海平面升高。因此，为了保护地球的环境，国际公约也限制了温室气体的排放量。

4. 禁用制冷剂 CFC

由于 CFC 是含氯的氟利昂，对大气的臭氧层有严重的破坏作用，因此被列为禁用的制冷剂，至 2000 年停止生产。从旧的制冷系统中回收的 CFC 可用于部分制冷设备的添加，其数量将大大减少。不久，这类制冷剂将从市场上消失。

与 CFC 相关的制冷剂有 R11、R12、R13、R113、R114、R115、R500、R502、R13B1 等。

5. 过渡制冷剂 HCFC

这类制冷剂也含氯原子，但分子结构中部分氯原子已被氢原子替代，对大气臭氧层的破坏作用较弱，目前还允许使用，最终也将被禁止生产。这类制冷剂的代表是 R22，以及以 R22 为基础的混合制冷剂，其品种为 R22、R401、R402、R403、R408、R409 等。

6. 替代制冷剂 HFC

这是一类不含氯原子的制冷剂，对环境无害，如 R134a、R600a、R404a、R407a/b/c 和 R502a 等。目前 R134a、R600a 已替代 R12 用于电冰箱制冷系统中。使用时应采用酯类，它们与酯类油不相溶解。

7. 自然制冷剂

与人工合成的制冷剂相比，这类制冷剂在自然界也存在，它们不破坏臭氧层，对环境也无害。其缺点是可燃、有毒、液化压力高等，因而使用受到一定的限制。这类制冷剂包括 R717（氨）、R290（丙烷）、R600（丁烷）等。这类制冷剂在一定的安全规程下可以使用。其中氨早已用作制冷剂，今后的应用范围还会扩大。R290 和 R600a 已成功地用在电冰箱制冷系统中，并取得了节能的效果。

任务 7.1.2　绿色制冷剂代换办法

1. CFC 类物质对人体的危害

CFC 类物质（即 CFCs）对大气中臭氧和地球高空的臭氧层有严重的破坏作用，会导致太阳对地球表面的紫外线辐射强度增加，破坏人体免疫系统。维修人员接触 CFC 气体对呼吸系统危害最大，对骨关节的危害一般 10 年以后才显现。CFC 的危害程度可用大气臭氧层损耗潜能值 ODP 表示。同时 CFCs 在大气中能稳定吸收太阳热，会导致大气温度升高，加剧温室效应，其危害程度可用温室效应潜能值 GWP 表示。因此，减少和禁止 CFCs 的使用和生产，已成为国际社会环境保护的紧迫任务。根据 1987 年通过的《关于消耗臭氧层物质蒙特利尔议定书》和其他有关国际协议，规定发达国家在 1995 年停止生产和禁止使用公害物质 CFCs，在 2030 年停用过渡性物质 HCFCs，而对发展中国家许延期 10 年再禁用。

2. CFCs 替代办法

对于 CFCs 的替代和减少其对大气臭氧层的破坏，目前主要有短期、中期和长期解决办法。

- 短期：减少 CFCs 排放量，强化设备密封措施，研制 CFCs 回收装置，逐年减少 CFCs 的生产和使用。
- 中期：采用低公害的 HCFCs 物质，如 R502、R142b、R123 等纯制冷剂或其组成的非共沸混合制冷剂，作为过渡性替代物替代 CFCs 的使用，直至最终禁止使用。
- 长期：使用 ODP=0，且 GWP 值相对很小的物质作为制冷剂，从根本上解决消耗臭氧层物质的难题。目前的研究方向包括：纯工质替代研究，即重新评价氨、烷类等自然物质（也称绿色制冷剂）的作用，扩大其应用，如 R290、R600a 等；以及研制并应用 HFC 类制冷剂，如 R134a、R152a 等。

3. 绿色制冷剂的替代物

1）R134a 作为 R12 的替代物

R134a 是被最广泛推荐作为 R12 替代物的物质。两者在常规制冷和电冰箱范围内的热力学性质非常相近。R134a 的排气温度一般更低些，主要的差异是酯类性能。在这方面已经做了大量的工作，主要是用酯类，在某些场合也用极性链烯酯类（如在欧美国家，行业中 R134a 已经完全代替了 R12）。R134a 完全不能溶解于 R12 所用的常规矿物油中，即使是微量也不行。因此，在改造的过程中，必须要对酯类油系统进行非常严格的清洗，同时，系统中也应该避免有水分，因此需要高度的抽真空和脱水设备及大型干燥设备。

R134a 在管道中的单个热传导效率比 R12 高得多，两相区的热传导效率也比 R12 高得多。蒸发器换热系数预测从 25% 提高到 40%，与制冷剂的温度、管道半径和长度有关。冷凝器换热系数预测提高 33%～38%，这些结果体现在单相 R134a 的导热系数比 R12 高 33%。在相近的质量流量情况下，蒸发时 R134a 的导热系数比 R12 的高 35%～45%；冷凝时，比 R12 高 25%～35%。

2）R152a 作为 R12 的替代物

R152a 的热力学性质，如饱和压力、压缩比与 R12 相近。它比 R134a 优越的地方就是 R152a 的 GWP 低得多。R152a 比 R134a 的制冷能力强一些，但是在整个温度范围内压缩机的能耗也提高了，其结果是 COP 下降。目前此种制冷剂市场占有率较低。

3）R125 作为 R502 的替代物

R125 的许多性质，如饱和压力、压缩比等方面和 R502 相近。酯类油可以用于 R125。它的临界温度和沸点为 66℃和-48℃，而 R502 分别为 82℃和-45.6℃。它们之间的制冷能力和 COP 并没有太大的差异，但 R125 的 GWP 值偏高。因此，R125 通常被考虑作为混合物的成分而非纯工质使用。

4）R123 作为 R11 的替代物

R11 的主要替代工质为 R123，经我国化工行业科技人员的拼搏，现已经具备了百吨生产能力。该工质循环性能也与 R11 相近，但由于 ODP 值不为 0，也仅能作为过渡替代工质。此外，该工质还有一定毒性，维修人员应注意这一点。

任务 7.1.3　制冷剂的测定、存放方法与使用注意事项

▶ 1. 制冷剂的测定、存放与使用

1）制冷剂的测定方法

制冷剂理化性能测定操作一般均由工厂化验部门进行试验和分析。

正常气体温度的测定方法：每种制冷剂都具有正常大气压力下的沸点，若因制冷剂质量不纯、内含有大量杂质时，它的沸点也会发生变化（升高），又因每种制冷剂的沸点差距较大，不会影响鉴别结果。测定操作如图 7-1 所示。

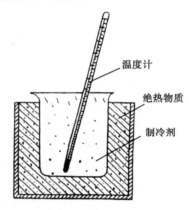

图 7-1　制冷沸点测定示意图

选一个量杯或一个已净化的玻璃容器（外体包温），然后将一支 -50～0℃ 玻璃管温度计放入容器内，再向容器内注入 300～500g 制冷剂液体，随着制冷剂蒸发冷却，温度计值逐步下降，当恒定温度出现，将温度计感温头离开液面一瞬间，此值就是当地大气压下的沸点温度。若测得的温度为 -45.6℃，则确定为 R502；若为 -48℃，则为 R125；若为 -26.5℃，则为 R134a，以此来鉴别制冷剂种类，但必要事先知道每种制冷剂的"沸点温度"。

2）制冷剂杂质的测定方法

把制冷剂喷在白纸上反复验证。当制冷剂全部蒸发完毕后，目视白纸上是否有剩余的酯类油和杂质，质量好的制冷剂在纸上杂质不明显，质量不好的制冷剂有明显的积油和杂质（不能使用）。

▶ 2. 制冷剂的使用与存放

目前市售制冷剂，除 R134a 多为小瓶 0.4kg 装外，R125 和 R503 等多为大瓶分装小瓶经多次分装后售给使用者，在分装过程中，一旦抽空、放空操作不当，空气就会遗留在钢瓶内，在使用前必须进行放空验证。其方法是：将重钢瓶正立（阀门端向上），放置在磅秤上，静放

10min 左右，即放空合格。

不同制冷剂沸点温度不同，其压力不同，随环境温度升高而压力增大，所以，制冷剂钢瓶均属受压容器，尤其是用空钢瓶充灌制冷剂时，按其标注容量不得超过 60%，以防受外界暴晒或转运中遇到的热源造成事故。制冷剂的钢瓶应专瓶专用，不得错用、混用，用后应及时密封并妥善保存。

3. 制冷剂使用方法及注意事项

1）制冷剂的分装方法

将大瓶中的制冷剂分装到小瓶中时要注意：

（1）小瓶同样需要做耐压试验和泄漏试验。分装前应将小瓶干燥处理，将重量标在瓶外。

（2）将大瓶倒置并高架起来。小瓶放在磅秤上，连接铜管应有柔性连接，以减少对秤重的影响，小瓶下可放冰盘或冷水盘。

（3）分装时先开大瓶阀，再开小瓶阀。达到灌充量时应先关大瓶阀，用热布敷连接管后再关小瓶阀。

（4）小瓶充灌量不要超过满容积的 60%～70%。

（5）分装后卸去连接管，检查小瓶重量，将大、小瓶阀口用封帽封严。

2）制冷剂的检漏方法

制冷系统是一个密封系统，必须保证制冷剂不泄漏。但是，制冷系统总有很多焊接处，而 R134a 却是渗透性极强的、无色无味的，有泄漏肉眼也觉察不出来。

最简单的检漏办法是压力检漏方法。将制冷系统内充满干燥氮气（也可用更便宜的干燥空气），系统的试验压力为 1.0MPa，充气一段时间后观察压力表读数是否下降，可在所有焊缝和连接处涂上肥皂水，仔细检查有无气泡出现，若有气泡说明该处泄漏。还可以稳压 24h 后检查压力表下降情况，室温温差不大于 5℃，压降应小于 0.3MPa。在维修电冰箱时，常直接采用充制冷剂加压，使整个系统表压力达到 0.3～0.5MPa，再用肥皂水检查。

另一种是真空试漏。用真空泵将整个制冷系统抽至真空度为-0.1MPa，保持 24h，观察真空表下降幅度，若下降不超过 0.001MPa 为合格。

3）制冷剂的使用注意事项

制冷剂在常温下呈压缩气体或液态，盛放在耐压容器中，在保管和使用中要注意安全：所用的容器（钢瓶）必须经过耐压试验，并进行干燥及真空处理。R134a、R600a 用低压钢瓶，水压试验压力为 6MPa；R13 用高压钢瓶，水压试验压力为 20MPa。钢瓶应存放在阴凉处，避免阳光直晒，防止靠近高温。在搬运中禁止敲击，以防爆炸，应轻拿轻放。充加制冷剂时，应远离火源。不得随意向室内排放，尤其室内有明火时，R134a、R600a 遇火会产生光气而使人中毒。可用 50℃水或热布贴敷，严禁明火加热。要采取保护措施，如戴手套、眼镜，以防止发生冻伤。瓶外应有明显的品名、数量、质量卡片，以防弄错。钢瓶阀门绝对不应有慢性泄漏，应定期对阀门进行泄漏试验。室内应保证空气流通，应装有通风设备，一旦发生制冷剂泄漏应立即通风排除。

有些制冷剂具有直接侵害人体的毒性，有些制冷剂即使无毒，但当浓度过大时也会使人窒息，所以在使用制冷剂时应该注意泄漏。

任务 7.1.4　制冷剂 R134a 代换方法

▶ 1. R134a 制冷剂性质

R134a 是 R12 的理想替代物，它对臭氧层的破坏潜力 ODP=0，温室效应潜力 GWP≈0。因为 R134a 是一种有极性的气体，不和传统上使用的矿物油和烷基类油相溶，所以它使用的是酯类油，又因为酯类油吸水性特别强，因此在制造维修工艺上对水分要求非常严格。

根据种种试验表明，含有氯原子的 CFC 对臭氧层的破坏能力最大，而 HCFC 的破坏能力较低，不含氯原子的 HFC 对臭氧层无破坏作用，因此 HFC 是最理想的替代物。20 世纪 80 年代，美国杜邦公司开始用 R134a 替代 R12，形成 5000kg 生产能力，1990 年投入商业生产。美国国家标准与技术研究院（NIST）和杜邦公司及主要国家的研究都表明：R134a 具有相当接近 R12 的性质，而无破坏臭氧层的作用，是目前各国一致公认的比较理想的 R12 替代物。

R134a 与 R12，主要性能确实相近，两者的三相点及液体密度都相差不大。R134a 的标准沸点略高于 R12，液体、气体的比热及气化潜热也都比 R12 高，两者饱和蒸气压力在低温时相差很小，高温时 R134a 略大一些，黏性也相差不大。在臭氧层的破坏和温室效应方面，R134a 是很安全的，只是价格比 R12 贵很多，R134a 在发泡、制冷剂和汽车电冰箱方面都可以替代 R12。

聚苯乙烯硬泡用发泡剂替代 R12 时，其聚苯乙烯的溶解度两者都为低，与物料反应性能都为"惰性"。100 份树脂用量 R12 为 5～6 份，R134a 估计为 4.2～5.1 份。热导率（Btu/hr·ft℉）R12 为 0.0056，R134a 为 0.0048，因此完全可以替代。

▶ 2. R134a 过热气体音速变化图及 tg-h 图

R134a 过热气体音速变化图如图 7-2 所示。
R134a 的 tg-h 图如图 7-3 所示。

▶ 3. 主要技术指标

R134a 化学式为 $C_2H_2F_4$，分子量为 102，主要质量指标如表 7-1 所示。

表 7-1　R134a 主要质量指标

名　称	项　目	指　标
R134a	外观	无色、不浑浊
	气味	无异臭
	纯度	≥99.6%
	水分	≤20PPM
	酸度（以 HCL 计）	≤0.0001%
	政法后残留物	≤0.01

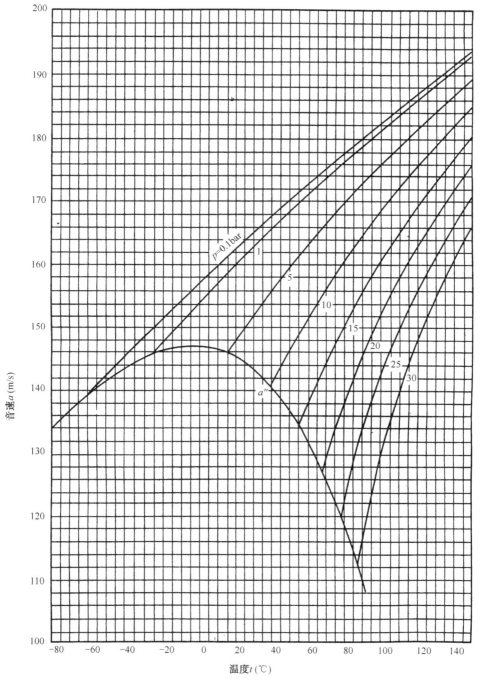

图 7-2　R134a 过热气体音速变化图

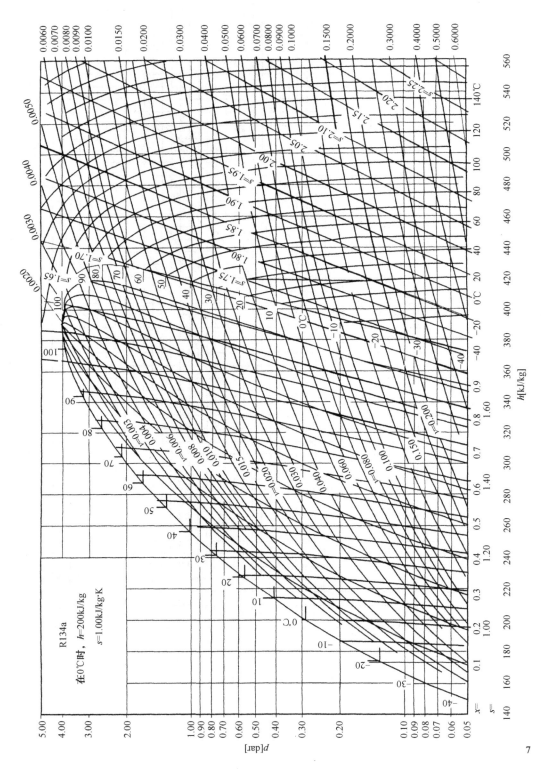

图 7-3　R134a 的 tg-h 图

1）实施原则

（1）与 R12 相比需增加 10%～15%的缸容积以保证相同的制冷能力。

（2）R134a 与酯类油兼容，与目前 R12 压缩机所用矿物油或烷基苯油亲和力差。

（3）酯类油不允许与其他酯类剂混合，酯类油比目前 R12 压缩机所用的酯类油吸水性更强，所以，在任何情况下也不允许压缩机敞口时间超过 15min。压缩机卸下后，首先应马上插管，并且避免强制空气循环。

（4）R134a 压缩机最大含水量≤100mg，酯类油含水量≤60PPM。

（5）真空站和灌注台的真空泵及汉森阀的密封液也应使用黏度与压缩机酯类油相当的酯油，以防止真空泵油雾倒灌引起污染，而且该油与系统兼容。

（6）R134a 同 R12 的压缩机相比，噪声略有增加。

（7）在电动机设计上，要求效率更高的电动机以适应更恶劣的系统工作环境。

2）毛细管

（1）毛细管需要调整以增加制冷剂流阻。

（2）必须小心以防止不相容残余物和水分的进入。

3）干燥过滤器

（1）与 R12 所用干燥过滤器相比，分子筛用量增加 20%，分子筛为 XH7 或 XH9。

（2）任何重新灌注都必须同时更换干燥过滤器。

4）制冷剂注入量

R134a 注入量应比 R12 减少 5%～10%，用于 R134a 的灌注设备必须专用。

5）关于材料兼容性

（1）常用金属类如钢、紫铜、铝、铸铁等与 R134a 及酯类油相兼容，合成橡胶则需检查，丁青橡胶、氯丁橡胶与之相容，而氟橡胶则应禁止，因为 R134a 和酯油将会使之膨胀，抗拉强度降低。

（2）避免制冷系统和生产设备管路中存在以上不相容材料（包括连接部件和灌注设备密封件）。

6）关于焊剂使用

焊剂一方面易造成遗留碱性物质堵塞毛细管，另一方面易吸潮而使水分进入管路，故而使用时应保持干燥并防止用量过多。

7）检漏

R134a 分子小于 R12 分子，更易于挥发，所以焊拉和检漏应提高到一个新水平，包括部件泄漏控制。氦质谱法较常规仪器单点检漏为更为精确。

8）关于水分、矿物油、氯的控制

（1）由于"水"会降低酯油的化学稳定性，酯油水解生成醇与酸，引起系统腐蚀，所以 R134a 系统含水量的控制比 R12 系统更加严格，全部零部件水分含量≤50mg/m³。

（2）氯和矿物油分别以盐和胶体状态存在，易造成毛细管堵塞，制冷系统工艺过程中绝不允许使用矿物和含氯的产品，零部件生产时建议使用碱性清洁浴池，而不是酸洗，另用酯油防护。

4. R134a 维修工艺

1）制冷系统部件的要求

（1）压缩机：R134a 专用，不能混用。

（2）冷凝器：R134a 专用，不能混用。

（3）蒸发器：R134a 专用，不能混用。

（4）除露管：R134a 专用，不能混用。

（5）工艺管：R134a 专用，不能混用。

（6）电磁阀：R134a 专用，不能混用。

（7）干燥过滤器：R134a 专用，不能混用。

2）维修设备的要求

（1）无回收装置，除抽空灌注台外，所用的设备力求同 R12，但为 R134a 专用时需要标记清楚，不能混用（封口钳、烧焊装置、电子秤通用 R12）。

（2）抽空罐注台真空泵为 R134a 专用。

3）维修的操作步骤

（1）操作维修设备的方法同 R12。

（2）操作过程中的特殊要求如下：

① 压缩机打开口到抽真空之间的时间要求低于 10min，其他部件打开不应超过 15min。

② 抽真空时间应不小于 20min。

③ 电冰箱若发现泄漏，则需要换压缩机。焊接前先吹氮气冲洗管路。

④ 电冰箱脏堵，若用氮气能吹通，可不更换压缩机。

⑤ 电冰箱冰堵故障维修后，按技术要求换灌装制冷剂。

⑥ 只要打开制冷系统就必须更换干燥过滤器。

4）维修注意要求

（1）更换下来的压缩机必须返厂维修。

（2）压缩机不得直接吸入空气进行检验或其他检验。

（3）当电冰箱管路敞口时间过长或发生泄漏，维修时可先用干燥氮气吹干系统。

（4）所有焊剂注意防潮，在保证质量前提下尽量少用。

（5）注意统计电冰箱冰堵、脏堵的份额。

（6）压缩机打开前检查是否无压，如无不能使用。

（7）R134a 储缺罐必须注意密封，严禁与空气直接接触。

任务 7.1.5　制冷剂 R600a 代换方法

R11 及 R12 是制冷行业广泛使用的传统制冷剂。由于 R11 及 R12 对臭氧层有较强的破坏作用，且温室效应明显，根据《蒙特利尔议定书》的规定，发达国家已禁止使用，我国 2005 年也被停止使用。在 CFCS 替代方法中，一种是以美国和日本为代表的采用 R134a 制冷剂的替代方法；另一种是以德国为代表的采用碳氢化合物 R600a 作为制冷剂的替代方法。

中国电冰箱行业早期将目光和精力主要集中在 R134a 制冷剂的替代方法。R134a 制冷剂与矿物性酯类油不互容，对生产工艺及制冷系统各零部件的清洁度控制要求过于严格，电冰箱使用 R134a 制冷剂后能耗也有所上升，同时该制冷剂仍有一定的温室效应，并不是最优的制冷剂替代方法。

碳氢化合物典型的如异丁烷（R600a）制冷剂的优点恰恰克服了 R134a 制冷剂的缺点，R600a 优良的热物理性能决定了该制冷剂比 CFCS 和 HFCS 具有更高的能效，压缩机的效率（COP 值）和电冰箱的整机制冷效率（耗电量指标）较 R134a 均高。正由于节能及对环境无公害的优点，德国首先成功地将碳氢化合物用作电冰箱的制冷剂。随着工艺及技术的成熟，R600a 制冷剂在中国制冷行业也得到了日益广泛的应用。

1. R600a 制冷剂的理化特性

R600a 制冷剂学名是异丁烷。打火机中的气体为丁烷，是同分异构体，二者性状基本相同。在 CFCS 替代工作中，碳氢化合物的优势是以其易燃易爆这个最大缺陷换取的，安全问题更是替代工作成败的关键。目前，电冰箱行业对碳氢化合物的使用所做的危险性评价和实际使用效果表明，设计科学的碳氢电冰箱可以满足用户安全使用要求；在电冰箱的制造中采用碳氢类发泡剂和制冷剂仍为有一定的危险性的领域，其起火或爆炸的危险存在于生产、维修过程中。

为了了解其特点，知道它的性能，我们从 R600a 的理化特性开始。

1）化学特性

下面是 R600a 制冷剂的基本化学特性。

分子式：C_4H_{10}。

简称：R600a。

密度（25℃，液态）：0.55g/ml。

沸点（常压）：-11.7℃。

蒸发压力（25℃）：350kPa。

自燃点：480℃。

闪点：-117℃。

爆炸范围（体积浓度）：1.5～8.5vol%。

爆炸水平：47～220g/m。

温室效应潜能：0。

臭氧破坏潜能：0。

> **注意**
>
> 异丁烷在常温常压下，在环境中以气态方式存在，无色无味。比重约为空气的 2 倍，可以长距离传播，当浓度达到爆炸范围时，极容易引发燃爆，其危险程度类似于液化石油气，因此在制冷剂灌注和维修的员工必须遵守安全操作原则。

2）物理特性

R600a 制冷剂在常温下呈无色透明状态的气体，微溶于水，性能稳定，用于电冰箱的含杂质量要低于 0.15/100g。有别于 R12 制冷剂，其温室效应潜能、臭氧破坏潜能都比较低。但它的爆炸极限参数为 1.5%～8.5%（体积），当空气爆炸混合物在此范围内时，遇到明火等即刻引起爆炸。所以我们在接触该制冷剂时，要在通风良好的环境下工作，注意安全是最重要的。

2. R600a 的 tg-h 图（如图 7-4 所示）

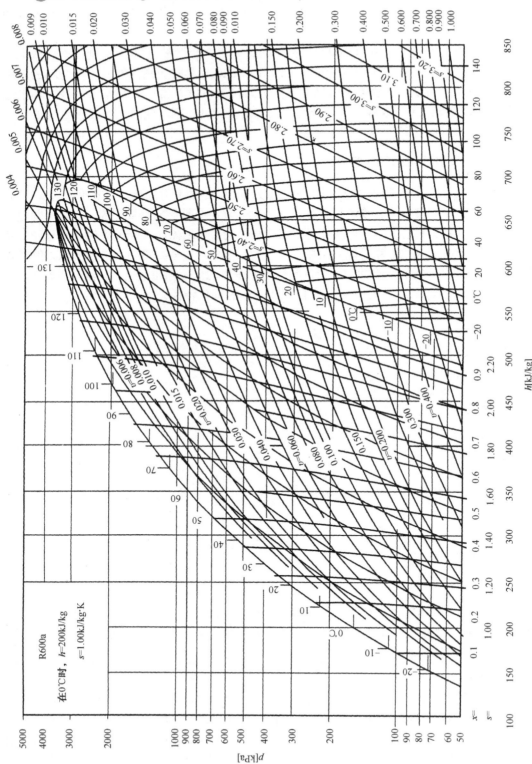

图 7-4　R600a 的 tg-h 图

3. R600a 制冷剂在制冷系统中的要求

1）R600a 压缩机

异丁烷制冷剂与目前传统的矿物酯类油和烷基苯酯类油完全相容，因此压缩机在制造中无需进行材质改造。R600a 压缩机气缸容积在 R12 基础上增大 65%～70%，外形尺寸基本不变，对压缩机的泄漏必须进行更为严格的控制。由于 R600a 的易燃性，因此对压缩机的两器进行必要的改动，启动继电器采用 PTC 元件并且密封，过载保护器密封。R600a 压缩机的铭牌上标有黄色火苗的易燃标志。

2）蒸发器和冷凝器

用于 R12 制冷剂的蒸发器和冷凝器同样适应 R600a 制冷剂，但必须和制冷压缩机功率匹配。所以我们在更换蒸发器和冷凝器时一定要按厂方提供的相同型号的零部件进行更换，否则制冷不匹配。

3）系统内材料的相容性

R600a 与钢、紫铜、黄铜、铝、氯丁橡胶、尼龙和聚氯乙烯相容，这些材料制作的与 R600a 接触的零部件均可以用于 R600a 制冷系统。而天然橡胶、硅与 R600a 不相容，因此这些材料与 R600a 接触会引起化学反应，不能用于 R600a 制冷系统。

4）毛细管

用于 R12 制冷系统的毛细管同样也适用于 R600a 制冷系统，只是流量不同。

5）干燥过滤器

一般适用于 R12 的干燥过滤器同样也可以用于 R600a 系统，但在维修过程中的特点和 R600a 的特性，要求使用 R600a 专用 XH-9 型干燥过滤器。

6）R600a 的充入量

R600a 的充入量相当于 R12 的 40%左右，因此需要高精度的制冷剂灌注设备及校准仪器。

7）电磁阀

一般电控冰箱都装有电磁阀，由于 R600a 的制冷特性，适用于 R12 制冷系统的电磁阀同样也适用于 R600a 系统。

8）工艺管

合金牌号：T2 或 TP2。

状态：M（软态，经过退火处理）。

外观：内外表面清洁光亮，内外表面无明显拉管划伤，管端口无毛刺和变形。

长度：140±3mm。

机械性能：符合 GB/T 1527—1997。

尺寸偏差：$\phi6\times0.75$，外径$\phi6$，壁厚 0.75±0.08。

4. R600a 制冷剂维修方法

R600a 电冰箱出现制冷系统泄漏、堵塞、压缩机故障等需对电冰箱制冷系统进行维修的故障时，按以下工艺守则进行操作。

（1）R600a 电冰箱的识别：只有认真识别所需维修的电冰箱为 R600a 电冰箱后方可采用下述方法进行维修。

使用 R600a 制冷剂的电冰箱除在铭牌标明制冷剂种类外，在电冰箱后背及压缩机处都贴有明显的标志，如图 7-5 所示。

图 7-5　R600a 电冰箱标志

（2）场地环境：电冰箱维修必须在指定的维修场地进行，维修场地要在有通风设备的空旷地方及有合适的消防器材，不得在用户家打开制冷系统。维修前，先检查场地附近无火源及易燃易爆的物品，并在明显的地方挂出警告牌，表示正在进行排放 R600a 操作。

（3）制冷剂的排空：电冰箱必须在排清制冷系统内的制冷剂后，才可进行焊离、焊接等动火操作，制冷剂排空采取先排高压后排低压的顺序。

5. R600a 电冰箱故障返修工艺

（1）测试及检漏发现制冷系统故障的电冰箱做好标记后，推入返修专用工位，打开排风装置。

（2）检查周围有无火源，如有则关闭。

（3）对于双头过滤器的电冰箱，用老虎钳折断过滤器工艺管封口焊接处，使制冷剂排空。

① 压缩机通电运行 30s 左右，检查过滤器处的工艺管有无气流：

● 若有则停机，晃动压缩机外壳，停 3min 后再开机运行 2min 左右；

● 若无则表明压缩机排气管或冷凝器高压管段有焊堵现象，此时停机将与压缩机高压管相连的管路段用割管器割断，观察断口有无制冷剂喷出：有制冷剂喷出，则为冷凝器段焊堵；无制冷剂喷出，则为压缩机排气管焊堵，此时压缩机不得再使用，禁止用焊枪燃烧加热的办法拔管。

② 用手钳折断压缩机工艺管封口焊接处，使制冷剂排空。

③ 用割管器割除压缩机工艺管超声波焊接处的管口及割开毛细管。

④ 通过压缩机工艺管向系统内充入约 0.4MPa（表压）的干燥氮气清吹 30s 左右（排空低压部分制冷剂）。

⑤ 将电冰箱推入划定的安全区域，按照 R600a 电冰箱的检修方法进行维修，此时可以动火进行焊接等操作。

（4）对于单头过滤器（无电磁阀）的电冰箱，用老虎钳折断压缩机工艺管封口焊接处，使制冷剂排空。

① 压缩机通电运行 30～60s，断电后用手堵住工艺管封口处数秒后松开。

● 工艺管若有气流冲出，则表明冷凝器系统及毛细管无焊接堵塞现象。用割管器割开冷凝器与过滤器连接处的管路，排空高压部分制冷剂；晃动压缩机排出残留在压缩机内的气体。

● 若无气流冲出，则表明冷凝系统或毛细管段有焊堵现象，此时将与压缩机高压管相连的管路段用割管器割断，观察断口有无制冷剂喷出：有制冷剂喷出，则为该处后段管路出现焊堵或毛细管堵现象；无制冷剂喷出，则为压缩机排气管焊堵，一定要用割刀切断排气管焊堵处，禁止用焊枪燃烧加热的办法拔管。

② 用割管器割除压缩机工艺管超声波焊接处的管口及割开毛细管。

③ 通过压缩机工艺管向系统内充入约 0.4MPa（表压）的干燥氮气清吹 10s 左右。

④ 将电冰箱推入划定的安全区域，按照 R600a 电冰箱规程检修方法进行维修，此时可以动火进行焊接等操作。

（5）如果压缩机需更换，则需在排放完 R600a 后，用割管器割开排气管和回气管，用氮气将压缩机内残留的 R600a 吹出，然后拆下需要更换的压缩机，将压缩机各管口焊封好。

（6）当制冷管道有堵塞时，会出现制冷剂在某部位积存排放不出的现象，此时一定要用割管器割开管道，排放 R600a，绝对不能用焊枪焊开管道，R600a 气体残余的部位主要在干燥过滤器、毛细管、压缩机中。

（7）充注制冷剂：由于 R600a 电冰箱压缩机工作时工艺管压力为负压，因此不能通过观察压力表压力判断充注量是否足够。

① 有电子秤（精度为±0.5g）时，先将制冷剂瓶瓶口朝下（当瓶中制冷剂较少时应停止灌注，否则杂质易进入系统），用电子秤称量充注，充注量为铭牌标示值。

② 无电子秤时，可按以下方法操作：

● 制冷剂瓶瓶口朝下充注。

● 先停机充注，到压力平衡（此时，制冷剂已停止进入电冰箱内，已进入电冰箱的制冷剂有十几克）。

● 接通电冰箱电源，令压缩机启动，此时由于压缩机的抽吸作用，制冷剂继续进入电冰箱，约 15s 关闭阀门，停止加制冷剂。

③ 试运行，2h 后观察：

● 冷藏室蒸发器均匀结霜，压缩机工作时霜实而不浮。

● 回气管用手摸有微冷感。

● 回气管无凝露及结霜现象。

此时电冰箱正常，按常规要求完成制冷性能及电气安全性能检测后，完成维修。

如出现冷藏室蒸发器结霜不均或结浮霜、回气管无冷感，则表示制冷剂不够，打开阀门补注（压缩机运行时）少量制冷剂，重复运行后观察。

如出现回气管过冷、出现凝露或结霜现象，则表示制冷剂过多，关闭制冷剂阀门，拧开制冷剂瓶与充注阀连接口，停机，拧开充注阀放出少量制冷剂（禁止带火种作业，并保证现场通风良好），重复运行观察。

> ⚡ 注 意
>
> 　R600a 虽然充注量较 R12 少，但由于其比重较小，所以从体积看相同型号电冰箱的充注量相近，因此其充注制冷剂方法与维修 R12 电冰箱相近，只是注意防火、防爆、通风的要求。

（8）工艺管封口：停机后封工艺管（预防吸入空气），先用封口钳夹封工艺管，然后拧开接头，用手测试无大泄漏后，再用另一支封口钳在离夹口 30mm 处夹封工艺管，用海绵浸肥皂水检查无明显泄漏时擦干净后焊接封口。

> ⚠ **注 意**
>
> 封工艺管时不能用焊火对工艺管退火，焊接封口时管口不能指向自己。

（9）检漏：对系统进行检漏。

▶ 6. 注意事项

（1）因 R600a 制冷剂有一定的危险性，原则上不允许在用户家维修制冷系统。

（2）维修场地要保证有良好的通风条件，在排放 R600a 制冷剂时，一定要避免静电产生的火花和点火装置。

（3）维修场地内要备至少两个以上的灭火器，并放置在随手可触的地方。

▶ 项目 7.2　掌握新型电冰箱酯类油的性质及选用

任务 7.2.1　电冰箱压缩机酯类油的作用及主要性质和要求

▶ 1. 电冰箱压缩机酯类油的作用

酯类油是保证高速压缩机长期、安全、有效运转的关键。酯类油的作用主要是：

（1）润滑压缩机运动件摩擦表面，改善摩擦表面工作条件。

（2）连续地供入摩擦表面，带走摩擦热，对摩擦件起到冷却作用。

（3）渗入各摩擦件密封面而形成油封，起到阻止制冷剂泄漏的作用。

（4）不断冲洗摩擦表面，带走磨屑，可减少摩擦件的磨损。

▶ 2. 酯类油的主要性质和要求

酯类油的性质是影响润滑效果的重要因素，为了保证制冷压缩机正常工作，使用的酯类油的性质应当符合一定要求。

（1）黏度：酯类油黏度应满足摩擦部件工作条件的需要。R134a 和酯类油能相互溶解使滑油黏度变稀，因电冰箱制冷压缩机应选用黏度较大的润滑油。但如果选用的润滑油黏度过大，又会使压缩机摩擦功率、摩擦热以至启动力矩增加；而如黏度过小，又会影响摩擦表面建立正常油膜。因此，润滑油黏度必须选择合适。

（2）凝固点：电冰箱制冷压缩机选用的酯类油的凝固点应越低越好，一般凝固点应低于制冷剂最低蒸发温度-10～-5℃。

采用不同制冷剂的压缩机工作条件不同，因而它们对润滑油凝固温度需求也不尽同。如 R134a 和 R125 压缩机润滑油凝固点应低于-55～-35℃，而 R22 压缩机润滑油凝固点应低于-60℃。

（3）闪点：酯类油加热到它的蒸气与明火接触即发生闪火的最低温度称为闪点。制冷压缩机选用的酯类油的闪点应比排气温度高 20～30℃，以免引起酯类油的燃烧和结焦。一般来说，R134a、R125、R600a 压缩机选用的润滑油的闪点应在 160℃ 以上。

（4）含水量和机械杂质：制冷压缩机选用的酯类油不应含有水分和杂质。酯类油中有水分将会破坏油膜，并导致系统冰塞、加剧油的化学变化和引起金属腐蚀等作用。而酯类油中含有机械杂质又会使运动件磨损加剧，堵塞过滤器或酯类油路。

（5）化学稳定性、抗氧化性：在制冷压缩机中，酯类油使用时应具有良好的化学稳定性，并对零部件不发生腐蚀作用。一般纯净的酯类油对金属（铜、铸铁、钢及其他合金）不腐蚀。但当酯类油中含水分或制冷剂时，即会产生腐蚀作用。另外，酯类油的酸性和碱性要小。好的酯类油酸值应<0.03mg（mgKOH/g 即中和 1g 酯类油所需氢氧化钾的毫克数）。酯类油在高温条件下与水、金属、空气、制冷剂、密封垫等接触时应不起分解、聚合、氧化等反应，如果产生上述反应，酯类金属表面即会产生结焦，以致影响阀门工作，并将堵塞过滤器及各阀门通道等。

（6）电绝缘性：酯类油的电绝缘性对全封闭和半封闭压缩机具有重要意义。这些压缩机要求润滑油击穿电压高于 2500V 以上。

击穿电压是表示酯类油和制冷剂电绝缘性能的一个反映指标，纯粹的酯类油绝缘性能良好，但当油中含有水分、灰尘等杂质时，其绝缘性能就会降低。

击穿电压对封闭式制冷压缩机要求较高，因为这种压缩机中酯类油和制冷剂与电动机的绕组和接线柱直接接触，故要求有良好的电绝缘性能。

酯类油的击穿电压一般要求在 25kV 以上。试验时是将酯类油倒入玻璃容器内，里面装有一对 2.5cm 间隙的电极，通上电源后逐渐升高电压，直到发生激烈的响声，酯类油的绝缘被破坏，此时的电压就是该酯类油的击穿电压。

3. 酯类油的选用和质量指标

目前我国石油工业部颁布的标准生产的酯类油（矿物油）种类较多，常用的有三种，即石油 1213-59，13 号；石油 1220-65，18 号；石油 1219-65，25 号。

4. 电冰箱压缩机酯类油变质原因

酯类油变质的原因主要有以下几方面。

（1）混入水分：由于制冷系统中渗入空气，空气中的水分与酯类油接触后便混合进去；另外，也有可能使水分混入冷冻系统中，还会引起管道或阀门的冰塞现象。

（2）氧化：酯类油在使用过程中，当压缩机的排气温度较高时，就有可能引起氧化变质，特别是氧化稳定性差的酯类油更易变质，经过一段时间，酯类油中会形成残渣，使轴承等处的酯类油变坏。有机填料、机械杂质等混入酯类油中，也会加速它的老化或氧化变坏。

（3）几种不同牌号的冷冻机油混合使用：这会造成冷冻机油的黏度降低，甚至会破坏油膜的形成，使轴承受到损害；如果两种 RL329 酯类油或合成油多元酯（PAG 中，含有不同性质的抗氧化添加剂）混合在一起时，有可能产生化学变化，形成沉淀物，使压缩机的酯类受到影响，故使用时要注意。

5. 电冰箱压缩机酯类油质量鉴别方法

（1）滴油验证方法：酯类油变劣时，其颜色变深，将油液滴在吸水的白纸上，油滴中央

部位无黑色痕迹，则说明没有变劣，可用；若出现黑色污迹，并含有烧焦气味，证明已变劣，不可使用。当油含有水分时，油的透明度降低。

（2）装瓶验证方法：将酯类油装入已净化干燥后的玻璃瓶内，目视若属透明、白色或浅黄色均可继续使用；若油中出现悬浮物、混浊或颜色呈黄、橙、红色均不可使用（装油容器应严格密封妥当保存）。

> **注意**
>
> 维修人员在给压缩机加注酯类油后，对原酯类油容器一定要密封，以避免空气进入造成酯类油变质。

6. 防止水分进入制冷系统的必要措施

（1）对制冷系统抽真空一定要彻底。制冷系统一定要进行必要的干燥处理。

（2）在加入酯类油前，一定要加热，把油中的水分蒸发掉再注入压缩机，以避免酯类油油缸中加热后，油堵在毛细管中。

（3）制冷剂充入系统时，在确定制冷系统有较多水分时，最好加装一个干燥过滤器，滤去制冷剂中的水分和杂质。

任务 7.2.2　电冰箱异味去除方法

电冰箱冷藏室应在使用 1～2 个月时即进行清洗一次，清除过期和即将发霉的食品，避免细菌的滋生，同时也可防止对蒸发器的腐蚀，减少电冰箱内故障的发生，提高制冷效率，延长使用寿命。在清洗时，可参阅下面电冰箱异味去除方法。

电冰箱冷藏室内放的东西多而杂，常会产生各种各样的异味，此时，可用下列任何一法去除。

（1）橘子皮除味法：取新鲜橘子皮 600g，把橘子皮洗净挤干，分散放入电冰箱的冷藏室中，两天后，打开电冰箱，清香扑鼻，异味全无。

（2）柠檬除味法：将柠檬切成小片，放置在电冰箱冷藏室的各层，效果亦佳。

（3）茶叶除味法：将 60g 花茶装在纱布袋中，放入电冰箱冷藏室内，可除去异味。半个月后，将茶叶取出放在阳光下曝晒，可反复使用多次。

（4）麦饭石除味法：取麦饭石 600g，筛去粉末微粒后装入纱布袋中，放置在电冰箱的冷藏室里，16min 后异味可除。

（5）黄酒除味法：用黄酒一碗，放在电冰箱冷藏室的底层，一般 3 天就可除净异味。

（6）食醋除味法：将一些食醋倒入敞口玻璃瓶中，置入电冰箱冷藏室内，除味效果也很好。

（7）小苏打除味法：取 600g 小苏打（即碳酸氢钠）分装在两个广口玻璃瓶内（打开瓶盖），放置在电冰箱冷藏室的上下层，异味可除。

（8）木炭除味法：把适量木炭碾碎，装入小布袋内，放置电冰箱冷藏室内，除味效果甚佳。

（9）檀香皂除味法：在电冰箱冷藏室内放半块去掉包装纸的檀香皂，除异味的效果亦佳。但电冰箱冷藏室内的熟食必须放在加盖的容器中。

94

新型电冰箱的制冷部件技能实训

学习目的：了解电冰箱的基础知识、分类、特点、功能、用途。
学习重点：掌握电冰箱制冷系统部件、结构、工作原理、常见故障。
教学要求：熟悉电冰箱、电冰柜的用途，设计制冷工艺知识。

项目 8.1 掌握新型电冰箱专用压缩机的结构、特点、工作原理

任务 8.1.1 新型电冰箱专用压缩机

压缩机是使电冰箱制冷系统完成制冷循环的动力核心。额定制冷量在 1.5kW，在额定制冷量和额定功率范围内使用的压缩机，有往复活塞式、旋转式和变频式三种，其中旋转式压缩机又分单转子和双转子两种。根据压缩机的结构和机械加工技术的发展，在 20 世纪 70 年代生产的电冰箱采用的是往复活塞式；在 80 年代生产的电冰箱采用的是旋片式；进入 90 年代以来，电冰箱采用的是涡旋式。在 21 世纪推出的变频电冰箱中，采用的是变频全封闭压缩机。从性能上来比较，产品是一代比一代先进。

▶ 1. 往复活塞式全封闭压缩机

往复活塞式全封闭压缩机多用于 20 世纪 70 年代的电冰箱上，它具有生产工艺简单，生产成本低廉等技术特点。

1）结构原理

往复活塞式压缩机由气缸、活塞、排气阀、连杆、曲轴等零部件组成，是容积可以变化的封闭容积。当压缩机绕组通电带动曲轴旋转时，曲轴带动连杆和活塞向下运转，气缸内的压力降低，吸气管中的压力大于气缸内的压力。在压力差的作用下，吸气阀打开，吸气管中的气体流过吸气阀进入气缸的工作容积内，这一过程俗称吸气过程。吸气过程一直进行到活塞到达最低位置时结束。往复活塞式压缩机的实际工作过程如图 8-1 所示。

（1）压缩过程：当活塞处在上止点时，气缸内充满了低压气体，在活塞开始往上移动时，气缸工作容积缩小，低压气体受到压缩，其压力逐步升高，当其压力升到比排气腔的蒸气压

力稍高时，压缩过程结束，如图 8-1（a）所示。

（2）排气过程：活塞继续向上移动时，气体压力足以克服阀片的弹力，阀片被打开，高压蒸气排入排气腔内。当活塞移至上止点时，排气也中止，阀片靠弹力恢复原状，关闭阀门，如图 8-1（b）所示。

（3）膨胀过程：当活塞开始向下移动时，气缸工作容积逐步扩大，而剩余在气缸内的残余气体由于有间隙小不能排除的极小部分高压蒸气开始膨胀，其压力下降，当压力降到比吸气腔的蒸气压力稍小时，膨胀过程结束，如图 8-1（c）所示。

（4）吸气过程：当活塞继续下移时，吸气腔内蒸气压力足以克服吸气阀片的弹力，阀片被打开，吸气开始；活塞下移到下止点时，气缸内已充满低压气体，如图 8-1（d）所示。

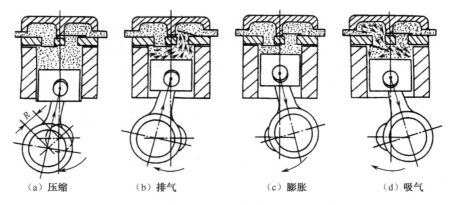

（a）压缩　　　　　　　（b）排气　　　　　　　（c）膨胀　　　　　　　（d）吸气

图 8-1　往复活塞式压缩机的实际工作过程

活塞在气缸里往复运动一次，就进行一次吸、排气。电动机拖动压缩机连续运转，活塞在气缸里连续往复运动，而气缸就不断地进行吸、排气，从而达到制冷的目的。

2）应用特点

往复活塞式全封闭压缩机内制冷剂用 R134a 代替 R12。酯类油为专用，灌油量随机型的内容积的不同而有一定差异，一般压缩机功率在 125W 时，灌油量在 250g 左右。电冰箱的电源电压为 220V/50Hz。若压缩机机械部件损坏，可以从原焊接缝处锯开修复。若需更换，注意压缩机的功率要与原压缩机的功率相匹配。

3）结构形式

往复活塞式压缩机结构形式分连杆式和滑管式。连杆式中又分曲轴式和曲柄式两种。

（1）曲轴活塞式压缩机：如图 8-2 所示，机壳由上下两半对合焊接而成，机壳底部底架 5 与电冰箱底座连接。整个机芯靠弹簧 4 支撑在机壳内壁上。压缩机电动机的定子 14 固定在机体 12 上，电动机转子带动曲轴 3 转动。主轴上、下轴承 6 和 7 固定在机体上。两轴承之间的曲轴与连杆 8 为动配合，连杆的另一端与活塞 11 相连。当电动机转子带动主轴转动时，由于曲轴和连杆的共同作用，带动活塞在气缸 9 中往复运行，气缸盖 10 上的高压阀片和低压阀片交替开启和关闭，完成对气体的吸入和排出。主轴下端浸在酯类油中，靠轴上的油孔把酯类油带到上部，滑润各个机件。

（2）曲柄活塞式压缩机：把曲轴变为曲柄结构，称为曲柄活塞式压缩机。曲轴和曲柄的结构如图 8-3 所示。其余部分基本相同。

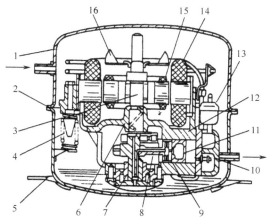

1—外壳；2—焊缝；3—曲轴；4—弹簧；5—底架；6—上轴承；7—下轴承；8—连杆；9—气缸；

10—气缸盖；11—活塞；12—机体；13—消声器；14—定子；15—转子；16—风扇

图 8-2　曲轴活塞式压缩机结构

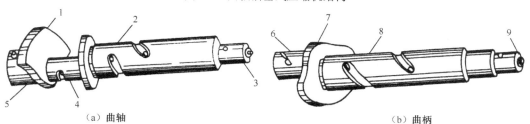

（a）曲轴　　　　　　　　　　　　　　　　　　　　　（b）曲柄

1—平衡铁；2—主轴；3—吸油孔；4—曲轴；5—副轴；6—曲柄销；7—平衡铁；8—主轴；9—吸油孔

图 8-3　曲轴和曲柄的结构

（3）曲柄滑管式压缩机的内部分解结构如图 8-4 所示。

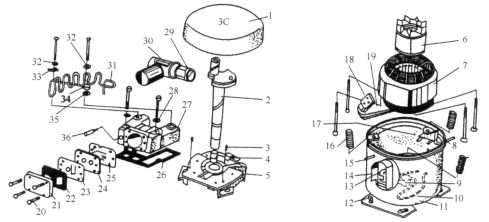

1—封闭壳上盖；2—曲柄轴；3—汽缸定位销；4—吸油嘴；5—机座；6—转子；7—定子；8—排气管；9—防碰止挡圈；

10—油冷却管；11—封闭壳下半部；12—机座；13—引柱；14—保护罩；15—回气管；16—吊弹簧；17—吊簧架；

18—电动机插头；19—电动机引线；20—缸盖螺钉；21—气缸盖；22—缸盖垫；23—排气阀片；24—阀板；25—吸气阀片；

26—气缸体垫；27—气缸体；28—垫圈；29—滑块；30—丁字形横头活塞组件；31—排气避振管；32—垫圈；

33—夹持管垫片；34—排气管座；35—石棉纸垫圈；36—吸气管

图 8-4　曲柄滑管式压缩机的内部分解结构

（4）滑管式压缩机内部正视结构及分解结构如图 8-5 所示。

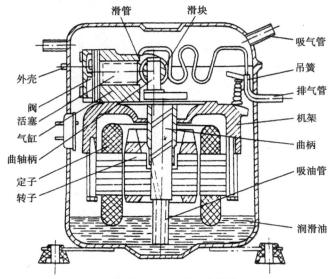

（a）滑管式压缩机内部正视结构

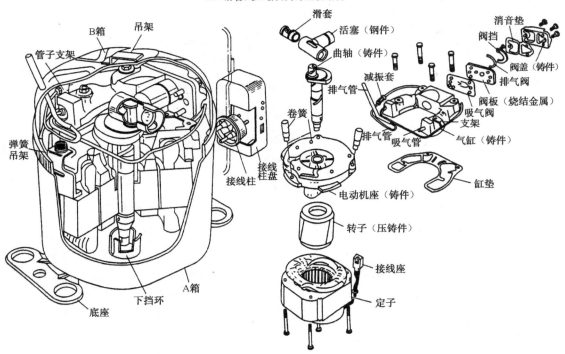

（b）滑管式压缩机内部分解结构

图 8-5　滑管式压缩机内部结构

　　当电动机转子带动曲柄旋转时，曲柄销头带动圆柱形滑块在滑管中平行滑动，滑管与空心活塞连为一体，于是活塞做往复运动，完成吸、排气的功能。其他机械结构与连杆式基本相同。滑块与滑管的结构形状如图 8-6 所示。

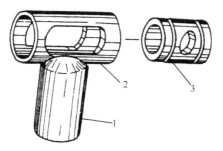

1—活塞；2—滑管；3—滑块

图 8-6 滑管式活塞组件的结构

吸气阀和排气阀的结构如图 8-7 所示,吸气阀片 10 的一端通过定位销 1 定位在阀板 8 上,阀片在压差的作用下关闭和开启。排气阀片 7、弹簧片 6 和限位板 4 通过螺钉 3 也固定在阀板上,阀片在压差的作用下克服弹簧片的弹性力而开启和关闭。阀片的形状各式各样,图 8-8 为阀片的几种形状。阀片表面必须平整,表面粗糙度值要小,材料质地坚硬,耐摩擦而不易破裂。

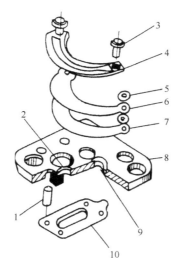

1—吸气阀片定位销；2—排气阀座线；3—排气阀螺钉；4—升程限位板；5—垫片；

6—弹簧片；7—排气阀片；8—阀片；9—进气阀座线；10—吸气阀片

图 8-7 气阀结构

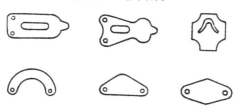

图 8-8 常见阀片形状

2. 旋转式压缩机

1）特点

（1）转子活塞外径与气缸内壁为滚动运动，机械摩擦力小。

（2）吸气、压缩和排气同时进行，吸、排气时间长。

（3）吸、排气通道简单、路程短，又无吸气阀，流动阻力小。

（4）来自蒸发器的气体直接进入气缸，吸入气体的过热度低。

（5）运转平稳、振动小、噪声低。

（6）结构简单、零件少、质量小、体积小。

旋转压缩机的缺点是电动机绕组处在高温气体中，要求绕组耐高温、绝缘性好。

在上菱、华菱牌系列电冰箱中，普遍采用旋转式压缩机，这种新型卧式压缩机是日本三菱电机公司在 1979 年首先研制成功，并于 1980 年成功地将其用于家用电冰箱上。

2）结构形式

旋转式压缩机有螺杆式、滚动转子式和滑片式等多种结构，目前在电冰箱中应用较多的是滚动转子式和滑片式结构，国内电冰箱厂家均采用滚动转子式压缩机。

（1）滚动转子式压缩机：滚动转子式压缩机又叫定片式压缩机，其结构如图 8-9 所示。偏心轴与电动机共用一根主轴，环形转子套在偏心轴上，轴的偏心距与转子半径之和等于气缸半径。当偏心距随电动机转动时，即带动环形转子以类似内啮合齿轮的运动轨迹沿气缸内圆滚动。转子一侧总是与气缸壁接触，形成密封线。滚动刮板依靠弹簧力与转子表面严密接触，并随转子的运动作往复运动，因而将气缸内分隔成两个密封的单元容积，靠近刮板的两侧设有吸、排气口。

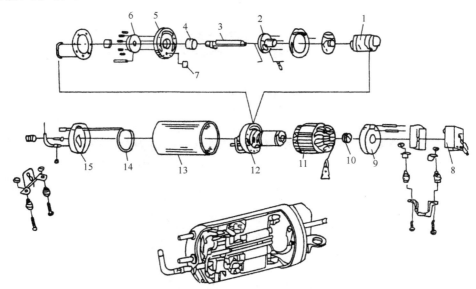

1—电动机转子；2—轴承座；3—偏心轴；4—滚动转子；5—气缸体；6—气缸端盖；7—刮板；8—接线盒；9—机壳端盖；

10—接线端子；11—电动机定子；12—气缸组件；13—机壳；14—冷却管；15—机壳端盖

图 8-9　滚动转子式压缩机结构分解图

滚动转子式压缩机工作原理如图8-10所示。图中4个分图分别表示转子处于不同位置时，转子、刮片与气缸之间形成的高低压腔大小的变化过程。

在图8-10（a）中，低压腔容积最大；在图8-10（b）中，转子开始压缩充满了气缸内的低压制冷气体，同时吸气孔继续吸气；在图8-10（c）中，低压腔与高压腔的容积相等，同时低压腔继续进气，高压腔进一步压缩，直至排气阀开启，排除高压气体；在图8-10（d）中，低压腔继续进气，高压腔排气已接近结束阶段。可见，滚动转子式压缩机吸气几乎是连续的，而排气是间歇性的，因而不设吸气阀，只设排气阀。因此吸气节流损失小，容积效率高。

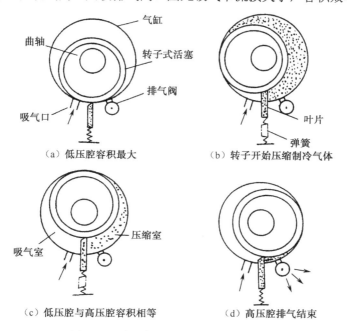

图 8-10 滚动转子式压缩机工作原理图

如图 8-11 所示是日本三菱电机公司生产的滚动转子式压缩机所用的圆环状排气阀内部结构。

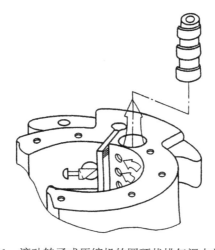

图 8-11 滚动转子式压缩机的圆环状排气阀内部结构

滚动转子式压缩机与往复式压缩机特性对比如表 8-1 所示。

表 8-1　滚动转子式压缩机与往复式压缩机特性对比

比较项目 ＼ 压缩机型号	往复式压缩机	滚动转子式压缩机
高压气体向低压气体泄漏	较大	较小
吸入阀	有	无
排出阀	有	有
余隙容积	较大	较小
能效比（EER）	1.0	1.15
噪声比	100	1.05
振动比	100	400
零件数量比	100	60
质量比	100	75
零件精度	一般	高
环境温度低时制冷能力下降	较大	较小

在更换和维修中应注意以下几点：

① 滚动转子式压缩机排气时，先排入机壳，再输入冷凝器，故机壳起油分离作用，可防止压缩机向制冷系统排油过多而影响整机的制冷性能。吸气是将从蒸发器抽回的气态制冷剂直接吸入气缸，吸气过热度低，蒸气比容小，排气温度低于 100℃。因此，不但制冷效果提高，且对润滑油和制冷剂的化学稳定性也较有利。这种吸、排气阀方式使压缩机机壳内为高温状态，一般机壳温度为 90～110℃，而一般往复式压缩机机壳内是低温状态，其机壳温度仅为 60～90℃。

② 使用滚动转子式压缩机时，为使压缩机停机时制冷系统内部高低压能迅速达到平衡以再次启动，并为防止停机后高压蒸气向蒸发器倒流，引起蒸发温度上升过快，需在储液器与蒸发器之间管道上装一单相阀，这样可提高制冷效率，而往复式压缩机则不需要。采用滚动转子式压缩机的制冷系统如图 8-12 所示。

③ 滚动转子式压缩机运行时，有相当于润滑油质量 20% 的制冷剂溶入润滑油中。故制冷剂充注量必须包括溶入油的部分。但在停机时，溶入油的制冷剂又大部分溢出，启动时就会出现制冷剂超重，液体被吸入气缸，形成液体压缩。为此需在吸气管上设一储液器起缓冲作用，该储液器构造如图 8-13 所示。而往复式压缩机运行时，机壳内处于高温低压状态，制冷剂 R134a 溶入润滑油比例很小，可以忽略不计。

④ 由滚动转子式压缩机组成的制冷系统在抽真空时，最好采用高低压双侧同时抽真空。如采用单侧抽真空，则必须在高压侧进行，这与使用往复式压缩机时相反，在检修时必须高度注意。

⑤ 由于滚动转子式压缩机结构不同于往复式，其压缩机部分和电动机部分均固定在机壳上，没有往复式压缩机的内减振装置，故滚动转子式压缩机固定部分使用减振缓冲弹簧和防振橡胶支撑，其配管与邻近可动部件（如风扇、压缩机、配管与弹簧等）之间要保持 30mm 以上间隙，配管与相邻的非可动部件之间保持 10mm 以上间隙。

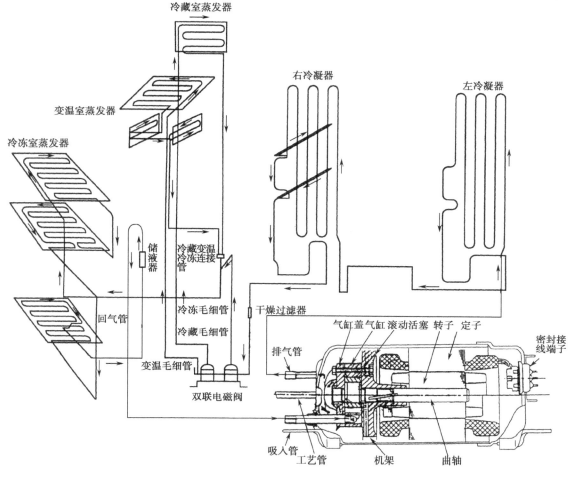

图 8-12　滚动转子式压缩机制冷系统示意图

（2）滑片式压缩机：滑片式压缩机又叫旋片式压缩机，在旋转活塞体上有2～4片可滑动的刮片，并随着旋转过程压缩气体，它的吸、排气结构主要由气缸、转子和滑片组成，如图 8-14 所示。

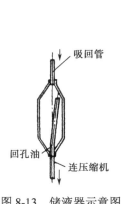

图 8-13　储液器示意图

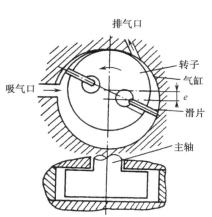

图 8-14　滑片式压缩机结构

转子和电动机共用一根主轴，转子直径小于气缸直径，两者比例为 0.65～0.85。转子中心与气缸中心有一定的偏心距 e，转子半径与偏心距之和等于气缸半径。故转子外圆一侧与气缸内壁接触而形成一条密封线，在密封线两侧设有吸气口和排气口，转子上有开口槽，槽中滑片与槽的配合既要严密，又要可以自由滑动。当电动机带动转子高速旋转时，滑片依靠离心力的作用与气缸壁严密接触，滑片前面的容积逐渐减小，气体被压缩排出。同时，滑片后面的容积逐渐增大，把气体吸入。如此连续、循环地进行，气体即被不停地吸入、压缩和排出。

滑片式压缩机的特性与滚动转子式压缩机基本相同，只是摩擦力略高。压缩机启动时，开始转速较低，滑片产生的离心力很小，不能形成严密封，所以滑片式压缩机的启动性能较好。

▶ 3. 滑管式、连杆式和滚动活塞式压缩机性能特点比较（如表 8-2 所示）

表 8-2　滑管式、连杆式和滚动活塞式压缩机性能特点比较

类　型		滑　管　式	连　杆　式		回　转　式
结构分类		曲柄滑管式	曲轴连杆式	曲柄连杆式	滚动活塞式
结构	滑动付（个）	2	1	1	2
	转动付（个）	2	3	4	2
零件	数量	较多	较多	稍少	约少 1/3
	精度	要求低	要求较高	要求低	要求高
设备	数量	多	多	稍少	较少
	精度	低	较高	略低	高
产品性能（EER 值）		120W 以下接近连杆式，120～200W 比连杆式差，EER 值低	120W 以上好于滑管式，200W 以上明显好于滑管式，EER 值较高	比曲轴连杆式稍好，EER 较高	性能优于连杆式，EER 值高
质量		较大	较大	较小	小
制造成本		低	较高	较低	较低
设备投资		低	高	较低	较高
由日工合格率		较高	高	较高	高
使用寿命		10～15 年 故障率：2%/年	>15 年 故障率：1%/年	>20 年 故障率：1%/年	>20 年 故障率：小于 1%/年
维修配套		容易维修，配套方便	不易维修，配套方便	不易维修，配套较方便	不易维修，配套较难
适用范围		125W 以下，小型电冰箱用	适用范围大	300W 以下	100～300W 电冰箱；800～4000W 电冰箱

▶ 4. 变频压缩机

变频压缩机于 1980 年由日本东芝公司研制成功，其压缩机的转速是随供电频率而改变的，它与定速压缩机不同的是电动机线圈阻值相等。

1）结构与特点

变频压缩机具有比常规的排气阀的通道面积大、阻力损失小的优点，对轴承结构、材料润滑及气阀的结构形式需作专门设计。即要适应高速运转时，摩擦阻力大，又要适应低转时，润滑油流量减小，气缸和滚动活塞端盖、滑片之间的漏气量增加的特点。

变频电冰箱的核心是变频压缩机，变频压缩机的核心是变频电动机，在变频电源下运行的电动机简称变频电动机。变频电动机为三相电动机，它克服了单相异步电动机的一些不足。单相异步电动机的旋转磁场是椭圆形的，对称性不如三相电动机，且启动性能差、电磁噪声大，体积也比三相电动机大。实际上，变频电源已很难驱动单相电动机运行，因为当频率发生变化时，单相电动机的电容（称为移相电容）值不可能发生相应的变化使电动机有效运行。

2）对压缩机电动机的技术要求

（1）耐制冷剂，耐油。

（2）耐热性能要好。绕组漆包线的温度应允许达到 120℃，外壳最高温度可达 130℃。

（3）耐振动，耐冲击。

（4）启动性能要好，要求电压在 180～240V 之间都能顺利启动。

3）密封接线柱

封闭式压缩机是把压缩机与电动机装在一个封闭的泵壳内的，所以，需要设置电动机与电源的密封接线柱（密封端子）。

电冰箱上使用的封闭式压缩机，其使用温度变化范围大，泵壳内压力高，还要承受振动和运输过程中的冲击，故密封接线柱（密封端子）必须满足这些特殊的要求。密封接线柱（密封端子）装在机壳上的方法，大致分为软钎焊式、焊接式两种。端子的电极数为 3 根、4 根、5 根等（5 根中有两根为过热保护），按照压缩机的容量、安装部位的形状和接线方法分别加以分类使用。

密封接线柱由接头、接线柱、绝缘层、罩子 4 部分组成，如图 8-15 所示。

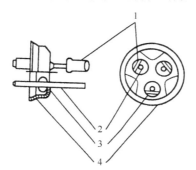

1—接头；2—接线柱；3—绝缘层；4—罩子

图 8-15 带接头密封接线柱的结构

由图 8-15 可知，罩子像凸缘的帽状，接线柱外部接电源，内部接电动机引线，把电源引入压缩机内。接线柱标准直径在 2.3～3.2mm 之间，材质为铁、铬或在中心部位插入铜芯，以加大电流容量。

绝缘层材料为玻璃或陶瓷。它既要固定接线柱，又是电绝缘体，而且是密封填料。它应能充分承受剧烈的温度变化和机壳内压力的振动，应有良好的密封性，应有与罩子和接线柱接近的膨胀系数，能与罩子和接线柱保持牢固的熔接密封状态。

对密封接线柱的要求如下：

（1）绝缘电阻。对于端子单体，使用 500V 兆欧表测量罩子与引线间应保持 2MΩ以上的绝缘电阻。

（2）绝缘强度。在罩子和接线柱间施加 50Hz、2500V 的正弦交流电压 1s，不得发生击穿等异常现象。

（3）耐压要求。能充分承受压缩机的内部压力，且不应出现端子变形、绝缘层变形、接线柱松动和向外部泄漏［加压约 2.2MPa（表压）］。

（4）热冲击性。为了耐受压缩机内的制冷剂液引起的急剧冷却和端子焊接时的热冲击性，把端子在液氮和沸腾水中交替浸没数次，应不出现泄漏等异常现象，将端子从室温升到 360℃，加热 16s 左右，再冷却至室温，应不出现泄漏等异常现象。

（5）耐油、耐制冷剂性。将端子放入溶解了的制冷剂的电冰箱机油混合液中，进行密封后在 100℃温度下加热 100h，不能有电气绝缘功能降低和气密性下降的现象。

（6）焊接强度。抗拉强度在 5MPa 以上。

任务 8.1.2　压缩机机械部分和气缸故障的判断技能实训

▶ 1. 高压输出缓冲管故障的判断方法

在压缩机运转时用螺钉旋具顶住压缩机密封机壳，耳朵贴住螺钉旋具柄，仔细听可以听到密封壳内压缩气体喷出的气流声。检查时可将压缩机上的高压排气管和低压吸气管焊开，启动压缩机，用手指堵住高压排气口，如果感到高压压力很小或没有压力，则说明高压输出缓冲管断裂。遇此种情况，用钢锯或刨床开壳后重焊高压输出缓冲管，待通电试压检查其排气功能完好时才能封壳。

▶ 2. 挂钩弹簧脱落和断裂故障的判断方法

挂钩弹簧脱落或断裂后，压缩机在密封机壳内倾斜，当压缩机启动时将发出很大的响声，此时压缩机将不能运转。

挂钩脱落或弹簧断裂，一般是安装时没有将挂钩卡住；或者三个弹簧高度不一致，因而三点承受拉力不同；或者由于运转时没能垂直放置而造成的。遇到这种情况也必须开壳，将弹簧固定紧或更换新的挂钩弹簧即可，此故障率较低。

▶ 3. 高低压阀片或阀垫被击穿的判断方法

若压缩机照常运转，但不制冷，充灌制冷剂后还是无效，则多是气缸内高低压阀片或阀垫被击穿了。

检查时，在低压工艺管口（加气管）上接上维修阀，然后充入制冷剂（停车充灌），使制冷系统内的压强在 0.2MPa 以上。开启压缩机如果压力几乎不降，则证明压缩机的阀片或阀垫发生故障。这类故障发生后必须打开压缩机壳，更换阀片和阀垫。

▶ 4. 高低压阀门漏气的判断方法

高低压阀门漏气，常常使电冰箱制冷降温缓慢，降温效果差，压缩机长时间运转不停。

这类故障的产生一般是由于固定高低压的阀板或阀片的螺钉松动，以及阀垫质量差所造成的。

检查时可分别在高压端（压缩机的高压排气管）和低压端（压缩机的加气管）接上压力表，然后从维修阀向制冷系统内充入制冷剂（停车充灌）。开启压缩机，当低压阀门漏气时，低压端的压力比正常高；当高压阀门漏气时，高压端的压力比正常低。此种故障发生后必须开壳，更换高低压阀片或阀垫。

▶ 5. 压缩机咬煞的判断方法及排除

1）判断方法

压缩机咬煞时，常常使重锤启动继电器连续过载，热保护接点跳开。用万用表检查时，运行及启动绕组的阻值都正常，对地绝缘电阻正常，但压缩机通电后就是不运转，人工启动也无效。压缩机咬煞大都是由于曲轴配合间隙太小、冷冻机油太少、油质太脏、油膜破坏及吸油不畅、温升过高造成的。

2）压缩机咬煞、卡缸故障的维修方法

（1）冬季停用后压缩机不启动：当确定压缩机、启动继电器、温度控制器及电源、导线都没有故障时，可能是由于冬天室内环境温度低，电冰箱停用后又没有按照要求定期（2 个月或 5 个月）使压缩机运转一次（2 小时），压缩机内冷冻机油变稠，因而使原来存留在压缩机曲轴、轴承座、滑块、活塞及吸油嘴和吸油沟道上的冷冻机油沉淀凝固。当电冰箱再次启动时，这些部件吸油不畅，润滑不良造成咬煞、卡缸现象。

① 维修方法：可用热水反复冲洗压缩机壳数次（注意启动继电器内不能进水），然后插上电源插头再启动。如仍然不能启动，可采取人工启动的办法。采用人工启动法，往往需要进行几次才行，每次间隔 5min。启动电流使压缩机内温度很快升高，存留在各个部件的冷冻机油遇热融化。因此在几次人工启动后，压缩机即能正常启动和运行。

② 在人工启动后，压缩机仍然不能工作时，可将压缩机从电冰箱上拆下，放入烤箱内烘烤，其烘烤温度应在 80～100℃，烘烤 1～2h 后再做人工启动，一般就都能启动了。

（2）夏季压缩机长时间运转后突然停转：如果电路系统尤其是电动机没有故障，说明是压缩机咬煞或卡缸了，其原因可能是：

① 压缩机的高压排气管喷油（压缩机有质量故障），蒸发器内积存了大量的冷冻机油，并沉淀在蒸发器的下半部，而使压缩机内的油量逐渐减少，以致不能保障各部件的正常润滑而造成咬煞、卡缸。

② 压缩机长期磨损而使冷冻机油过脏，压缩机运转时，可能将吸油嘴或油沟道堵塞，造成各部件不能润滑。压缩机工作时温度急剧升高，滑块及活塞无油而热胀，造成咬煞或卡缸。

发生以上两种情况，都必须拆下压缩机，将压缩机内冷冻机油倒出，用干净的冷冻机油注入和放出几次，直至压缩机内的冷冻机油干净为止。

为了保证制冷系统能正常工作，还必须用四氯化碳及氮气对蒸发器及冷凝器进行清洗。

（3）压缩机正常运转时突然不转动：这种情况不多见。在电路系统正常的情况下，它往往是由于压缩机、过滤器发生了振动，制冷系统内的杂质进入活塞孔或气缸内，使活塞卡住或压缩机停止在机械旋转点造成的。

6. 电冰箱压缩机不启动故障判断检修方法（如表8-3所示）

表8-3　电冰箱压缩机不启动故障判断检修方法

步　骤	检修名称	步骤内容及技术要求	检修工具	故障内容及速修技巧一点通	备　注
1	检查外接电源	（1）首先检查外接电源是否符合标准要求，用指针式万用表交流挡测试外接电源是否在220V+10%的范围内，如不符合要求应采取方法调整到正常范围。 （2）检查电源插头、插座相互之间接触是否良好，如接触不好应更换或调整插头、插座	指针式万用表，平头、十字螺钉旋具	外接电压过高或过低及电源插头、插座之间接触不良将导致压缩机和控制系统不能正常工作或损坏	
2	检查电源指示灯或照明灯	（1）对于有电源指示灯的电冰箱、电冰柜如外接电源正常，通电后电源指示灯应亮，说明电冰箱、电冰柜供电正常。如不亮，应检查指示灯两端是否有电压。如有电压，则可能是发光二极管或电源指示灯管烧坏，应更换。如无电压，可能是指示灯导线或主控板变压器、降压电阻断路，应予以更换。注意主控板、电源指示灯接插件接触不良，也能造成指示灯不亮。 （2）对于无电源指示灯的电冰箱、电冰柜可用检查箱内照明灯的方法来进行判断，方法同上。如照明灯不亮应注意检查灯泡、灯座、灯开关是否正常，并排除故障	平头、十字螺钉旋具，指针式万用表，电烙铁	由电源指示灯或照明灯是否亮可以直观判断电冰箱、电冰柜的供电是否正常，如直接去检查压缩机有可能造成误判	
3	环境温度过低	（1）环境温度过低（1~10℃）时，应将电冰箱或电冰柜移到温度高于10℃的房间再使用：因为环境温度过低，特别是对于双温单控制的电冰箱，只要压缩机工作很短时间冷藏室就达到了预定的温度（0~10℃之间），同时由于环境温度低，冷藏室的温度回升很慢或不回升，压缩机长时间不工作，停机时间过长而造成冷冻室的温度过高，达不到-18℃以下。 （2）当环境温度低于0℃时，应停止使用电冰箱或电冰柜：因为环境温度低于0℃时，压缩机油变稠，润滑性能变差；同时冷凝压力变低，制冷剂不会正常流入蒸发器，此时若继续使用电冰箱、电冰柜不会正常工作还可能造成压缩机损坏			
4	检查温控器或主控板是否正常	（1）检查温控器是否正常：在通电的情况下将温控器挡位调至强冷挡，如感温探头在箱内，也可以用热毛巾加温温控器感温探头，观察压缩机是否启动。如压缩机仍不启动，则温控器可能有故障，此时可切断电源卸下温控器用指针式万用表 R×1 欧姆挡测量温控器电源接点与压缩机输入接点是否导通（阻值为零，根据温控器的型号测量相应的接点）。如导通再检查温控器感温管和感温腔是否有折断、裂纹、泄漏现象，如有或不导通则温控器已损坏，应更换再试。 （2）如有速冻开关则可以直接打开，如压缩机能够启动则说明温控器有故障，应更换温控器；如压缩机不能启动说明压缩机控制电路部分有故障，应进一步检查排除故障。 （3）对于电子控制系统的电冰箱、电冰柜，在通电的情况下，用指针式万用表交流电压挡测量主控板输入电压与输出电压是否正常。如输入端电压正常、输出端无电压则说明主控板有故障，应更换主控板再进行检查	指针式万用表，平头、十字螺钉旋具	温控器泄漏、膜盒压力不足或主控板元器件损坏及传感器故障易造成误判，应注意检查	

续表

步　骤	检修名称	步骤内容及技术要求	检修工具	故障内容及速修技巧一点通	备　注
5	启动器故障	（1）如果是重锤式启动器则用指针式万用表R×1欧姆挡测量重锤式启动器电源接线柱和运行端插孔是否导通（阻值应为0）；如导通则启动器正常，如不导通则说明启动器有故障，应更换新的启动器。 （2）再测电源接线柱和启动端插孔是否是断开的（阻值应为∞），如导通则启动器有故障。 （3）将重锤式启动器反转180°测电源接线柱和启动端插孔是否导通（或将指针式万用表两表笔插入启动与运行插孔内测量其阻值应为0），通则正常，不通应更换启动器。 （4）如果是PTC启动器，可用指针式万用表R×10欧姆挡测量PTC启动器运行插孔与启动插孔两端的阻值是否正常（常态下的正常阻值应在16～50Ω之间），如无穷大或为0则PTC启动器损坏，应更换	指针式万用表	启动器触点烧毁或衔铁失灵。 在更换启动器时应选用同型号的启动器以防止选型不当造成压缩机烧毁	
6	热保护器故障	（1）用指针式万用表R×1欧姆挡测试热保护器的两端，如不导通说明热保护器损坏，应更换热保护器。 （2）用电流表（或钳型电流表）测量压缩机启动、运行电流是否正常，如电流正常时热保护动作，则热保护失灵，应更换。反之，则压缩机有故障	指针式万用表	热保护烧毁应查出烧毁的原因然后再更换，以防止故障的重复发生。 双金属片有可能因疲劳弹性变差或触点烧蚀，自身阻值变大而频繁动作	拆卸电容时应先放电，避免电击伤身
7	启动电容故障	用指针式万用表R×1k的欧姆挡进行测量（启动电容一般约在20～50μF之间），测量之前首先要将电容从电路上卸下，并把两极短接一下进行放电后再进行测量。测量时将指针式万用表两表笔分别接在电容器的两极上，此时表针会快速向0位摆动后再慢慢摆回（重复测量时要将表笔倒换位置再测），则被测电容是正常的。如表针不动，则被测电容已击穿断路；如表针摆动后停留不动则被测电容已短路。这两种情况均应更换电容	指针式万用表	启动电容不导通、烧毁、击穿、失效，都可能引起不启动。 电容不进行放电就测量或在电路上直接测量会造成误判	
8	压缩机各连接点接触是否良好	检查压缩机启动继电器、热保护器、启动电容插接是否紧固，接触是否良好，并重新插接通电测试		接插件不牢易造成误判	

续表

步　骤	检修名称	步骤内容及技术要求	检修工具	故障内容及速修技巧一点通	备　注
9	压缩机绕组短路、断路	（1）断电后用指针式万用表欧姆挡测量三端之间的电阻是否与技术数据相符。如测得 $R_{cm}+R_{cs}$ 阻值较数据小则发生了匝间短路。 $R_{cm}+R_{cs}=R_{sm}$ 测量时应对三端分别进行测量看是否都正常。 （2）如果测得某两端的阻值为零，则说明该绕组已短路，若为无穷大则说明该绕组已断路	指针式万用表	可能出现的一个故障就是运行绕组与启动绕组之间的短路，此时测运行绕组和启动绕组与技术数据相差不大，而 $R_{cm}+R_{cs}>R_{sm}$ 的情况。此时表明 R_{cm} 与 R_{cs} 之间发生了相间短路	
10	电动机引线脱落及松动	（1）如测得的任何两端的阻值不稳摇晃不定，说明电动机引线插座松动或未插好。 （2）如果三根接线柱之间的阻值为无穷大，则说明电动机引线脱落	指针式万用表	当启动绕组与运行绕组断路时也会造成三根接线柱之间阻值无穷大	
11	压缩机抱轴	如果测试压缩机附件及电动机都正常，而压缩机仍不能启动，并且热保护动作（此时测量启动电流过大），则判定为压缩机卡缸或抱轴。压缩机卡缸或抱轴，按更换压缩机工艺更换压缩机			

▶️7. 电冰箱旋转式压缩机抱轴故障检修办法

1）木槌敲击法

一台新型电冰箱在家里放置 3 年，压缩机不运转。压缩机通电 20s 后过热，过流保护跳开，测量插座正常，拆开电冰箱外壳，测量电容器充、放电良好，测量过热、过流保护良好，测量压缩机三个接线柱，主绕组（M）加副绕组（S）阻值等于公共端阻值（C）。解决方法：把电冰箱前、后、左、右各倾斜 45°，然后开机，用木槌敲压缩机下半部，使压缩机内部被卡部件受到振动而运转起来。新的电冰箱出现压缩机不启动故障，可能是电冰箱放置时间较长，使压缩机组件长期静止在一个状态，另外，冬季冷冻油黏度较稠也是一个原因，采用木槌敲击法可排除故障。

2）强启法

一台美的电冰箱压缩机不运转，测量电源正常，拔掉电源，测量压缩机绕组阻值正常，手摸压缩机温度较高。如果压缩机润滑不好，极易出现抱轴现象。遇到这种情况要等压缩机温度降下来，"油膜"恢复正常后采用强启法启动。方法是：用一个 220V 10A 的插头，三根长度为 1.5m、截面为 1.5mm² 导线制作一个启动工具，插头 N 端子线接压缩机公共端 C，插头 L 端二极线，一根接压缩机的 M 端子，另一根悬空，当压缩机通电后把悬空这根线轻轻点触压缩机的启动端子 S，压缩机便启动了。压缩机启动后迅速把点触的这根线拿开，注意安全。停止运转时先拔电源插头，再拆线，然后把压缩机线接好，试机电冰箱恢复正常。

3）电容启动法

一台电冰箱压缩机不运转，压缩机通电约 10s 后过热、过流保护跳开，测量电源正常，测量压缩机启动电容，充放电良好，测压缩机三个接线端子，主绕组（M）加副绕组（S）阻值约等于公共端阻值（C），采用木槌敲击法和强启法均不奏效，最后采用加大电容启动法，压缩机轻松启动运转。电容启动法是在强启法基础上在 S 端子这根线串一个 70μF 电容，启动端串联此电容后压缩机启动力矩可增加 50%。但压缩机启动后，运转时间不宜过长，因为压缩机启动端加大电容后，压缩机会出现过热现象，启动线圈易烧毁。

4）泄压法

一台电冰箱压缩机不运转，测量电源正常，拆开室外机壳，测电容充、放电良好，测量压缩机绕组阻值正常。采用上述三法压缩机仍不能运转，把制冷剂放掉，然后开机同时用木槌重敲压缩机下半部，压缩机迅速运转，压缩机运转正常后，最后打压、试漏、抽真空、加制冷剂，电冰箱恢复正常。

5）气压冲击法

一台电冰箱压缩机不运转，测插座电压正常，拆开机壳，测量压缩机电容充、放电良好，测量压缩机主绕组加副绕组阻值等于公共端绕组阻值，采用上述 4 种方法均不奏效，最后采用气压冲击法。首先需把制冷剂放掉，用气焊把压缩机高压、低压管焊开，用一根长 1.5m 直径 10mm 的紫铜管一头焊在压缩机高压出气管上，另外一头和氮气瓶减压出口连接，使抱轴机件有所松动。以低压吸气口出气 5min 为止，然后用强启法试机，压缩机轻松启动运转，压缩机运转正常测电流为 4.3A，然后重新把高压、低压管焊好，最后打压、检漏、抽真空、加制冷剂，电冰箱恢复正常。

项目 8.2 掌握新型电冰箱蒸发器、冷凝器、节流阀的结构、特点及工作原理

任务 8.2.1 蒸发器、冷凝器

蒸发器是电冰箱制冷的关键部件，它的作用是使制冷剂的形态在其内发生变化——蒸发和沸腾。在蒸发和沸腾过程中通过蒸发器表面的管道，吸收电冰箱内部的热量，使电冰箱内降温。

蒸发器是采用传热性能良好的金属，如不锈钢、紫铜管、合金铝等制成的。

1. 蒸发器的作用和结构

1）蒸发器的作用

蒸发器是制冷系统的主要换热装置。低温、低压制冷剂液体在其内蒸发（沸腾）变为蒸气，吸收被冷却物质的热量，使物质温度下降，达到冷冻、冷藏食品的目的。在电冰箱中，蒸发器冷却周围的空气，达到对空气降温、除湿的作用。蒸发器内制冷剂的蒸发温度越低，被冷却物的温度也越低。电冰箱中一般制冷剂的蒸发温度调整在-24～-18℃。

2）蒸发器的结构

蒸发器分为冷却液体（水）的蒸发器和冷却空气的蒸发器。在冷却空气的蒸发器中又分为自然对流和强制对流两种形式。下面介绍电冰箱中常用的蒸发器。

（1）铝合金复合板式蒸发器。铝合金复合板式蒸发器如图8-16所示。它由两薄板模合而成，其间吹胀形成管道，特点是传热性好、容易制作，多用于直冷式家用电冰箱的冷冻室。

（2）蛇形盘管式蒸发器。蛇形盘管式蒸发器如图8-17所示。

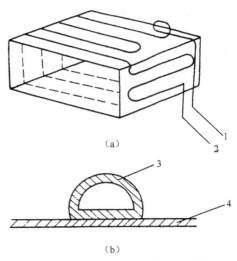

（a）

（b）

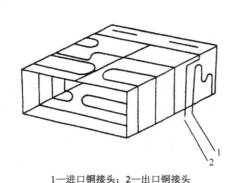

1—进口铜接头；2—出口铜接头

图8-16 铝合金复合板式蒸发器

1—进口；2—出口；3—金属管；4—薄壳

图8-17 蛇形盘管式蒸发器

在铝合金薄板制成的壳体外层，盘绕上φ8～12mm 的铝管或紫铜管。将圆管轧平紧贴壳体外表面，目的是增加接触面积，提高传热性能。它的工艺简单，不易损坏，泄漏性小，用于直冷式家用电冰箱的冷冻室。

（3）光管盘管式蒸发器。光管盘管式蒸发器如图8-18所示，用φ8～12mm 铝管、紫铜管或不锈钢管，根据需要的形状和管长盘制而成，并加以固定。它便于安装和清洗。但单位管长制冷量小，用于家用冰柜。

（4）单侧翅片式蒸发器。单侧翅片式蒸发器如图8-19所示，在光管的同一侧连接上一条铝制带状翅片，然后再弯曲成形，比光管式换热面积增加，效果明显提高，用于直冷式家用电冰箱的冷藏室。

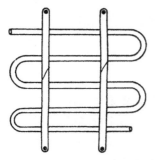

图8-18 光管盘管式蒸发器

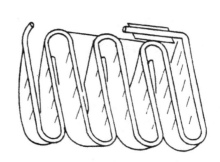

图8-19 单侧翅片式蒸发器

（5）翅片管式蒸发器。翅片管式蒸发器根据配用电冰箱的种类不同，蒸发器的大小及形状也不同，多采用ϕ10mm紫铜管，弯曲成"Ω"形串入厚0.15mm的铝片经胀管工艺成形。

蒸发器同冷凝器相似，蒸发器外加翅片是为了增加空气侧的传热面积，提高空气侧的放热系数。

如图8-20所示，翅片管式蒸发器为0.15mm左右的薄铝片（翅片）多层，每层保持相同的间隔，将弯成U形的紫铜管穿入翅片的孔内，再在U形管的开口侧相邻的两管端口插入U形弯头，焊接连成管道，这种蒸发器传热面积增加、热交换效率提高、体积小、性能稳定。常把平板形翅片的孔与孔之间空白处冲压成凹凸不平的波浪形，或切出长短不等的许多条形槽缝，以增加对流动空气的搅拌作用。空气在槽缝内串通流动，进一步提高热交换性能。这种蒸发器用于间冷式电冰箱中。

图8-20　翅片管式蒸发器

翅片管式蒸发器维修注意事项如下：

① 由于翅片边角较锋利，在操作过程中要注意安全以免划伤。

② 由于是铝合金材质厚度为0.15mm，所以非常容易倒爬，在维修过程中注意不要将其同硬物相碰相擦，以防大面积倒爬，不但影响通风和换热效果而且影响美观，让用户反感，严重时会发生不必要的消费纠纷。

（6）梯式蒸发器。梯式蒸发器在电冰箱上的应用如图8-21所示。

梯式蒸发器应用于市场上最流行的新型电冰箱中，市场占有率高，维修方便。

2. 冷凝器的作用和结构

冷凝器是电冰箱制冷系统的主要部件之一，它的作用是把压缩机排出的高压、高温的气态制冷剂，变成高温、高压的液态制冷剂。因为冷凝器在工作时要放出热量，其温度冬天为25～30℃，夏天最高可达55℃左右，所以也称冷凝器为散热器。

1）冷凝器的作用

把压缩机排出的高温、高压制冷剂蒸气，通过散热冷凝为液体制冷剂。制冷剂从蒸发器中吸收的热量和压缩机产生的热量，被冷凝器周围的冷却介质所吸收而排出系统。冷凝器在单位时间内排出的热量称为冷凝负荷。制冷剂冷凝为液体，经过三个放热过程。

（1）过热蒸气冷却为干饱和蒸气。由压缩机排出的高压、高温过热蒸气经过放热，变为冷凝温度为t_k、冷凝压力为p_k的干饱和蒸气。这个过程较快，占用管道长度时间很短。

（2）干饱和蒸气冷却为饱和液。在保持p_k不变的条件下，干饱和蒸气在冷凝管中流动、放热，逐渐凝结为饱和液体，成为气、液两相混合的湿蒸气。这个过程占用冷凝管道时间较长，放热量较大。

（3）饱和液体冷却为过冷液体。饱和液继续放热，液体温度将下降而低于t_k，压力仍为p_k，成为过冷液体。这个过程在冷凝器的末端，放热量虽少，但过冷液体的过冷度对制冷量有很大影响。

2）冷凝器的结构

冷凝器按冷却介质分为空气冷却和水冷却两大类。家用制冷电冰箱大都采用空气冷却，大型制冷设备则采用水冷却。空气冷却按空气流动方式分为自然对流和强迫对流两种。家用电冰箱和电冰柜采用自然对流方式,具有结构简单、噪声小、不易损坏等优点,但换热效率很低。其主要结构形式有以下几种。

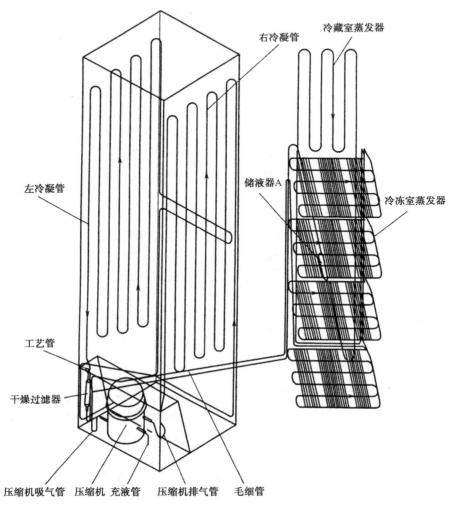

图 8-21　梯式蒸发器在电冰箱上的应用

（1）百叶窗式冷凝器:把冷凝器蛇形管道嵌在冲压成百叶窗形状的铁制薄板上。靠空气的自然流动散发热量,如图 8-22 所示。薄板的厚度为 0.5～0.6mm,冷凝管直径为 5～6mm。

（2）钢丝式冷凝器:在冷凝器蛇形盘管平面两侧点焊上数十条钢丝,钢丝直径约 1.5mm,钢丝间距 5～7mm,如图 8-23 所示。

（3）内藏式冷凝器:将冷凝管贴附在薄钢板的内侧,薄钢板的外侧作为箱体外表面的后壁或侧壁,由此向外散热。内藏式冷凝器在电冰箱上的应用如图 8-24 所示。

这种冷凝器散热效果较差,但箱体美观。

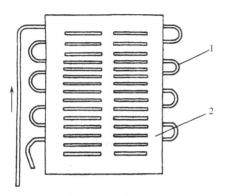

1—冷凝管；2—百叶形板

图 8-22 百叶窗式冷凝器

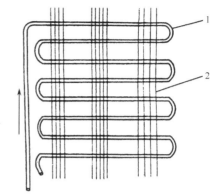

1—冷凝管；2—钢丝

图 8-23 钢丝式冷凝器

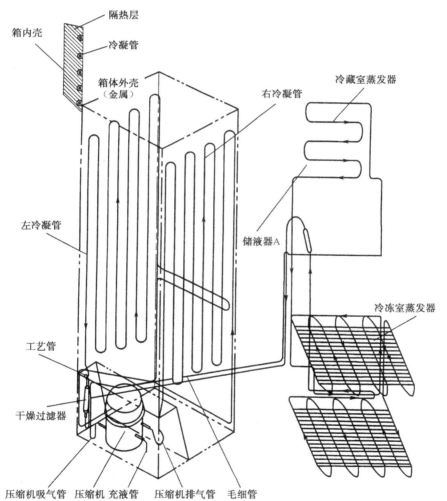

图 8-24 内藏式冷凝器在电冰箱上的应用

3. 电冰箱蒸发器、冷凝器常见故障及检修

常见故障：

（1）泄漏（多为微漏）；

（2）管路内部异物堵塞；

（3）翅片脏污（积存附着大量的灰尘或油污）；

（4）制冷系统内油质氧化变质，造成盘管内壁有油垢，使换热效果下降。

检修方法：

（1）对于常见的蒸发器、冷凝器出现漏点，从表面检查漏点迹象多为蒸发器或冷凝器有油污出现，翅片间产生漏点多为盘管有裂纹或砂眼，还应主要检查蒸发器或冷凝器 U 形弯焊接口处是否有漏点，处理该漏点故障可补焊或更换新部件，由于两器的特殊结构，决定了一旦发生中间部位的铜管泄漏，一般只能将漏点所在铜管废弃，进行冷却盘管的重新焊接导通。

（2）造成蒸发器、冷凝器堵的主要原因，常见的为蒸发器连接口的连接帽处在烧焊过程中将焊滴或焊渣熔于管口造成焊堵，使蒸发器制冷时，制冷剂气流响声较大或不制冷、不制热。冷凝器出现堵塞现象，多为系统内有异物造成。对于堵塞，可用高压氮气进行吹污疏通或更换新部件。

任务 8.2.2　节流阀（毛细管）

1. 毛细管工作原理

毛细管又称节流元件，它把从冷凝器流出的高压制冷剂液体液压、节流后供给蒸发器。当电冰箱的热负荷变化时，要求制冷能力也应随其变化，这个变化取决于供给蒸发器的制冷剂流量的大小。流量的大小则由节流元件来控制，因此，节流元件对制冷系统性能影响颇大。

毛细管的外形结构如图 8-25 所示。

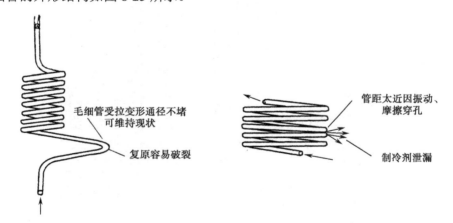

图 8-25　毛细管的外形结构

毛细管工作时高压流体通过一个小孔，流体在小孔前的部分静压力将转变为小孔后的动压力，流体通过小孔后流速急骤增加，摩擦阻力增大，静压力也随其下降，从而达到对流体

的降压、节流作用。液体流过毛细管就是这样的结果。电冰箱制冷中使用的毛细管为紫铜管，管的内径为 0.6～2.5mm。毛细管内流体通过小孔时的情况如图 8-26 所示。

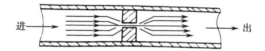

图 8-26　毛细管内流体通过小孔时的情况

制冷剂在毛细管中基本为液体流动，流速基本不变，比容逐渐变大（在过冷区可近似地认为是等温过程）。由于高速流动和摩擦阻力的影响及静压与动压的转换，使压力在液体流动过程中不断下降，从而产生极少部分制冷剂气化，于是出现了气、液两相流动。随着压力逐渐降低，流速越来越高，以至到达毛细管出口处时流速高到接近低音速。

当毛细管的管径、管长及制冷剂在进口处的状态稳定时，制冷剂通过毛细管的流量，随蒸发压力的降低而增大。但是，当蒸发压力低于某一数值后，毛细管内制冷剂流量将维持不变。即在一定的压差 $\Delta p = P_k - P_o$ 下，流经某一确定的毛细管，R134a、R600a 制冷剂的流量是稳定的。

▶2. 毛细管长度、直径、质量要求

制冷系统中制冷剂流量随毛细管长度的增加而减少，随毛细管直径的增大而增加。改变毛细管长度和直径，也就改变了供给蒸发器的制冷剂流量，电冰箱的工作状态将产生变化。

毛细管孔径尺寸偏差 0.01mm，影响制冷剂流量 2.5%～3%。孔内表面越粗糙，流阻越大，制冷剂流量越少。

毛细管应与低压回气管焊在一起或由低压回气管中穿过，这样制冷剂更容易冷、热交换，变成低压液体供给蒸发器。更换毛细管时，要注意不能让毛细管与高压排气管及压缩机壳相碰，如果相碰会使毛细管内的制冷剂液体又变为蒸气。

▶3. 毛细管作用

毛细管在电冰箱制冷系统中起节流、降压作用，液体在管道中流动，通过阀门、孔板等截面积缩小的部位后，流体压力急剧下降，这种压力下降现象称为节流。任何一种液体，当它流过细而长的管子时，由于要克服管内的摩擦力，其出口压力就要降低，管径越细，管道越长，则其对流体的阻力越大，压力降也越大，流量就越小。在制冷系统中，冷凝器与蒸发器之间装上毛细管，从冷凝器流出的制冷液体，经毛细管限制了制冷剂进入蒸发器的数量，使冷凝器中保持较稳定的压力，毛细管两端的压力差也保持稳定，这样使进入蒸发器的制冷剂降低压力，进行充分蒸发吸热，以达到降温制冷的目的。

▶4. 制冷剂节流工作过程

经冷凝器散热后的制冷剂转化为常温、高压液体，进入干燥过滤器过滤之后，去除水分和脏物进入毛细管。毛细管是一根又细又长的紫铜管，制冷剂流经毛细管时，遇到一定阻力，而产生压力降，由冷凝压力降至蒸发压力，制冷剂的温度也降至蒸发压力所对应的饱和温度。在这个过程中，不进行热交换，制冷剂热量恒定不变。液态制冷剂的温度下降是随着一部分

制冷剂蒸发成气体后而下降的，其蒸发热是从剩下的液态制冷剂中带走的。

各种型号的电冰箱通过计算或实验，确定出适当长度和直径的毛细管来控制液体制冷剂的流量和压力降。

5. 毛细管节流对制冷系统压力变化的影响

在制冷过程中，冷凝压力升高，而蒸发压力下降；停机后，高、低压压力逐渐趋于平衡（冷凝器压力与蒸发器压力达到相等），也就是所说的平衡压力，这个压力的变化，对压缩机的启动是很重要的。在采用毛细管节流的制冷系统停止工作后，立即开启压缩机是不允许的，因为刚工作停机后，要经过 3min 以上时间，压缩机延时启动保护电路控制才可再次启动运行，经过 3min 以上的延时时间，使制冷系统高、低压压力趋于平衡，所以这对压缩机的正常运行是很重要的。

6. 毛细管的内径长度、排气端冷凝压力和管的弯曲对制冷流量的影响

毛细管节流装置的流量，受毛细管内径、长度和排气端冷凝压力、管的弯曲程度的影响。

长度和内径为定值的毛细管的压力与制冷剂流量的关系：高压越高，流量越大；反之流量就减小。当高压压力衡定时，毛细管通过制冷剂的能力与直径、长度和过冷温度的关系：直径小、长度长时，流量就小；直径大、长度短时，流量就大；长度和直径相同时，过冷温度低流量大，过冷温度高流量小。因此，可通过计算或实验表选择适当直径和长度的毛细管来控制液体制冷剂的流量和一定的压力降，以维持蒸发器内一定蒸发压力。

7. 毛细管节流装置受制冷剂灌注量的影响

毛细管节流要求制冷剂灌注量准确。如灌注量大于蒸发器吸热量的需要时，多余的制冷剂就会停滞在冷凝器内，使冷凝压力升高；反之，灌注量小于蒸发器吸热量的需要时，蒸发器传热面积将不能充分发挥作用。维修电冰箱时，一定要掌握制冷剂灌注量，避免制冷能力下降。

8. 毛细管使用注意事项

更换、安装、维修毛细管时，不得压扁或出现硬弯，防止孔径变小。

9. 毛细管常见故障分析及维修技巧

毛细管均为明装，一旦堵塞，其末端至蒸发器之间会结霜（制冷状态）。毛细管的计算比较复杂，维修更换时，一般不能变更原有的各项规格，可以选用相同内径和长度的毛细管替代。

毛细管的常见故障为堵、漏两方面。毛细管出现脏堵、冰堵、油堵后，会使制冷系统高压压力偏高，低压压力偏低。毛细管发生漏时，一般给予更换。下面着重分析堵。

（1）故障现象：制冷系统脏堵。

原因分析：系统脏堵，有较多原因造成。在生产制造过程中有异物进入系统内；在制造或维修焊接管路系统部件时有焊滴、焊渣进入系统内；还有因系统漏制冷剂，空气进入系统使酯类油氧化变质，堵塞系统。这些故障会造成系统运行不正常或无法运行，堵塞部位不同所表现的现象也不同。

维修方法：以上故障可用高压氮气进行充气吹污，严重时可将系统管路部件分别拆卸、清洗、吹氮气或更换毛细管，抽真空后加适量制冷剂。

（2）故障现象：制冷系统冰堵。

原因分析：制冷系统发生冰堵的常见原因为系统有水分。制冷系统长期在负压状态下工作，导致水分进入系统，造成毛细管节流时产生冰堵，系统在没有进行特殊维修清洗、干燥处理后，是不能正常运行的。

维修方法：对于该故障现象，首先应查找漏点和使用上的不当造成的原因，对制冷系统主要部件进行清洗或更换。特别是压缩机绕组的绝缘电阻均正常的情况确认后，要对酯类油的油色进行检定。油色不正常应拆压缩机更换酯类油，用高压氮气充系统除去水分后，做抽真空处理。必要时在管路连接中加入干燥过滤器，进一步滤除系统中的水分，再加定量制冷剂。

（3）故障现象：制冷系统油堵。

原因分析：制冷系统产生油堵的原因由系统管路积油所致，特别是存积滞留在毛细管中，当酯类油在管路内变稠或油温很低时，难以使制冷剂回流，回气压力降低，制冷时有时会发生蒸发器入口处结霜，制冷下降或不制冷。此时反映的表面现象与系统制冷剂不足相似。

维修方法：首先应确认压缩机酯类油是否变质氧化变稠，并且将积油处充氮气疏通。经真空泵抽真空后加定量制冷剂，试机运行检测。

任务 8.2.3 　制冷辅助部件

▶1. 干燥过滤器

干燥过滤器是电冰箱制冷系统中的辅助部件之一。它位于冷凝器和毛细管之间，其作用是过滤和干燥通过毛细管进入蒸发器的制冷剂，防止制冷系统堵塞，其外形结构如图 8-27 所示。

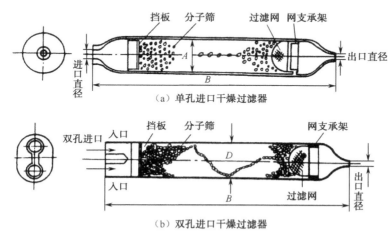

（a）单孔进口干燥过滤器

（b）双孔进口干燥过滤器

图 8-27 　干燥过滤器的外形结构

1）结构

过滤器一般用直径为 φ14～16mm、长度为 100～150mm 的紫铜管为外壳，壳内两端装有铜丝制成的过滤网，两网之间装有铝酸盐材料（分子筛）。过滤网主要是去除杂质尘埃，分子筛的作用是吸附水分，使水分不能进入毛细管和压缩机。

2）材料

分子筛一般为球形，直径为$\phi 1.6 \sim 2.5mm$，内部有许多筛孔，直径在 4 块及 5 块左右，这个尺寸相当于分子的大小，因而得名分子筛。水分子可以进入这个筛孔内而被吸附，油分子及制冷剂分子因较大而不会进入筛孔，这就起到了吸附水分的作用。

分子筛为铝酸盐材料，呈碱性，分子式为$[(AIO_3) \times (SiO_2)]$，吸水率约 20%，通常为白色圆粒状，无味。分子筛能吸附油产生的氧化物，可防止和减少毛细管的堵塞。分子筛在$300 \sim 350℃$的温度下保持 2h 即可再生。

分子筛的特点是呈白色圆粒状、无味、吸水容量大、抗碎强度好、寿命长，以及在低浓度及高温下仍有很好的吸水性。缺点是使用前不能长期暴露在大气中，否则分子筛会失去吸水能力。

3）主要功能

过滤器的主要功能是滤除制冷剂和系统润滑油中的水分及机械、固体杂质、脏物等，确保管路系统畅通，防止系统毛细管被堵塞，造成制冷剂的流通被中断，从而使制冷工作停顿，影响制冷效果。

电冰箱制冷循环系统中总会含有少量的水分，从系统中彻底排除水蒸气是相当困难的。水蒸气在电冰箱制冷系统中循环，当温度下降到 0℃ 以下时，被捕集在毛细管的出口端，累积而结成冰珠，造成毛细管堵塞，即所谓的"冰堵"，使制冷剂在系统中中断循环，失去制冷能力。

制冷系统中的杂质、污物、灰尘等，在随制冷剂进入毛细管之前若不被过滤网阻挡滤除，进入毛细管也会造成堵塞，中断或部分中断制冷剂循环，即发生所谓"污堵"。

作为干燥剂——吸水材料，目前电冰箱多采用分子筛，它们以物理吸附的形式吸水后不生成有害物质，可以加热再生。

4）常见故障

过滤器的故障主要为脏堵。制冷系统压缩机产生机械磨损造成的金属粉末、管道内的一些焊渣微粒、系统部件内部和制冷剂所含的一些杂物及酯类油所含脏物、安装或维修时制冷系统排空不良进入空气等因素形成的氧化物对过滤器产生堵塞，使制冷剂受阻，影响正常的制冷。

5）检修方法

用气焊取下过滤器后，用 RF113 清洗剂或三氯乙烯清洗后，用高压氮气清除。污物严重时，可以更换该部件。

2. 储液器

储液器安装在蒸发器的出口处，用来储存经过蒸发器后尚未完全气化的液体制冷剂，防止液体制冷剂进入压缩机造成"液击"，把进入气液分离器的液体留下，只让蒸气进入压缩机。储液器还能将足够的制冷剂气体和油送回到压缩机，保证系统的运行效率和充分的润滑。储液器在电冰箱中的应用如图 8-28 所示。

3. 单向阀

单向阀又称止逆阀，主要用于电冰箱的制冷系统中，其作用是改变制冷剂的流动方向。

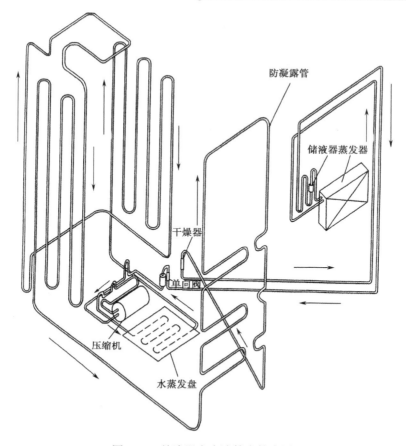

图 8-28　储液器在电冰箱中的应用

1）结构

单向阀主要由铜管外壳、阀座、钢珠组成。

2）工作原理

电冰箱在制冷运行时，制冷剂将钢珠顶开，使管路畅通，从而封闭管路，以防止制冷剂从单向阀处倒流。在单向阀的壳体上标注有制冷剂的流动箭头，安装时不要装反。

3）主要功能

单向阀又称止逆阀或止回阀，主要在电冰箱上用得最为普遍，其壳体上标注的箭头表示只能允许制冷剂在一个方向流动，而不能回流。

注　意

单向阀两端不应有温差，否则，单向阀关闭不严。

▶ **4. 电磁阀**

1）阀的分类

（1）按控制电压类型分。

① 电磁阀：向阀直接施加 220V 的电压，通过阀内的线路板将交流 220V 的电压变为直

流电压，控制阀的换向。

②脉冲阀：通过控制主板或阀内本身的线路板将220V的电压变为半波脉冲电压控制阀的换向。

（2）按冰箱的控温方式分。

①电控脉冲阀：由控制主板向阀提供半波脉冲电压控制阀的换向。

②机控脉冲阀：向阀直接施加220V电压，通过阀内的线路板变为半波脉冲电压控制阀的换向。

（3）按进出口数分：可分为一进一出，即有一根进管口和一根出管口；一进二出，即有一根进管口和两根出管口，其两根出管口分别为一个接冷藏毛细管、一个接冷冻毛细管。

单向稳态电磁阀在新型电冰箱制冷系统中的实物（一进二出）如图8-29所示。

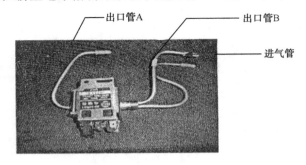

图8-29　单向稳态电磁阀在新型电冰箱制冷系统中的实物（一进二出）

单向稳态电磁阀在新型电冰箱制冷系统中的应用（一进二出）如图8-30所示。

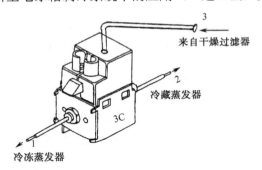

图8-30　单向稳态电磁阀在新型电冰箱制冷系统中的应用（一进二出）

（4）按阀的数量分：可分为单阀和双阀，单阀即只有一个阀，双阀有两个阀组成一体。

（5）按适应制冷剂分：可分为R600a用和R134a用两种。

2）阀的区分

电磁阀比脉冲阀体积大，同时一般电磁阀盖为粉红色居多，脉冲阀盖为黑色居多；机控脉冲阀由于多一个线路板所以比电控脉冲阀要高一些。

3）电控冰箱阀的互换

一般情况只要上述5种分类情况都一样的阀，配在各种电冰箱上只是外形和进出口位置不一样，阀体一般都一样。如要互换先要确定进口和出口，一般进口端为管口不缩口端，出口端为管口缩口端，至于哪根通向冷藏、哪根通向冷冻可用下述方法判断。

（1）电磁阀（一进两出）：从进口端吹入氮气，在不通电的情况下出气的口应接冷藏毛细管；然后再向阀施加220V的电压，此时阀应换向，出气的口要接冷冻毛细管。

（2）脉冲阀（一进两出）：在分清进、出口的情况下将两根出口端分别接入冷冻、冷藏毛细管，按正常的维修程序抽真空灌注后调在"速冻"挡试机，在试机20～30min后摸冷藏室蒸发器部位如一点儿都不冻，说明冷藏、冷冻毛细管接反。此时先将电冰箱断电再打开脉冲阀的盖，将通向阀体两根线的插片根部线头互换即可。之后给电冰箱上电并进入维修程序，用手动让阀芯来回多动几次，然后即可正常使用。

4）阀在电冰箱中的具体配用情况（如表8-4所示）

表8-4 阀在电冰箱中的具体配用情况

分　类		配用型号	配用的阀的种类	备　注
脉冲阀	机控	186K、206K、181ZM2、201ZM2、181ZM2S、246K、188ZM2S、208ZM2S、BCD-180N、200N、220N、240N、206ZM2B、216ZM2B、226ZM2B、206ZM2C、216ZM2C、226ZM2C、206ZM2、216ZM2、226ZM2	R600a机控脉冲阀（一进一出）	不扩口端接过滤器，扩口端接三通管
		BCD-210ZM3、230ZM3	R600a机控脉冲阀（一进二出）	一般不扩口端接过滤器，缩口端接毛细管
	电控	7AK系列；7A系列；BCD-180ZE2、190ZE2、210ZE2、230ZE2；BCD-180AN、200AN、220AN、240AN	R600a电控脉冲阀（一进二出）	
		BCD-460WE9	R134a电控脉冲阀（一进二出）	
		BCD-186、206SN；BCD-198ZE9、218ZE9	R600a电控双阀脉冲阀	
电磁阀	机控	2004年8月前生产的8B系列	R134a机控电磁阀（一进一出）	不扩口端接过滤器，扩口端接三通管
	电控	5A系列；BCD-176A、186A、198A、206A、195WN、185WN、223N、253N	R134a电控电磁阀（一进二出）	
其他		BCD-226SN、246SN	2004年以前生产的为R134a电控电磁阀（一进二出）；2004年以后生产的为R600a电控电磁阀（一进二出）	一般不扩口端接过滤器，缩口端接毛细管
		266SN	2004年以前生产的为R134a电控双阀电磁阀；2004年以后生产的为R600a电控双阀电磁阀	

5）电冰箱电磁阀故障判断速修方法（如表8-5所示）

表8-5 电冰箱电磁阀故障判断速修方法

步　骤	步骤名称	内容及要求	检修工具	故障内容及速修技巧一点通
1	故障现象及原因初判	双系统电冰箱冷藏食物冻或后背结冰、冷冻制冷不佳，首先要确定： （1）冷藏温控或传感器坏。 （2）电磁阀坏	指针式万用表、螺钉旋具	首先要确定是电磁阀的故障，请按以下操作步骤检修

续表

步 骤	步骤名称	内容及要求	检修工具	故障内容及速修技巧一点通
2	故障判断	（1）将电冰箱强制冷藏开机，冷藏室应有明显的制冷剂喷发声。 （2）将电冰箱强制关闭冷藏，冷藏室应无制冷剂喷出，冷冻室应有较大的制冷剂喷发声，如冷藏室有轻微或较大的喷发声，则有可能是电磁阀不换向或换向后密封不严，需进一步检测		首先要确定冷藏是否处于开或关机状态
3	电磁阀的组成	（1）电磁阀线路板（压敏电阻、交流保险 250V 1A、整流二极管 4 支 IN4007）。 （2）电磁阀线圈（电阻为 9.5～10kΩ）。 （3）阀芯	指针式万用表、螺钉旋具	
4	电磁阀的故障部件	（1）线路板中压敏电阻击穿及交流熔断器熔断。 （2）整流二极管击穿。 （3）线圈短路或开路。 （4）阀芯内部损坏	指针式万用表、螺钉旋具	
5	电磁阀故障的检测方法	（1）首先用指针式万用表电阻挡位测量电磁阀电源的输入端，阻值应为无穷大，如有阻值或阻值很小应该是线路板元件损坏，一般为压敏电阻击穿或整流二极管击穿。 （2）如线路板正常，用指针式万用表直流电压挡测量电磁阀线圈两端电压应为 200V 左右，此电压不正常，可用电烙铁焊线路板，测量整流板的直流输出端电压 200V，如正常，则用电阻挡测量线圈的阻值是否正常，一般应为 9.5kΩ，如此电阻不正常，则线圈坏。 （3）如线路板和线圈均无异常，则为阀芯故障（一般故障率极低）	指针式万用表、电烙铁	一定要按以下步骤进行，首先要确定是否为线路板元件坏再确定是否为线圈坏，最后再确定是否为阀芯坏
6	电磁阀的维修步骤	线路板元件坏：一般维修往往采用更换电磁阀线路板。对于线路板损坏一般都是压敏电阻击穿或二极管击穿且此元件市场价格便宜且常见，大可不必更换线路板，直接更换元件即可。更换二极管时注意极性即可，避免了有时因无现成的线路板而卸电磁阀而无法消账	指针式万用表、螺钉旋具、电烙铁	更换二极管时一定要注意极性
6	电磁阀的维修步骤	线圈短路或开路：一般往往都采用更换整个电磁阀，这样需要重新更换过滤器，更新抽空加液而大修，过保用户因收费在 300 元以上，一般用户很难接受，现介绍一例不需更换过滤器、充加制冷剂和整个电磁阀而只需焊一个毛细管口的简单维修方法。首先根据上述方法确诊线圈损坏后将电源断掉，待系统稳定后用钳子将电磁阀去冷藏的毛细管接口处剪断封死（一般钳子剪断即可封住，不需火封）。将阀芯与线圈固定螺钉用扳手顺时针拧松并卸下（螺钉较紧），将固定在箱体上的固定螺钉拧下，将线圈从阀芯上退下，将新的电磁阀线圈装在阀芯上并用螺钉拧紧（固定不紧将会引起噪声）	指针式万用表、电烙铁、活扳手、手钳、便携式焊具	（1）在剪断冷藏毛细管时，一定要封死剪断毛细管的两端。 （2）装上新线圈的螺钉一定要拧紧。 （3）在关闭冷藏室时，要确定百分之百关闭。 （4）焊接要迅速
		阀芯内部损坏：此故障只能更换电磁阀阀芯		此工艺按原大修工艺操作
注意：一般电磁阀阀芯和线路板及线圈同时损坏，所以在以前更换下的旧电磁阀还有可利用的元件，通过大件小修工艺，既解决了有时因待件引起的麻烦，又给用户节约了维修费用和人力、物力，效果很好，不妨一试。					

电冰箱充灌制冷剂方法及门封不严的调整技能实训

学习目的： 从实际疑难故障案例中，找出共性融会贯通，提高排除制冷系统故障的能力。

学习重点： 全面分析制冷系统常见故障，掌握排除技巧。

教学要求： 通过介绍制冷系统、门封漏冷故障现象，提高维修技能。

项目 9.1 电冰箱充灌制冷剂方法技能实训

任务 9.1.1 电冰箱的抽真空技能实训

1. 电冰箱制冷系统抽真空的方法

电冰箱在组装或维修过程中，管道会进入水分和空气；经过多年使用的电冰箱，制冷系统的冷凝器、蒸发器及管道内含有一定的油污；在焊接管道时渗入杂质，制冷剂不纯有水分或杂质等，上述这些情况都会给制冷系统带来极大的危害。

1）水分的危害

系统中存在 0.025% 的水分，会使电冰箱在运行中产生冰堵，使电冰箱不能制冷。水分与制冷剂 R134a 产生化学反应生成的盐酸，对电动机和制冷系统会产生腐蚀作用。水分与冷冻机油混合在一起，加速了氧化，并产生镀铜现象从而加速了电动机的老化，会破坏电动机绕组的绝缘程度。

2）空气的危害

空气中的氧气都是不凝性气体，特别是氧气危害更大（绝对禁止用氧气试压），它会使酯类油氧化并加速与制冷剂 R134a 的化学反应。温度越高反应越强烈，温度每升高 15℃ 化学反应速度增快 1 倍。其危害有：

（1）冷冻机油氧化变成黑色油污，使气缸中的高低压阀片和阀垫结碳，造成高低压串气。

（2）空气中的氧加速制冷剂的化学反应，析出水分的酸性物质，产生对制冷系统的腐蚀作用。

（3）系统内空气的增加，使冷凝压力加大，造成冷凝器温度过高，降低了制冷性能，甚至使蒸发器结霜不均匀。

3）杂质的危害

杂质包括灰尘、金属和金属氧化物等。这些杂质可能导致脏堵故障，同时氧化物可促进制冷剂的分解。在正常情况下，R134a 和 R600a 在 200℃ 以下时都不会分解，但与氧化铁、氧化铜接触时，在 50～60℃ 时即可分解。

2. 抽真空技能实训

为了净化制冷系统的管道，在充灌制冷剂之前人们往往采取各种手段对制冷系统进行干燥与抽真空。

1）新组装的电冰箱抽真空

新组装的电冰箱（包括新部件和维修后的部件），其制冷系统都是经过电烤箱烘干后才进行装配的，所以制冷系统几乎不存在水分，但有与外界相同的大气压力，含有极微量的水分和不凝性气体，所以也必须对系统进行一般的抽真空。抽空 160～230L 的电冰箱在 20～30min 内真空度即可达到 0.1MPa。

2）含水分过多的电冰箱制冷系统抽真空

对于含水分过多的制冷系统，除去制冷系统水分的方法有下列三种。

（1）加热抽空法：对制冷系统加热和抽空的目的是为了促使水分蒸发。经过 30min 的时间后，压缩机的温度达到 50℃ 左右，此时压缩机内的水分蒸发，被抽出一部分。在系统内的真空度逐渐降低时，这时可用电吹风机烘烤冷凝器、蒸发器、压缩机和高低压管道，烘烤温度在 50～60℃ 即可。在连续抽空的情况下，系统中的水分迅速排除，此时关闭直角阀、真空泵和电冰箱压缩机。

（2）氮气吹入抽空法：先对系统进行抽空，尽量抽净。抽空后向制冷系统充入 0.3MPa 的干燥氮气（由维修阀口吹入），使其吸收制冷剂系统中的一部分水分。然后再抽空，把气体排出；再向系统内打入氮气，再抽空。采取此法 3～4 次即可使制冷系统干燥。

（3）R134a、R600a 吹入抽空法：如果没有加热和吹入氮气设备，在维修电冰箱时，可把 R134a、R600a 作为干燥气体使用。其方法是：先将制冷系统抽空，再从维修阀充入制冷剂液体（停车倒灌），当压力达 0.3MPa 时，关闭维修阀，此时开动压缩机运转 15～30min，然后停车。再打开维修阀对系统进行抽空，抽空 30min 后充入 0.3MPa 的制冷剂，开启压缩机运转 10min，再抽空。这样反复进行 2～3 次即可使系统达到干燥的目的。

这种方法看起来浪费一些制冷剂，实际上对制冷系统的干燥处理优于前面的两种方法。充入制冷剂不但吸收了系统中的水分，同时由于制冷剂与系统内剩余的不凝气体相混合，经过抽空后可大大减少制冷系统中所含的不凝性气体，大大提高了电冰箱的维修质量。

> **！注 意**
>
> 有的教科书介绍用报废的压缩机抽真空我认为不可取。

3. 抽真空注意事项

（1）由于电冰箱系统内的容积很小，所以可选用 ZX-07 型、ZX-09 型或 ZX2-4 型的双级旋片式真空泵，每分钟排气量 60～120L 即可。

（2）抽真空前必须更换干燥过滤器。

（3）含水分过多的制冷系统应先加热，后抽真空。

（4）系统中还有少量制冷剂时必须放净，再抽真空。

（5）系统中存有少量制冷剂时，不能烘烤，应必须放净再抽真空烘烤。

任务 9.1.2 充灌制冷剂技能实训

1. 制冷剂使用前的检查方法

新买来的制冷剂在使用前应进行一般的质量检查。具体方法是取一张白纸，对着制冷剂瓶口，放出一些液体制冷剂，观察其自然蒸发后残留在纸上的痕迹。质量好的制冷剂不留什么痕迹，一般留出一圈油迹。如试验后发现质量不太好，应做如下处理：

（1）将瓶直立放置 12 小时以上，打开桶阀，放出桶内上部分剩留的不易凝结液化的其他气体，泄放 20s 后关闭桶阀。

（2）当从大桶往小桶充灌时，有条件应加一套干燥过滤器，以便除去水分及杂质。

（3）当制冷剂快用完时，原桶底的杂质和水极容易放出，应停止应用。

2. 使用制冷剂的注意事项

（1）制冷剂钢瓶所承受的压力必须符合国家安全标准。

（2）使用中禁止用明火加热。

（3）在充灌制冷剂时，必须远离火源。如空气中含有制冷剂时更应当禁火。

（4）存有制冷剂的钢瓶应放在阴凉处，防止太阳直晒。

（5）在搬动和使用时要轻放，禁止敲击，以防爆炸。

（6）使用有毒的制冷剂，室内空气要流通，禁止将有毒的气体泄放在室内，必要时应带上防毒面具进行操作。

（7）在分装与充加制冷剂的操作中，要戴上手套和眼镜，以防止制冷剂喷溅出时造成冻伤。

（8）已分装入小瓶内的制冷剂，禁止再注回原大钢瓶内，以防将原瓶内的制冷剂损坏。

3. 充灌制冷剂的方法

1）由大瓶向小瓶充灌制冷剂的方法

由大瓶向小瓶充灌制冷剂如图 9-1 所示。

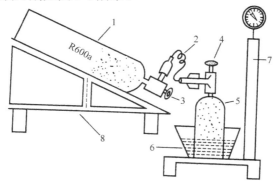

1—大瓶；2—串气管；3—大瓶开关；4—小瓶开关；5—小瓶；6—冰盆或冷水盆；7—磅秤；8—木架

图 9-1 由大瓶向小瓶充灌制冷剂

（1）把大瓶抬高后用木架架起来，把小瓶泡在冰里或冷水中，放在磅秤上。

（2）被灌的小瓶经过检漏、抽真空后，称出重量，再标记于瓶外。

（3）将小瓶用铜管或透明串气管与大瓶连接起来；如用铜管连接，所用铜管必须盘成圈状，以减少对小瓶的称重影响。

（4）将大瓶阀稍稍打开，再松开小瓶阀的连接帽，将连接管内空气置换掉，待泄出制冷剂后将连接管帽拧紧，关闭小瓶阀。

（5）记下小瓶和冰盆的总重量，将大瓶阀打开，再打开小瓶阀，可先听到吱吱声，后来是流水声。这时要注意总重量是否增加。当达到充装量时，先关闭大瓶阀，用热布敷裹铜管，使管内制冷剂液体全部进入小瓶内，再关闭小瓶阀。如总重量未能达到所需总量时可用热布贴敷，用红外线灯照射大瓶，使大瓶内制冷剂蒸发提高压力，加速制冷剂流入小瓶。

（6）灌入小瓶的制冷剂不要超过小瓶满容积的60%，防止遇热后压力升高而爆炸。充灌完毕后，卸去连接软管，将小瓶重新称重，总重减去皮重就是所灌入的制冷剂量。同时将大、小钢瓶口用螺帽封闭。

2）用小瓶给电冰箱充灌制冷剂的方法

如果抽空设备良好，大都采用倒灌法，如图9-2所示。

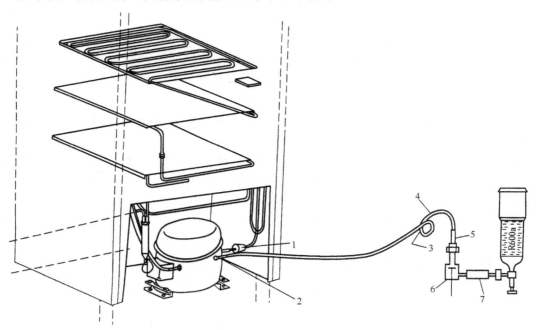

1—高压排气管；2—低压回气管；3、4—串气管；5—维修阀连接螺母；6—维修阀；7—过滤器

图9-2　倒灌充灌制冷剂方法

这种方法的优点是：

（1）如果制冷剂含有水分和杂质过多，由于水分和杂质的比重比制冷剂小，倒灌时水分和杂质浮在上面（即瓶底部位），可减少水分和杂质注进制冷系统。又因为制冷剂中溶解的水分在气态中的溶解量大大高于液态的溶解量，如室温在25℃时，蒸汽的含水量要比液体大8倍，所以此法优于立灌法。

（2）制冷剂中所含的不凝性气体的比重大于制冷剂的比重，在充灌前已由液态制冷剂顶出，所充灌的都是液态制冷剂。这就防止了不凝性有害气体注入制冷系统。

这种方法的缺点是：

（1）充灌的是液态制冷剂，易造成液冲击，因此应停车充灌。

（2）当小瓶内的制冷剂所剩无几时应停止使用，否则易将水分和杂质注入制冷系统。

4. 注入制冷剂量的新方法

家用电冰箱制冷剂充灌量比较严格，不允许超过 5～10g。一般铝制蒸发器都没有集液器，对气量的多少特别敏感。制冷剂充加多 10g，一般电冰箱不容易停机。

判断充灌量的方法如下。

1）表压法

对于倒灌法充入制冷剂时观察压力表的表压力（停车充灌），当压力升到 0.2MPa 时，关闭维修阀。此时通电使电冰箱压缩机运行，表压力逐渐下降到一定值时不再下降，这个压力就是低压压力，也就是蒸发器内液态制冷剂的蒸发压力。

如果充灌后压力比正常值低，说明充灌量少，应补充一些；如果压力比正常值高，说明充灌量多，可适当从维修阀放出一些制冷剂，如图 9-3 所示。

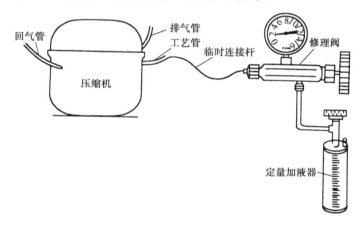

图 9-3　表压法

2）称重法

电冰箱充灌制冷剂的数量很少，具体充灌量的多少可用婴儿磅秤来判断。

（1）将电子秤平放在地面上，调平电子秤底脚，将电子秤上单位选择为"KG"，然后将电子秤上的读数清零，如图 9-4 所示。

（2）根据电冰箱背后的铭牌，确定制冷剂的型号和充注量，如图 9-5 所示。

（3）用加液管连接制冷剂钢瓶和工艺阀，打开制冷剂瓶上的截止阀，将加液管内的空气排净，如图 9-6 所示。

（4）将制冷剂钢瓶平放到电子秤台面上，待电子秤上的读数稳定后，记下未加注制冷剂之前的重量读数，如图 9-7 所示。

（5）打开工艺阀，加注制冷剂。观察电子秤上的读数，当电子秤上的读数达到充注量时（未加注前的重量-铭牌上标注的充注量=加注完成后的重量），迅速关闭制冷剂钢瓶上的截止阀和工艺阀，如图 9-8 所示。

图 9-4　将电子秤上的读数清零

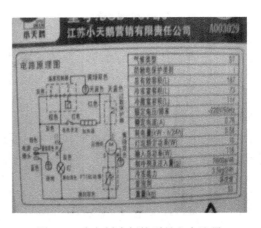

图 9-5　确定制冷剂的型号和充注量

图 9-6　排净加液管内的空气

图 9-7　未加注制冷剂之前的重量

图 9-8　达到充注量

制冷剂加注完成，拆出制冷剂钢瓶，通电试机，观察电冰箱制冷效果。

 注　意

　　购买电子秤时，请注意选择最小称量为 1g 的电子秤。

3）经验法

一般维修人员在充灌制冷剂时，多采用此法。这种方法是使用电冰箱走车充灌制冷剂，边充灌边观察，气瓶的阀门不要开得过大，充灌一些后迅速关阀。也可停车充灌，充灌后使电冰箱压缩机通电运行。当电冰箱运行 6min 后，用手摸一摸冷凝器的盘管是否上热、中温、下部和环境温度差不多。再打开电冰箱门听一听蒸发器内制冷剂的循环流动声是否像流水一样。如果流动声过小或不均匀，再打开制冷剂瓶补充一点制冷剂。灌气量适中时，靠近蒸发器出口的低压回气管处，温度稳定后应比蒸发器表面高 4～7℃。不便于测量温度时可观察结霜线。一般是当连续运行温度稳定后，在低压管处箱体应感到凉。

如果充灌制冷剂后，低压回气管全挂了霜，说明充灌制冷剂过多，此时则会出现电冰箱降温差、压缩机时间运转不停车等故障。这时可以从维修阀口放出多余的制冷剂，当低压回气管所结的霜全化了时才能关闭维修阀。

如果充灌制冷剂后蒸发器开始结霜正常，但后来全化成了水；冷凝器很热，蒸发器特别凉，就是不结霜，这是充灌制冷剂太多的又一种故障现象。此时箱内降温差，而且也不会自动停车。遇到这种情况，也必须从维修口放出多余的制冷剂。开始放出制冷剂时，低压回气管可能结霜，此时应继续放，直到低压回气管的霜全化了为止。

4）定量加液器法

充灌制冷剂最好应用定量加液器，这样充灌很准确。

▶ 5. 应急补充制冷剂的方法

所谓应急补充制冷剂，就是在不抽空并保持电冰箱制冷系统真空度的情况下充灌制冷剂，其方法是用针阀添加。

任务 9.1.3　充灌制冷剂后出现的故障现象与技能实训

▶ 1. 制冷剂灌不进去

现象：打开制冷剂储液瓶的阀门和维修阀后，听不到制冷剂流动的声音，冷凝器不热，蒸发器也不结霜。

原因分析和维修方法：串气管焊堵，重焊、抽真空，再灌制冷剂。

▶ 2. 充满制冷剂后，蒸发器不结霜

现象：充灌制冷剂时，压缩机有气流声，冷凝器很热，但蒸发器不结霜。

原因分析和维修方法：灌入的不是制冷剂而是空气，所用的储液瓶内制冷剂用光，或大瓶往小瓶分装制冷剂时，小瓶未抽真空。应重新抽真空及灌液态制冷剂。

▶ 3. 灌制冷剂后，冷凝器不热，蒸发器不结霜

现象：充灌制冷剂时，压缩机内有气流声，但经过较长时间蒸发器仍不结霜，冷凝器不热。

原因分析和维修方法：

（1）电冰箱管路系统有的地方（如毛细管或过滤器）脏堵。

（2）电冰箱制冷系统抽真空未达到真空度要求。

（3）更换压缩机时，将低压吸气管口或高压排气口焊堵。

遇到上述故障时，首先应再充灌一次。如果蒸发器仍不结霜，就必须将制冷系统管路拆下，全部先清洗、烘干、焊接、检漏、抽真空，再充灌制冷剂。在充灌制冷剂前最好用氮气检漏，检查方法如图9-9所示。

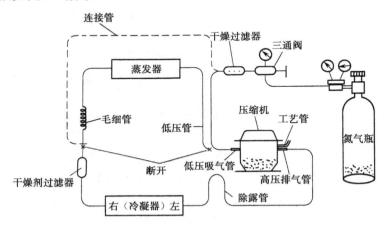

图9-9　氮气检漏方法

4. 充灌制冷剂后，蒸发器上的霜化成了水

现象：充灌制冷剂后，最初蒸发器结霜正常，但不久就化成了水。手摸蒸发器感到很凉。

原因分析和维修方法：充灌量过多，管路内的制冷剂达到饱和状态，毛细管起不到限流作用，蒸发器不能很好地吸收周围的热量。从维修阀口放掉部分制冷剂即可。

有时充灌制冷剂不多，电冰箱也会出现上述现象，而且冷凝器不热。这是由于电冰箱制冷系统抽空时间短，系统含水分过多，致使毛细管冰堵。维修时，先从维修阀放出部分制冷剂，然后通电运行，观察冰堵现象。如果冰堵仍旧出现，可点燃酒精棉球烘烤蒸发器入口的毛细管处；如能听到制冷剂的流动声，证明冰堵暂时排除。更彻底的办法是：对电冰箱的制冷系统加干燥过滤器或采用氮气干燥方法，然后抽真空，重灌制冷剂。

5. 灌制冷剂后，压缩机运转不停车

现象：充灌制冷剂后蒸发器结霜正常，在温控器及门封良好的情况下，电冰箱压缩机长时间运转不停。

原因分析和维修方法：这种情况发生在使用10年以上的电冰箱。由于蒸发器内积存了大量的冷冻机油，蒸发器不能很好地吸收周围的热量，因此不能结霜或结霜不良。此时可将电冰箱制冷系统的管路拆下，用四氯化碳清洗；同时将管路冲洗干净。然后焊好，抽真空后再灌制冷剂。电冰箱制冷系统故障现象与维修方法如图9-10所示。

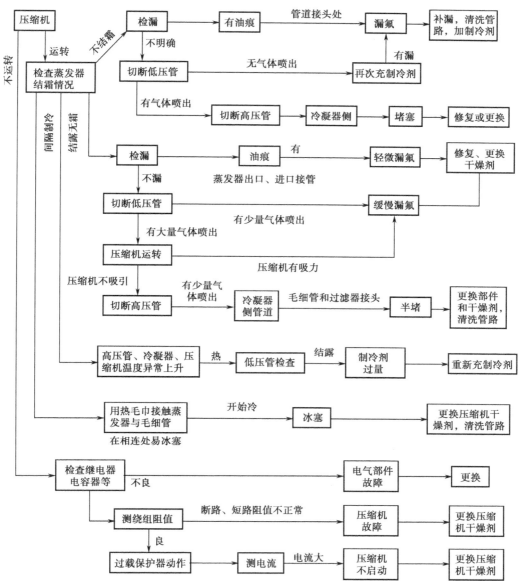

图 9-10 电冰箱制冷系统故障现象与维修方法

▶ 6. 充灌制冷剂后，电冰箱制冷效果差

现象：充灌制冷剂后蒸发器只结半边霜。

原因分析和维修方法：

（1）如果是新电冰箱，多半是充灌的制冷剂不足或制冷剂中含有空气。

（2）如果使用 10 年以上，则多是压缩机高、低压阀片磨损造成吸气不足或回气太快。

维修时，前一种情况只需适当补充制冷剂即可；后一种情况必须对压缩机进行维修或更换新压缩机。

电冰箱制冷效果差分析如图 9-11 所示。

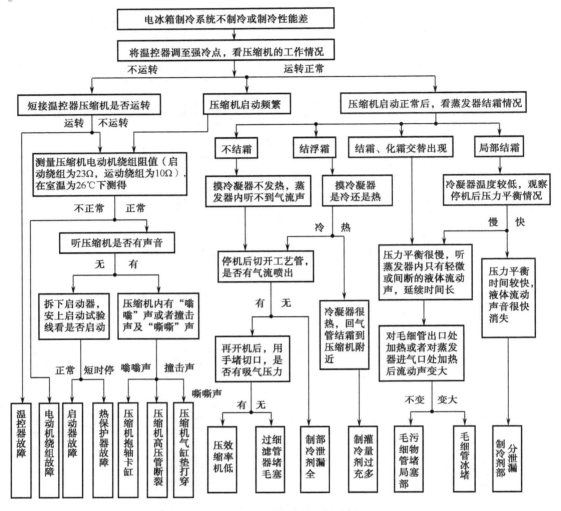

图 9-11　冰箱制冷效果差分析

▶7. 充灌制冷剂后几天即逐渐化霜

现象：充灌制冷剂后，开始几天电冰箱运转正常，几天后逐渐化霜，再次充灌制冷剂后，仍是如此。

原因分析和维修方法：

（1）铝制蒸发器上的两铜铝接头本身结合不好，尤其是维修多过的电冰箱，铜铝接口不严密，造成微泄漏。

（2）铝制蒸发器被腐蚀，形成小的砂眼，使用几年后出现小的泄漏。应更换新品。

▶8. 充灌制冷剂时压缩机高压阀片被击穿

现象：电冰箱充灌制冷剂后，高压排气管不热。根据常规再适当充加制冷剂时，压缩机内发生泄气般的声音。

原因分析和维修方法：更换压缩机时，高压排气管口与所接的冷凝器（或接水盘加热管）

焊堵，制冷剂不能循环。不断冲进压缩机内的制冷剂将压缩机高压阀片击穿，这时运行电流变大，超过 1.8A 以上。

为了防止这种人为的故障，再次充灌制冷剂时，要边充灌边观察电冰箱的运转电流；发现电流越来越大时，应马上断开电源，从维修阀放掉制冷剂，将高压管拆下重焊，再抽真空，重灌制冷剂。

▶ 9. 充灌后运行电流突然上升

现象：运行电流超过正常值（1.2A 或 1.3A）1 倍以上。

原因分析和维修方法：主要是压缩机电动机绕组有轻微短路的地方（有万用表测电阻看不出来）。在电冰箱空载运行时，电流正常；当充灌制冷剂后，由于电动机的运行功率加大，电动机绕组轻微的短路就会使运行电流升高。维修方法是：在压缩机的运行和启动绕组之间并联一个 4μF/250V 以上的交流电容器，或者卸下压缩机维修，或者更换新压缩机。

▶ 10. 充灌制冷剂后，运行电流越来越小

现象：充灌制冷剂后，开始电流正常，蒸发器结霜，但没过多久，电流从 1.3A 降到 0.6A 左右，蒸发器的霜也化了。

原因分析和维修方法：

（1）重绕电动机绕组的漆包线时线径不符合技术要求，绕组阻值过大。在电冰箱充灌制冷剂后，运行功率变小，使低压吸气量和高压排气量都达不到正常要求，所以蒸发器化霜。此时必须更换压缩机。

（2）制冷系统发生冰堵或脏堵，也会使走车电流越来越小。

▶ 11. 充灌制冷剂后，冷凝器和压缩机烫手，但不结霜

原因分析：

（1）制冷剂内含有大量空气。

（2）冷凝器或蒸发器系统过脏。

（3）毛细管微堵。

（4）压缩机上油离心线有故障。压缩机制冷系统各部位温度及上油离心线如图 9-12 所示。

维修方法：遇到上述情况后，应先清洗冷凝器和蒸发器，再重灌一次液体制冷剂，否则就清洗毛细管和更换压缩机。

▶ 12. 充灌制冷剂后，压缩机运行时间长，停车时间短

原因分析：

（1）如果是新维修的压缩机，大部分是由于阀片密封性能差，造成回气太快所致。

（2）更换的毛细管过短，使毛细管的流量过大。

（3）制冷系统制冷剂微多。

维修方法：应先将制冷剂放掉，然后将高、低压管从压缩机上焊下，做压缩吸气和排气性能试验；如性能良好，则重点检查毛细管的流量，然后焊好，抽真空后重灌制冷剂。

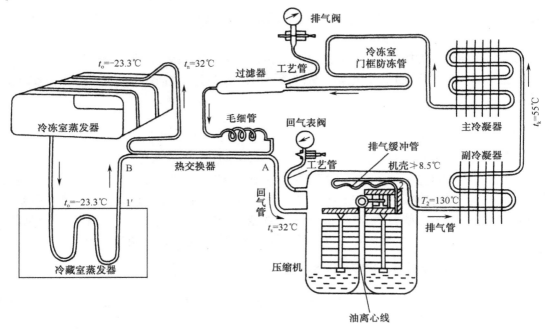

图 9-12　压缩机制冷系统各部位温度及上油离心线

▶ 13. 充灌制冷剂后，冷凝器上半部过热，下半部很凉，电冰箱不制冷

现象：上述现象出现后，常常使蒸发器凉面不结霜，低压回气管"出汗"，且伴随着机器走车电流过大。

原因分析和维修方法：充灌的液态制冷剂太多，泄放时低压回气管先结霜，随着泄放再逐渐化霜；直到低压回气管出口化霜时，停止泄放。此时故障排除，电冰箱的冷凝器正常散热，蒸发器结霜正常。

▶ 14. 充灌制冷剂后低压压力过低

原因分析：如果不是充量不足的话，原因可能是：

（1）低压吸气管不畅。

（2）过滤器过脏。

（3）更换的毛细管过长。

（4）压缩机的做功率差，判断方法如图 9-13 所示。

（5）新维修的压缩机低压阀片上得过紧。

（6）更换压缩机时选用的功率超过压缩机功率。

维修方法：根据具体情况处理。

▶ 15. 按标准充灌制冷剂后低压压力过高

原因分析：

（1）更换的毛细管过粗或过短。

（2）制冷系统内含有空气。

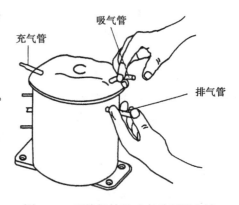

图 9-13　压缩机的做功率差判断方法

（3）低压阀片断裂或泄漏（必须维修或更换压缩机）。

维修方法：按技术要求检查维修。

▶16.　充灌制冷剂后，冷凝器只热一根管，蒸发器内没有制冷剂循环流动声，压缩机声音变大，走车电流上升

原因分析：过滤器焊堵。

维修方法：放掉制冷剂，焊下过滤器，重焊，重新抽真空，再灌制冷剂。

▶17.　充满制冷剂后，开始蒸发器结霜正常，过一段时间后，箱内没有循环声了，打开维修阀往里吸气

原因分析：过滤器或毛细管脏堵。

维修方法：先更换新的过滤器，再抽真空，重灌制冷剂。如不能排除，再更换毛细管。

▶18.　充灌制冷剂后，低压管热，高压排气管反而不热

原因分析：接冷凝器的高压排气管与低压回气管焊反。

维修方法：拆下重焊，抽真空，再灌制冷剂。

任务 9.1.4　电冰箱冰堵切忌灌甲醇

凡是从事制冷维修的人员对制冷设备出现的冰堵现象并不陌生。那么当你在维修中遇到电冰箱冰堵故障时，又是如何排除的呢?这恐怕是对每个维修人员的一次检验了。如果你不了解甲醇对制冷系统的危害或只图省事在电冰箱出现冰堵现象时，往制冷系统内注入几毫升的甲醇，故障虽可排除，然而此举却给电冰箱的使用埋下了故障隐患。那么水是如何进入制冷系统的？水究竟对制冷系统有何影响？使用甲醇排除冰堵的故障其危害是什么?我们从以下几个方面进行分析。

▶1.　水是如何进入制冷系统的

（1）制冷设备在装配过程中干燥不彻底或抽真空不完全。

（2）制冷设备在使用过程中出现严重泄漏，低压部分出现负压时，就会有空气被吸入制冷系统。

（3）在维修过程中用未经干燥的压缩空气进行检漏。

（4）制冷剂中含水量超标。

▶2.　水对制冷系统的影响

水和制冷剂发生化学反应，生成盐酸—氢氟酸，对电动机的绝缘和金属产生破坏作用，极易引起机组损坏，当制冷剂中水分含量超过允许值时，引起机组中金属的腐蚀，随湿度的增加，金属的腐蚀也就相应地加快。但是这种反应是缓慢的，危害却是长久的，机器在短时间内不会有明显变化。

3. 使用甲醇解决冰堵的危害性

在制冷维修工作中，遇到冰堵的故障是常事，排除冰堵故障时不要怕麻烦，有条件的应逐项进行干燥处理。有不少维修人员只图省事，不顾后果，用甲醇解决冰堵的故障，这样做故障虽然排除了，但后患却是无穷的，也是对用户的不负责任。我们都知道甲醇是一种防冻剂，它注入制冷系统中使水的冰点降低而不出现冰堵现象，但水分仍然存在，会产生以下危害性：

（1）加快腐蚀和镀铜。

（2）聚酯绝缘物受到醇解。

（3）使聚酯绝缘材料的强度降低，严重者会造成漏电或烧坏电动机线圈。

根据以上所述，当冰堵发生时就意味着制冷系统中有水分及开始腐蚀，并伴随着其他化学反应。

防冻剂不能解决制冷系统中水的问题，只是解决了冰堵的表面现象。如上所述的化学反应都是缓慢的，所以加入甲醇当时看来是解决了电冰箱冰堵的问题，但留下了后患，水与醇仍在不断地起着对金属的腐蚀作用，结果导致缩短电冰箱的使用寿命。

任务 9.1.5　电冰箱门封不严的调整和门封的更换技能实训

电冰箱的门封不严，则会使电冰箱结霜过多，降温效果差，使压缩机长时间运转不停车。门封不严有三种情况。

（1）多年使用后门封老化变形，门边与门封的接触面不平直，软质聚氯乙烯出现裂缝。

（2）安装不当，箱门关闭后与箱体不平行。磁性门封出现裂缝或门封有凹陷处。

（3）门封有吸力，但门封内有铁屑或铁末，使箱门关闭时产生裂缝。

电冰箱门封内部结构如图 9-14 所示。

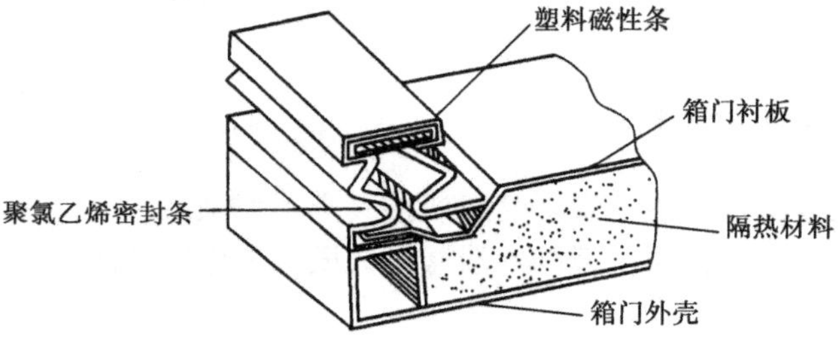

图 9-14　电冰箱门封内部结构

第一种情况：如磁性门封轻微变形，接触面不平直，可将固定磁性门封的螺钉松开，在有缝隙或凹陷处垫上薄垫片，再将螺钉上紧。如箱门关闭后与箱体不平行，可调整固定电冰箱箱体的支架（支架螺钉一般在箱顶的盖板下面），以保证箱门关闭后门封与箱体平行，消除缝隙。

第二种情况：门封内吸有铁屑、铁末时，用抹布将铁屑、铁末擦去就可以了。也可采用电吹风方法维修门封漏冷电冰箱。

第三种情况 ：应更换新的门封。购买时，应购买尺寸大一点的门封（宁大勿小）。更换时先用 50～60℃ 热水浸泡门封并调和。如尺寸不对，在裁时应保留四角，从门封条的中间部位斜面断开。在连接时可将钢锯条烧红插入斜面，然后迅速抽出，用手捏紧，然后用快攻螺钉将门封固定好。

项目 9.2　电冰箱故障的检查新法

任务 9.2.1　电冰箱故障的检查方法

1. 看

1）未通电时

（1）看一下电冰箱的外观及内胆有无明显的损坏。

（2）看各零部件有无松动及脱落现象。

（3）看制冷系统管道是否断裂，各焊口是否有油渍，电冰箱底盘是否有油污。

2）通电时

（1）看电冰箱压缩机是否能正常启动和运行。

（2）看压缩机运行电流是否正常。

（3）看蒸发器的结霜情况，正常时通电 8～10min 应结霜，通电 20～30min（单门）或通电 40～50min（双门）蒸发器应结满霜。若不正常时，有下面三种情况：

① 只结半边霜。原因是制冷系统泄漏；系统缺少制冷剂；蒸发器内有积油（沉积的冷冻机油）；压缩机效率差。

② 入口处只结一点儿霜。原因是制冷系统泄漏；系统内缺少制冷剂；系统发生冻堵或脏堵。

③ 不结霜。若是使用 10 年的电冰箱，原因主要是制冷系统泄漏（大部分是蒸发器漏）。若是新维修过的电冰箱，原因主要是加气管焊堵导致制冷剂未充入系统内，另外也可能是过滤器与毛细管焊堵，造成制冷剂无法循环，此时走车电流大。

（4）看低压回气管是否结霜。正常时应不结霜结露。不正常时低压回气管结霜。原因是制冷剂充入过多，此时又呈现三种故障现象：箱内不降温或降温差；压缩机运转不停车；压缩机运转电流大。

2. 听

（1）听压缩机通电启动时的声音，正常时应在 2～3s 顺利启动和运转，无异常响声。如有下列情况，属于不正常现象。

① 通电后，压缩机嗡嗡响。这是压缩机过负荷、不能正常启动的声音。同时能听到“嗒嗒嗒”的启动接点不能正常跳开和吸下的声音。此时在 10s 之内，过载热保护继电器工作，切断电源，声音停止。遇到这种情况不必马上切断电源，等 3～5min，过载热保护点自动复位后看是否还重复上述现象，如压缩机正常运转了，说明是由于瞬间电源电压造成的；如果还重复上述现象，应拔掉电源插头检查电路。检查重锤式启动继电器本身是否故障（如启动

接点过脏、烧焦等），测量压缩机。测量压缩机的方法是：主绕组阻值加副绕组阻值等于公用端绕组阻值，若阻值正常可采用强启法让压缩机运转起来并做人工启动，以确定是压缩机故障，还是启动继电器的故障。

② 通电后压缩机能启动及运行，但能听到"嘶嘶嘶"的声音，这是由于压缩机内高压输出缓冲管断裂，高压排出的气体发出的气流声。遇到这种情况，必须开壳才能维修。

> **！注意**
>
> 这种故障率较低。

③ 压缩机通电后内部出现"咯咯咯"的响声。这是由于压缩机内吊簧断裂发出的机芯与机壳的撞击声，此时压缩机有明显的振动，也必须开壳才能维修。

（2）听蒸发器内的声音。

① 正常时蒸发器内应能听到制冷剂的流动声（有点儿像流水一样的声音），这是正常的制冷剂循环声。

② 不正常时又有两种情况：一种是没有似流水声，只有气流声，说明制冷剂泄漏或没有充入制冷剂；另一种是既没有流水声，也没有气流声，说明过滤器或毛细管堵塞（脏堵或冰堵）。

▶ 3. 摸

1）摸压缩机的温升

压缩机开始运转时机外壳不应很热，随着走车时间的增长，外壳温度逐渐升高，其夏季最高温度可达到 70～80℃。如果运转时间不长压缩机壳就烫手，说明压缩机或机械部分有故障。

2）摸冷凝器的散热情况

对于外露式冷凝器，在压缩机运行 6～10min 后，根据排管的走向，从压缩机高压排气口开始的几根应很热，夏天最高温度可达 50℃，中间几根可达 38℃左右，下面的几根可达 25～30℃。而冬季的温度相对降低，开始的几根可达 35℃，中间排管可达 25℃，下面几根排管可达 20℃左右。

内藏式（平板式）冷凝器安装在箱体两侧和后背，有一层隔板与外界隔开，相对来讲，它的散热效果不如外露式，所以它的温度相对高一些。

在压缩机运行时，如果冷凝器不热，对于使用了一段时间的电冰箱，多属制冷系统泄漏或系统脏堵造成。

如果是新维修过的电冰箱，多是由于加气管焊堵、排气管焊堵或过滤器与毛细管焊堵造成。

3）摸蒸发器

当电冰箱工作 15min 后，用手指蘸水摸蒸发器的冷冻室，应有被粘住的感觉，手指拿开后应有一个白印。一般有如下 4 种情况：

（1）手指一触霜层即化成水。原因是系统内有空气，或者制冷剂含有空气过多，或者制冷剂充灌过多。

（2）蒸发器内没有霜，但手摸很凉。电冰箱用过 10～15 天，出现这种情况多半是温控器的温差性能不好（应顺时针调节温差螺钉）。对于新维修过的电冰箱，一般是由于充灌制冷剂过多造成的，维修时只要从维修阀放掉一些制冷剂即可。

（3）电冰箱开始工作时，结霜正常，冷凝器散热良好，但过 30 min 后，手摸蒸发器无霜（全是水），冷凝器也不热。这是由于制冷系统产生堵塞所致。

4）摸过滤器

电冰箱正常运转时，手摸过滤器有温感为正常，不正常的现象是感到过热或过凉。如过滤器过热说明系统内充灌制冷剂过多，这样容易造成降温差和不停车的现象。过滤器过凉则是产生脏堵和冰堵的前兆，这是笔者总结出来的经验。

4. 查

（1）查电源电压及漏电保护器。
（2）查电冰箱电源插头是否没插好或接线松动。
（3）查电冰箱电源插头两端的电阻值。
（4）查温控器是否停点或化霜位。
（5）查压缩机三点接线柱的电阻值。

> ⚡ **注 意**
>
> 主绕组阻值加副绕组阻值应等于公用端绕组阻值。

（6）查启动继电器是否与压缩机接触良好，是否接线松动，启动开关接点过脏或烧焦；热保护继电器是否断线或损坏。做压缩机人工启动，确定是压缩机故障还是启动继电器的故障。

（7）查压缩机吸气及排气性能（蒸发器只结半边霜）。

（8）查制冷系统的走车和停车的表压力。如压力很低，说明系统内制冷剂少；如压力正常，说明压缩机性能差或蒸发器内沉积有冷冻机油；如表压力为负压，说明系统堵塞。

> ⚡ **注 意**
>
> 查电冰箱制冷系统新法为断开加气管把加气管放在油盆中，若有气跑出说明系统堵了，无气跑出说明系统泄漏。

5. 测

（1）测电压，判断电源及漏电情况。
（2）测电流，判断压缩机故障。
（3）测电阻，判断压缩机及电路工作状态。
（4）测温度，判断温控器及制冷效果。
（5）测压力，判断制冷系统压力是否正常。

电冰箱电气控制部件检测方法

学习目的：从新型电冰箱常用的各种部件的识别方法入手，讲述电冰箱常用的各种部件的参数识别，这部分内容初学者必须掌握。

学习重点：掌握新型电冰箱常用的各种部件构造、检测方法，为以后能够顺利分析电路工作原理打下基础。

教学要求：本单元从温度控制器、电容器、变压器开始，系统介绍电冰箱常用的各种部件外形特征、工作原理，重点分析各种部件结构及检测方法，从实用技能的角度介绍维修实用技巧。

项目 10.1　掌握电冰箱电控板原件检测方法

本单元主要讲解新型电冰箱常用的各种部件的识别方法和工作原理，以及各部件在正常状态下的现象、检测方法与故障排除方法，使维修人员在不拆卸控制部件的情况下就能基本判断部件的好坏，借以提高维修人员的整体水平。

长期以来，由于电冰箱电脑控制基板（简称"电控板"）电路相对复杂、故障不易检测及维修条件等因素制约了电控板故障的维修，目前这类故障（即使是电控板上很小的一个电阻或电容损坏）都是以更换新板来解决，这似乎成了电冰箱维修行业的惯例。保修期内电冰箱用户当然可以享受免费更换电控板的服务，但保修期外的电冰箱用户，却既难以接受动辄数百元甚至上千元的材料及维修费用，又难以满意电控板的物流周转时间。所以，电冰箱电控板维修成为厂家、用户、服务商为之头痛的问题。

本项目对变频系列电冰箱的工作原理及电控板维修方法进行介绍，以帮助维修人员掌握变频电冰箱电控板零件级维修的技巧和方法，实现电冰箱电控板维修中"零"的突破。

任务 10.1.1　电冰箱电控板原件的检测方法

▶ **1. 7812 三端集成稳压电器的特点、应用及检测方法**

1）特点

集成稳压电器一般是指把经过整流电路的不稳定的输出电压变为稳定的输出电压的集

成电路。理想的直流稳定器必须具备以下条件：

（1）当输入电压变动时，输出电压保持不变。

（2）当负载变动时，输出电压保持不变。

（3）对输入电压交流部分具有抑制能力。

（4）输出电压不随温度而变。

（5）具有各种保持措施。

2）应用

在电冰箱电控线路中，三端固定正输出集成稳压器的应用最为广泛。目前应用最多的为 78 系列三端集成稳压器，如 7805、7812 等。

目前，国内生产的三端集成稳压器基本上可分为普通稳压器和精密稳压器两类，每一类又可分为固定式、可调式两种形式。

普通稳压器是指将稳压电源的恒流源、放大环节、调整管集中在一块芯片上，使用中只要输入电压与输出电压差小于 3V，就可获得稳定的输出电压。其外部有三个端子：输入端、输出端、公共地端。其外形结构如图 10-1 所示。

如图 10-1 所示，1、2 脚输入由整流滤波后的约 13V 直流电压，然后由 2、3 脚输出稳定的 12V 直流电压供给主芯片。如果输入电压低于+8V时，则主芯片便得不到稳定的电源，便会造成整机无法工作。

3）三端稳压器检测方法

三端稳压器输入检测方法如图 10-2 所示。

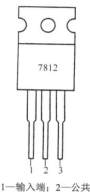

1—输入端；2—公共地端；3—输出端

图 10-1 三端稳压器外形结构

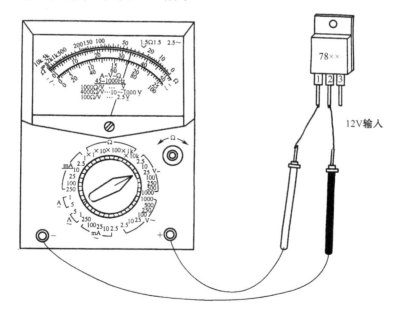

图 10-2 三端稳压器输入检测方法

三端稳压器输出检测方法如图 10-3 所示。

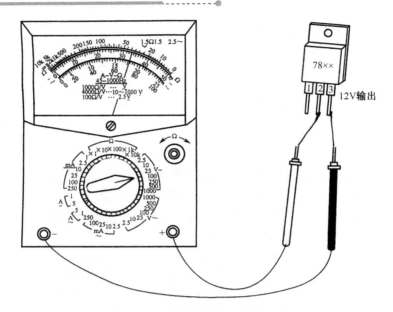

图 10-3　三端稳压器输出检测方法

检测三端稳压器好坏的方法有以下两种：

（1）通电时测三端稳压器的直流输出电压是否与标准值相同，如输出电压过高或过低，说明三端稳压器损坏。（前提是输入电压、滤波电容、负载电阻正常。）

（2）用万用表测量引脚之间的电阻值来判断其是否正常，即用 R×1k 挡测量 78 系列各引脚之间的电阻值，测量结果如表 10-1 所示。

表 10-1　测量三端稳压器 78 系列的电阻值

黑表笔位置	红表笔位置	正常阻值（kΩ）	不正常阻值
U1 输入端	GND	15～45	0 或 ∞
U0 输出端	GND	4～12	0 或 ∞
GND	U1 输入端	4～6	0 或 ∞
GND	U0 输出端	4～7	0 或 ∞
U1 输入端	U1 输入端	30～50	0 或 ∞
U0 输出端	U0 输出端	4.5～5.0	0 或 ∞

三端稳压器在电控板上的应用如图 10-4 所示。

2. 电容器的特性、检测方法

1）电容器的特性

电容器由两块金属导体及中间隔以绝缘体构成，其基本特性为"充放电特性"、"隔直通交特性"、"储能特性"。电容器按结构可分为普通电容器和电解电容器。固定电容器根据介质的不同分为云母、油质、电解等电容器。一般电解电容器有"＋"、"－"极性之分，正极应接电路高电位一端，不可接错，而且正极引脚长，负极引脚短，在外壳上标有正、负极性，较易区分，一旦接错，会被击穿。普通电容器无极性。有极性的电解电容器具有单相导电性质。

电容器的参数只有精度控制差。一般只关心容量和耐压值。

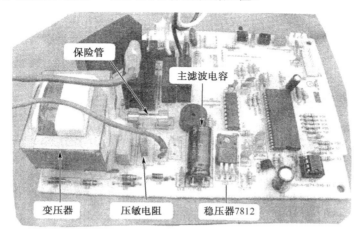

图 10-4 三端稳压器在电控板上的应用

2）电容器的类别及外形

电容器类别及外形如图 10-5 所示。

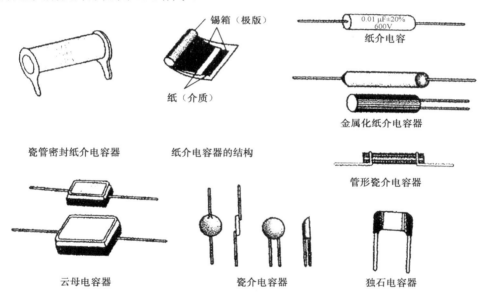

图 10-5 电容器类别及外形

3）电容器特性的应用

利用电容器的特性，常常将其用于调谐选频、耦合、滤波、隔直流、移相单相电动机分相等电路中。

（1）电容器有储存电荷的作用，是一个储能元件，本身不消耗能量。

① 电动机的启动电容器通常使用纸介金属化电容器，电容的充、放电作用能供给电动机额外的电功率及转矩。在电冰箱的风扇电动机、压缩机上应用相当普遍。

② 充、放电的快慢与其电阻 R、电容 C 的乘积大小有关。RC 越小，充电过程越快；RC

越大，充电过程越慢，故可用于电冰箱延时电路。

（2）电容器的基本导电特性是"隔直通交"。所以在直流电路中，电容器充电完毕后，相当于开路，而在交流电路中相当于短路，故其可用于滤波和抗干扰。

4）电容器的检测

（1）电容器常见故障有：开路、短路、漏电三种。

其中击穿短路和介质漏电是最常见的两类故障。

（2）电容器的故障及检测。

① 漏电检测。

● 小容量电容器如果轻微漏电是很难用万用表检测其漏电故障的，可用同型号电容器替换判别。

● 电解电容器除外的其他电容器阻值都大于几十兆欧姆，如果用万用表检测其只有几兆欧姆的电阻，那么则表示电容器漏电。

电容器漏电检测方法如图 10-6 所示。

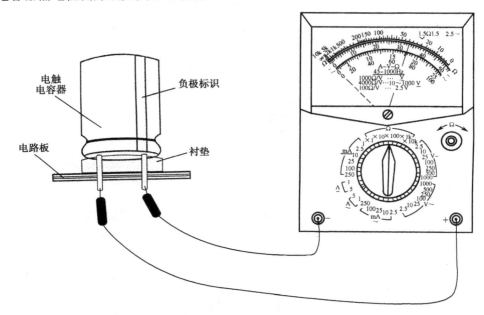

图 10-6　电容器漏电检测方法

● 大容量电解电容器可用万用表高阻挡测量，即表笔接触电容器两引脚时，若表针跳动一下，然后又慢慢退回到阻值无穷大的方向，则表示该电容器正常；如果表针摆动范围小，则表示电容量小；如果表针摆动之后退回到某阻值处停止不动，则表示该电容器漏电。

② 电容器漏电电阻检测。将万用表旋钮转换到 R×1k 挡，万用表校零后，两表笔分别接被测电容器的两引出脚，表头指针首先向右偏转，然后缓缓回复。表针回复到静止时所指阻值，则为该电容器的漏电电阻。

③ 击穿短路检测。短路检测非常简单，用万用表 R×100Ω 挡也可以检测出来。一般工作电压较高的场合下运用的电容器容易损坏。

④ 电解电容器的极性判断。

● 正向充电，漏电电流小；反向充电，漏电电流大。

● 对于大功率小容量电解电容器，测量时要用高阻挡，因为低挡测量时电阻值呈现无穷大。

● 当电解电容器引出极的极性标志模糊时，可用此方法判别：将万用表置 R×1k 或 R×10k 挡，两表笔分别接被测电容器两引出极，记下其漏电阻值。再将两表笔调换位置分别接被测电容器两引出极，记下其漏电阻值。比较上述两次漏电阻值，其中电阻小的一次，黑表笔所接为电容器负极。

3. 功率模块组成、作用、工作原理、检测方法

在变频系列电冰箱中，功率模块是一个主要的部件。变频压缩机运转的频率高低，完全由功率模块所输出的工作电压的高低来控制。功率模块输出的电压越高，压缩机运转频率及输出也就越大；反之，功率模块输出的电压越低，压缩机运转频率及输出也就越小。

功率模块内部由三组（每组两支）大功率的开关三极管组成，其作用是将输入模块的直流电压通过三极管的开关作用，转变为驱动压缩机工作的三相交流电源，如图 10-7 所示。

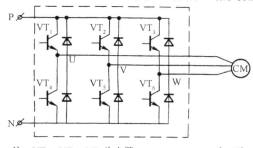

注：VT_1、VT_2、VT_3 为上臂，VT_4、VT_5、VT_6 为下臂

图 10-7 IPM 功率模块

功率模块输入的直流电压（P、N 两相间）一般在 310V 左右，而输出的交流电压（U、V、W 三相间）一般不应高于 200V。如果功率模块的输入端无 310V 直流电压，则表明该机的整流滤波电路有故障，而与功率无关；如果有 310V 直流电压输入，而 U、V、W 三相无低于 200V 均等的电压输出或 U、V、W 三相间输出的电压不均等，则基本上可判断功率模块有故障。

但有时也会因电控板所输出的信号有故障，导致功率模块无输出电压，维修时应注意仔细判断。

在未联机的情况下可用万用表测量 U、V、W 三相与 P、N 两相之间的阻值来判断无输出电压功率模块的好坏。用指针式万用表的红表笔对 P 端，用黑表笔分别对 U、V、W 三端，其正向阻值应为相同，如其中任何一项阻值与其他两项阻值不同，则可判断该功率模块损坏；用黑表笔对 N 端，红表笔分别对 U、V、W 三端，其每项阻值也应相等，如不相等，也可判断功率模块损坏。应对损坏的功率模块进行更换。

⚠ 注意

更换功率模块时，不可将新模块接近磁体或用带静电的物体接触模块，特别是信号端子的插口，否则极易引起模块内部击穿，导致模块损坏。

▶ 4. 主板——CPU 的故障检修

CPU 是整个变频电冰箱电脑的指挥、控制中心，它的主要功能是把指令转换为相应的控制和操作信号，实现算术和逻辑运算，控制和协调电控板上各部分电路及外部设备都按照指令进行工作。由于 CPU 在主板上的核心地位及其担负的杂而多的工作，使它与其他器件相比具备以下几个显著特点。

（1）内部的功能电路最多、引脚数最多。

（2）集成度最高、功耗最大、温度最高。

（3）内部的系统多，要求单独供电的电路数多，而且对电源电压及其系数的要求极为严格，这就使其必须具备一个相当稳定的电源系统。

以上特点决定了 CPU 及其附属电路成为主板上故障多发的部位。CPU 不工作或工作不正常主要表现在：变频电冰箱整机不工作，或者在工作中出现无规律的停机故障现象。在故障检测时，数码管不亮或显示"F"、"p"等，说明 CPU 没有工作。

对 CPU 故障的检测，应围绕 CPU 正常工作所必需的电源、时钟、复位等信号进行检测，这就涉及这些信号的流程及相关元件。此外，CPU 引脚与插座的接触是否良好关系到三个信号能否实现及 CPU 的数据、地址、控制等总线信息是否畅通；散热问题关系到 CPU 能否长时间正常工作。下面根据笔者的经验介绍 CPU 及其附属电路故障的检修方法。

▶ 5. CPU 接触不良的故障及检修

目前，新型电冰箱主板的 CPU 大多采用 SOCKET 插槽（又称为"O 拔力"插座）。由于 CPU 的引脚数目多、工作温度高、供电路数多、电流大，因此在长期使用过程中总会存在氧化、脏污等引起引脚与插座接触不良的问题。其故障表现为：在移动或震动主板后不能开机，或者偶尔能开机但在自检过程中或进入检测时出现故障。

在接修一块故障电控板后，不要急于上电维修，应按以下步骤操作：

仔细检查电控板有无明显的烧件痕迹，是否有虚焊、开路、短路、缺件情况，如有立即维修。单面电控板最容易出现虚焊和元器件脱落现象，这一点大家在维修时要注意。用万用表仔细检查一遍，确认无开路、短路等阻值异常情况。

▶ 6. 变压器

1）工作原理

变压器利用电磁感应将交流电压或电流转换成所需要的值。接入交流电源的线圈称为一次线圈，接负载的线圈称为二次线圈。一次线圈通过变化的电流时，在二次线圈产生感应电动势。

2）类型

变压器分升压变压器和降压变压器，实现升压和降压的关键在于调整一次线圈和二次线圈的匝数比。

3）变压器电路

变压器电路如图 10-8 所示。

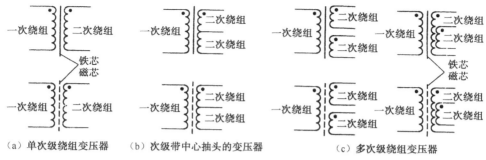

（a）单次级绕组变压器　（b）次级带中心抽头的变压器　　（c）多次级绕组变压器

图 10-8　变压器电路

4）变压器的基本结构

变压器的基本结构如图 10-9 所示。

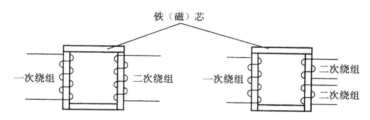

图 10-9　变压器的基本结构

5）变压器的立体结构形式

变压器的立体结构形式如图 10-10 所示。

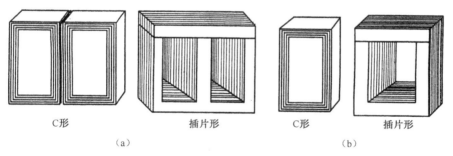

C形　　　　　　　插片形　　　　　　　C形　　　　　　　插片形

（a）　　　　　　　　　　　　　　　　　（b）

图 10-10　变压器的立体结构形式

6）变压器特性

变压器特性如图 10-11 所示。

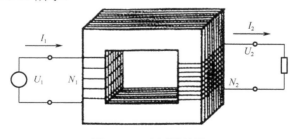

图 10-11　变压器特性

7）作用

变压器在电冰箱中主要用于将交流 220V/50Hz 电源电压变为电控板工作需要的交流电，一般二次侧输出电压有 12V、9V 两种。

8）变压器故障测量方法

变压器出现故障后的测量方法有以下两种：

（1）电压测量法。通电测量变压器输入端是否有交流 220V 电压输入，输出端是否有 12V 左右的交流电压输出。无输出可判定变压器损坏。

（2）电阻测量法。断电，用钳子拔下变压器的输入、输出接插件，测量变压器的电阻值，输入端一般应在几百欧姆，输出端一般应在十几欧姆。变压器出现故障后，电冰箱整机无电源显示，应注意的是有些变压器内置了 PTC 保护功能，这类情况有时 20min 后电冰箱可恢复使用。

变压器二次侧测量方法如图 10-12 所示。

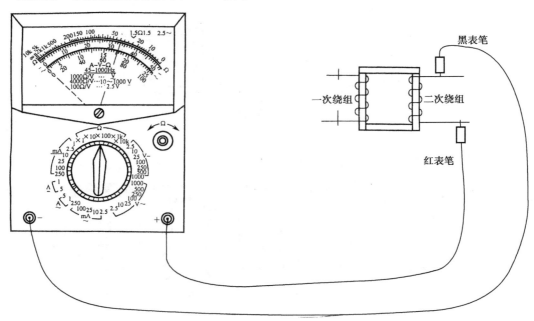

图 10-12　变压器二次侧测量方法

> **！注意**
>
> 在实际维修时，有很多维修工发现变压器熔丝管熔丝熔断，就将变压器熔丝管去掉，用铜丝直接短接。这样做虽暂时可使变压器工作，但此方法不可取，它往往把故障变成了隐患。

▶ 7. 电冰箱启动、运行电容器

1）电容器的主要指标

电容器的主要指标有电容量、耐压、介质损耗和稳定性等。电容量和耐压都标在电容器的外壳上（除部分电容器不标耐压外），而损耗和稳定性通常需要用仪器来测定。

我们知道，当电场强度超过某一数值时，电介质将被击穿变成导体。因此，加在电容器两端的电压不能随意增加。为了避免电容器在使用时被击穿，通常在电容器外壳上标有额定工作电压（即耐压）及试验电压。所谓耐压就是电容器长期工作时所能承受的最大电压；试验电压是加到电容器两端很短时间（3s），而使电容器不致击穿的最大电压，试验电压通常是额定工作电压的 2.5～3 倍。

2）检测电容器的方法

切断电源，取下连接电容器的两端连线，用木柄改锥的金属部分对电容器两个接线端进行放电（特别是滤波电容，如电容器不放电，带电测量会损坏仪表）。电容器放电后，用万用表 R×1k 挡测量。当表笔刚与电容器两接线端连通时，表针应有较大的摆动，尔后慢慢回到 ∞ 位置。如表针摆动不大，说明电容量较小；如表针回不到接近 ∞ 位置，说明漏电较严重，应更换。检测电容器的方法如图 10-13 所示。

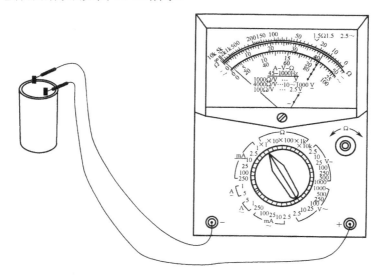

图 10-13　检测电容器的方法

> **！注意**
>
> 用万用表测量电容器容量时，最好测两次，即第一次测定后，将两支表笔反过来再按以上方法检测一次，这样所检测出的结果会较为准确。也可与好的电容器对比测量，对比测量相差较大或测出的电容器容量不足或漏电都应更换。

根据机型不同，新型电冰箱中所使用的电容器从 1μF 至 60μF 不等，但检测方法是一样的。

8. 电冰箱执行继电器

1）原理

继电器根据输入的动作电压可以分为交流继电器和直流继电器。工作原理：继电器动作是利用电磁原理。直流电压从电控板输出后，进入继电器线圈。通电线圈周围产生磁场，使铁芯在磁场的作用下动作，带动可动铁芯，而可动铁芯的联动使可动触点移动并与固定触点接触，从而使电流通过，启动或运转各个元件。

2）检测继电器的方法

（1）首先应测量线圈间的阻值（线圈的阻值一般在几百欧姆）。如阻值为无穷大，则表示该继电器线圈断路。

（2）继电器表面两个接点正常情况下是不导通的。如两接点在未通电情况下导通，则表示该继电器触点粘连。

9. 漏电保护开关

漏电保护开关即漏电断路器，它由漏电脱扣器、零序电流互感器和自动开关组成，适用于交流电单相 220V/50Hz 或 240V/50Hz 及三相 380V/50Hz 电路，主要对于有致命危险的人身触电和电器设备起漏电保护之用，还可用作照明线路的过载及短路保护，以及在正常情况下作为线路不频繁的转换之用。

1）工作原理

当被保护电路有漏电或人身触电时，通过零序电流互感器电流的矢量和不等于零，互感器二次线圈的两侧产生电压，当达到一定值时，通过漏电脱扣器在 0.01s 内切断电源，从而起到触电和漏电保护作用。

2）漏电保护开关选择方法

根据负载额定电流的总和的 1.5～2 倍来选择漏电保护开关。

如电冰箱为 8.8A、电视为 1A、其他为 1A，共 10.8A，按 1.5～2 倍来选取，要采用至少 20A 的漏电保护开关。

10. 液晶显示器

1）用途

液晶显示器多用于新型的电冰箱。

2）构成

液晶显示器上、下两面是防震光板，液晶灌注在两块平板玻璃封装的盒中，上玻璃片内侧有表示数字与符号节段笔画的透明电极，下玻璃片内侧有用二氧化铟（或氧化锌）制作的电极，它的功能是使外界的电场能通过它控制液晶分子的排列。这些电极再通过导电橡胶与集成电路相应端子相连接。液晶是一种介于液体和晶状固体之间的特殊物质，是某些化合物在一定温度范围内所呈现的一种中间状态。它具有流动性和在一定电磁场、温度等外界条件下转换为可视信号的光学特性。

当没有电场时，它不显示数字而呈透明状态，呈自然光。当集成电路把需要显示的数字信号加到液晶显示器的节段电极上时，由于液晶对电场、电压的敏感反应，电极对应位置的液晶变成暗黑色，从而使数据信息显示出来。由于液晶不发光，所以这种显示元件无法在较暗的环境中进行读数。液晶显示器同荧光显示器相比，具有耗电小、工作电压低等特点，所以应用十分广泛。在液晶显示器中，导电橡胶是一种连接器件，用于连接 CMOS 电路的基板和液晶显示器。如图 10-14 所示给出了几种常用的导电橡胶的外形结构。

导电橡胶由黑色层和透明层相间组成，其中黑色层为导电层，透明层为绝缘层。导电层中掺有石墨粉或银粉；透明层主要为硅橡胶，具有良好的绝缘性能。图 10-14（a）、（b）所示为条形斑马纹导电橡胶，用途最广。

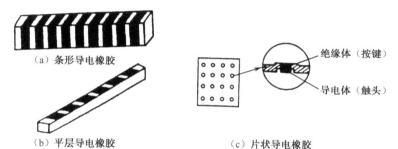

（a）条形导电橡胶

（b）平层导电橡胶

（c）片状导电橡胶

绝缘体（按键）

导电体（触头）

图 10-14　几种导电橡胶的外形结构

用于传递笔画工作信号的导电橡胶要与液晶显示器的对应电极相连接，因此，导电橡胶上的电极数很多，而且要与相关元器件可靠接触对位才能正确传递所要显示的数字信息。

项目 10.2　掌握电冰箱元器件的结构、特点及工作原理

任务 10.2.1　电冰箱关键元器件——温度控制器的工作原理、检测方法

温度控制器简称温控器。它可以根据电冰箱的使用温度要求，对压缩机的开、停进行自动控制，从而达到控制箱内温度的目的。温控器有许多种类，但用在电冰箱控制系统中的有蒸气压力式和热敏电阻式两种。

1. 蒸气压力式温度控制器的结构与工作原理

蒸气压力式温度控制器简称压力式温控器，从结构上可分为普通型温度控制器和半自动化霜温度控制器。

1）普通型温度控制器的结构与工作原理

普通型温度控制器结构如图 10-15 所示。

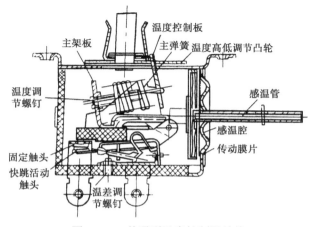

温度控制板

主架板　主弹簧　温度高低调节凸轮

温度调节螺钉

感温管

固定触头

感温腔

传动膜片

快跳活动触头

温差调节螺钉

图 10-15　普通型温度控制器结构

普通型温度控制器工作原理如图 10-16 所示。

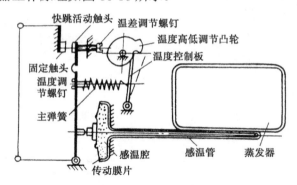

图 10-16　普通型温度控制器工作原理

这种温控器主要由温压转换部件和触点式微动开关组成。温压转换部件由感温管和感温腔组成一个连通的密封系统，其内充入感温剂。直冷式电冰箱将感温管的尾部卡紧在蒸发器管路出口附近的表面上，间冷式电冰箱将感温管放置在循环冷风的入口处。

如图 10-16 所示，当蒸发器表面或冷冻室内温度变化时，感温管内的感温剂压力发生变化，于是感温腔相应地发生伸缩，通过传动膜片推动或断开触点杠杆，达到使压缩机电动机控制电路接通或断开的目的。

当箱内或蒸发器表面温度升高时，温压转换部件上的传动膜片向左移动，顶住触点杠杆，当其顶力大于主弹簧拉力时，快跳活动触头与固定触头接通，压缩机运转，进行制冷循环。当箱内或蒸发器表面温度下降时，感温管内部的蒸气压力也随之下降，此时传动膜片会向右移动，当位移至设计要求数值，主弹簧的拉力大于传动膜片对触点杠杆的顶力时，快跳活动触头与固定触头快速断开，使压缩机停止工作。

用户如果要得到不同的箱内温度，只要旋动温度高低调节凸轮就可以达到。如将其逆时针方向旋转，凸轮半径变大，起平衡作用的主弹簧被拉紧，使之加在感温腔上的压力加大，因此温压转换部件只有在蒸发器表面或箱内温度升高一定数值后，才能产生足够顶动触点杠杆的压力，推动快跳活动触头与固定触头闭合接通电路。相反，若顺时针旋转凸轮，可使凸轮半径变小，使起平衡作用的主弹簧放松，使之加在感温腔上的压力变小，因此温压转换部件只要箱内或蒸发表面温度发生微小数值的变化就可以自动启、停压缩机，以保持箱内低温的状态。

如果温控器控温不准，可调整温度调节螺钉改变快跳活动触头与固定触头间的距离，并改变主弹簧对感温腔的初始压力，从而达到改变原调定的温度范围的目的。温度调节螺钉的调节工作在温控器出厂前已调节好，并用漆封住，在使用与维修中一般不应随便调整，如果调整会影响其工作参数。对于带有半自动化霜功能的温控器，随意调整会使化霜性能受到影响或造成化霜失控，这一点请维修人员注意。

2）半自动化霜温度控制器的结构与工作原理

半自动化霜是指电冰箱蒸发器需要化霜时，人工按下温控器上的化霜按钮，使电路切断，压缩机停止工作。待蒸发器表面霜层融化完毕，达到了预定的除霜终了温度（5℃左右），化霜按钮自动跳起，使温控器复位，压缩机电路接通开始工作。具有这种半自动化霜功能的温控器称为半自动化霜温度控制器。半自动化霜温度控制器零部件结构及工作原理如图 10-17（a）

所示。半自动化霜温度控制器化霜时的工作原理如图 10-17（b）所示。

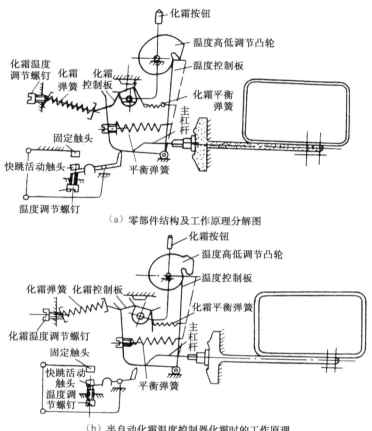

（a）零部件结构及工作原理分解图

（b）半自动化霜温度控制器化霜时的工作原理

图 10-17　半自动化霜温度控制器

　　图 10-17（a）为温度控制器自控工作时的位置，图 10-17（b）为化霜时位置，当温度控制板在实线位置，即强冷点位置时，若将化霜按钮按下，快跳活动触头与固定触头断开，于是压缩机停止运转；待箱内或蒸发器表现达到了设定的除霜终了温度时，感温腔左面的传动膜片便推动主杠杆向左运动，使其克服化霜弹簧对化霜控制板的阻力矩，化霜按钮跳起，快跳活动触头闭合，电路接通，压缩机恢复工作。若将温度高低调节凸轮在自控范围内逆时针旋转一定角度，使温度控制板达到图 10-17（b）中虚线位置，即温控器弱冷点位置，此时若将化霜按钮按下，也会同强冷点时按下的状况一样，进行停机化霜。所不同的是由于化霜平衡弹簧的作用，构成对化霜控制板的力矩补偿，这样就保证了化霜终了温度不会因平衡弹簧的拉长而变化。因此，从强冷点到弱冷点的全部自控范围内，温度控制器各点的化霜终了温度基本相同。

2. 温感风门温度控制器的工作原理

　　温感风门温度控制器是用于双门间冷式电冰箱冷藏室温度控制的一种温控器。如图 10-18所示是普通大众型温感风门温控器结构动作示意图、产品外形图、工作原理及安装尺寸。

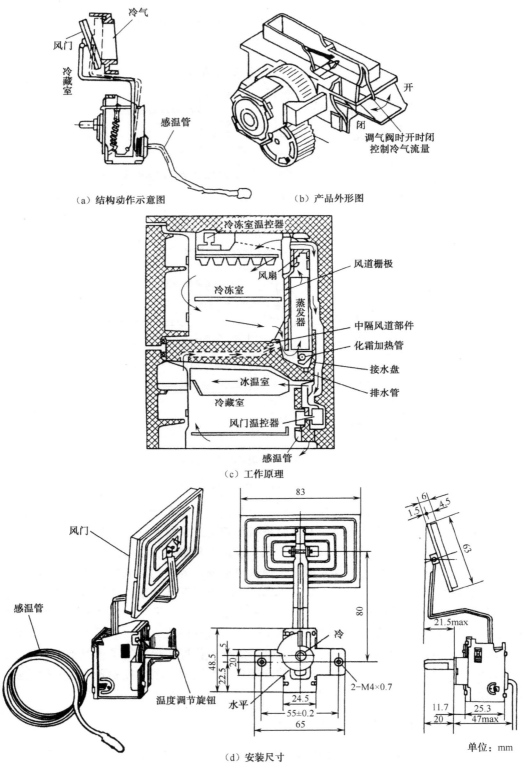

（a）结构动作示意图　　　　　　　　　（b）产品外形图

（c）工作原理

（d）安装尺寸

单位：mm

图 10-18　温感风门温度控制器

感温管装在出风口附近的风道内，感受循环冷风温度和冷藏室内的温度变化。其工作原理是：当感温管感应到循环冷风或冷藏室的温度升高时，感温管与波纹管内的感温剂膨胀做功，使波纹管膨胀，推动传动杠运动，风门开大，当冷藏室和循环冷风温度下降时，波纹管收缩，弹簧拉回传动杠，风门开启度减小，流入冷藏室内的风量减小，以此来达到控制冷藏室内温度的目的。

3. 定温复位型（恒温切入型）温度控制器的结构与工作原理

这类温控器主要应用于双门双温直冷式电冰箱。它除具有控制箱内温度、启停温差及手动开关功能外，部分还具有强冷功能，并增设了环境温度过低时温度补偿功能或化霜专用转换接头。其特点是：在自控温度范围内，无论将温控旋钮转到什么位置（即无论切断温度如何变化），其接通温度始终恒定不变（一般设定为 5±1.5℃），故能充分保证冷藏室蒸发器的自然化霜。如图 10-19 所示是 WDF-26 型温控器结构图。

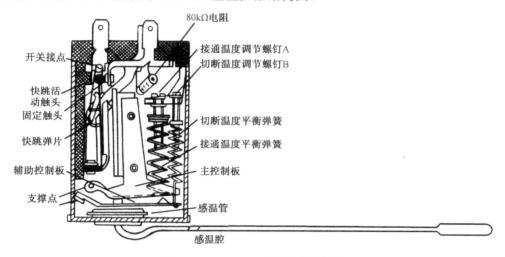

图 10-19　WDF-26 型温控器结构图

4. 温度控制器中的感温管充加液体的技能实训

1）感温管内充入感应剂的原则

（1）充入感应剂以后，在正常工作条件下，波纹管底面压力和杠杆机构的力矩要相匹配。

（2）在控制的温度范围内，感应剂必须能凝有液体，以使感应部分的容器按照其饱和蒸气的性质进行压力变化。

（3）在控制的温度范围内，感应剂液、气的分界面必须在感温管的范围内，一般液柱长度为感温管长度的 7/10～8/10，才能使液柱工作状态始终处于感应区域内，在一定的感应温度下产生正常的感压力，以达到稳定的自动控制。

2）感温管内充气的方法

感温管内充气的方法有多种，这里只介绍一种简单易行的方法，如图 10-20 所示。

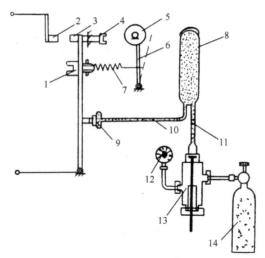

1—温控范围调节螺钉；2—固定触头；3—快跳活动触头；4—温度调节螺钉；5—温度高低调节凸轮；6—温度控制板；

7—弹簧；8—感温管；9—波纹管或膜盒；10—毛细管；11—充气管；12—压力表；13—维修阀；14—气瓶

图 10-20　温度控制器中感温管内的充气方法

其充气步骤如下：

（1）先把整个毛细管尽量伸直，再将温度调节螺钉调到中间一挡，然后把机械部分朝下，使感温管垂直向上。

（2）把充气管口与维修阀的出口相连接，另一出口与压力表连接，维修阀的进口与充气钢瓶连接。

（3）连好后，在室温 20～25℃时，开启气瓶阀门，再微微开启维修阀门，当压力表指针指示到感温管内的压力值上升到开车压力时，可听到接点闭合的声音。再关闭气瓶阀门，松动维修阀与气瓶的连接管放气，直到接点跳开时为止，紧固松动的连接管口，并记下当时的压力值，再开启气瓶阀门，气压又缓慢上升，直到接点重新闭合，闭合后关闭维修阀。观察开、停时的压力是否保持在 $0.49 \times 10^5 \sim 0.539 \times 10^5 \mathrm{Pa}$ 之间，通过调整灵敏度螺钉及有关机械部分使其保持在此压力值内。

（4）把温度调节螺钉调到最高点和最低点，对这两点进行同样的压差试验。如果符合上述要求，再把温度调节螺钉调到中间一挡，再进行一次试验。

（5）试验完毕后，再继续加气，使感温管内压力在 $2.94 \times 10^5 \sim 3.43 \times 10^5 \mathrm{Pa}$ 范围内，关闭维修阀门，然后用封口钳将充气口卡封焊牢。

这种方法可以保证温度控制器的控制灵敏度，可不在电冰箱上做开、停试验，直接安装好后，再做温度控制试验，调整电冰箱在要求的温度范围内开、停。

这种方法的特点是：在试验压差的同时检验了机械部分。由于有了压差的保证，再加上充气量合适，因此用这种方法维修好的温度控制器性能是比较可靠的，而且不需要复杂的抽空设备，为现场直接检修提供了方便。

▶5. 电冰箱温度控制器故障速修方法（如表 10-2 所示）

表 10-2 温度控制器故障速修方法

工作原理	通过密封的内充感温工质的毛细管膜盒，把被控温度的变化转变为密封空间压力的变化；当平衡力调整机构设定的压力通过杠杆压在膜盒上，压力就变成位移，同时杠杆将此位移传至微动快跳开关的弹性件上；当感温部位达到温度设定值时，通过温度—压力—位移的传递，使快跳开关的触头自动开、闭				
步骤	步骤名称	内容及要求	检修工具	速修技巧一点通	备　注
1	检查外接电源	（1）检查外接电源是否符合标准要求，用指针式万用表交流挡测试外接电源是否在 187～242V 的范围内，如不符合要求应采取方法调整到正常范围。 （2）检查电源插头、插座相互之间接触是否良好，如接触不好应更换或调整插头、插座	指针式万用表，平头、十字螺钉旋具	外接电源电压过高或过低及电源插头、插座之间接触不良将导致控制系统不能正常工作或损坏	电源故障导致主控板判断失误
2	不开机	（1）检查照明灯和主控板指示灯是否正常。 （2）环境温度是否过低。 （3）温控器是否在强关挡上。 （4）打开温控器盒盖检查线头是否脱落。 （5）温控器感温膜盒泄漏、感温管断裂。 （6）温控器触点结碳、快跳开关损坏不能接通。 （7）温控器旋钮滑丝，造成不开机	指针式万用表，平头、十字螺钉旋具	（1）检查指示灯、照明灯，指示灯不亮可能是外部电源没有进入系统。 （2）环境温度低于温控器开机温度造成不开机，打开补偿开关提高箱内温度，温控器拨至深冷挡位或将电冰箱、电冰柜移至温度较高的地方。 （3）温控器拨在强关挡造成不开机，将旋钮向右旋转至 2～3 挡。 （4）卸开温控器盒盖检查触点插头有无松动脱落现象，并按线路图要求插接到位。 （5）打开速冻开关后系统工作，关闭速冻开关停机。检查温控器毛细管有无裂纹、折断现象，用螺钉旋具压温控器的杠杆输出片试验反作用力大小，若反作用力较小或没有，则温控器膜盒已泄漏。用万用表电阻挡测其 3（C）、4（L）、6（H）不通。 （6）温控器无泄漏用指针式万用表测各触点不通则温控器触点结碳，用螺钉旋具压温控器杠杆输出片无快跳开关跳开声则快跳开关弹簧片退火损坏，更换温控器。 （7）检查温控器旋钮	

续表

步骤	步骤名称	内容及要求	检修工具	速修技巧一点通	备　注
3	不停机	（1）检查食物投放是否过多造成不停机。 （2）是否环境温度过高、通风不良造成不停机。 （3）温控器是否挡位设置过低造成不停机。 （4）检查温控器速冻开关是否打开。 （5）检查温控器感温管是否脱落，温控器不能正常停机。 （6）系统制冷差造成不停机。 （7）温控器开停温度漂移造成不停机。 （8）系统制冷正常，温控器触点断不开	指针式万用表，平头、十字螺钉旋具，数字温度仪	（1）减少食物一次投放量，保证冷量的畅通对流。 （2）调整电冰箱位置加强散热效果。将温控器适当向下调整至1.5～3挡。 （3）检查温控器是否在深冷挡位，将其调整至暖点（2～3）挡位，听见快跳开关轻微跳开声音。 （4）检查速冻开关是否设置在常开状态，关闭速冻开关。 （5）重新固定或插入温控器感温管探头，感温管探头长度不得小于150mm。 （6）用数字温度仪检查制冷性能是否正常，按制冷差检修工艺检修制冷系统。 （7）在温控器用数字温度仪探头观察已超过停机温度5℃以上仍无停机时，表明温控器停机温度可能漂移，更换温控器。 （8）箱内温度已超过停机温度，将温控器旋钮缓慢向左旋转之暖点仍无停机，温控器触点可能粘连	
4	电冰箱、电冰柜大开大停	（1）电冰箱冷藏内胆脱层较轻，导致感温盘后部积水，电冰箱制冷不正常，感温效果差。 （2）压缩机、管路系统制冷性能差，效率下降。 （3）电冰柜内置感温管锈蚀进水，造成感温管内部结冰	平头、十字螺钉旋具和数字温度仪	（1）更换箱体。 （2）更换空气感温型温控器。 （3）更换贴片式蒸发器	

▶6. 热敏电阻式温度传感器原理、检测方法

热敏电阻式温度传感器的感温元件是一支热敏电阻，将其放在电冰箱内的适当位置上，当箱内温度变化1～2℃时，热敏电阻的阻值发生相应的变化，此变化经放大后，带动断电器动作，控制压缩机电动机的启、停，实现对箱内温度的自动控制。

1）原理

温度传感器主要采用负温度系数的热敏电阻，当温度变化大时，热敏电阻值也发生变化，温度升高，电阻值减小；温度降低，电阻值增大。

新型电冰箱有4个温度传感器：冷藏室温度传感器、冷藏室蒸发器温度传感器、冷冻室温度传感器、环境温度传感器。冷藏室温度传感器的主要作用是检测设定的室温是否达到，

从而决定电冰箱的开停。冷冻室温度传感器的主要作用是检测冷冻室蒸发器温度，用以控制融霜。温度传感器在电路中的应用如图 10-21 所示。

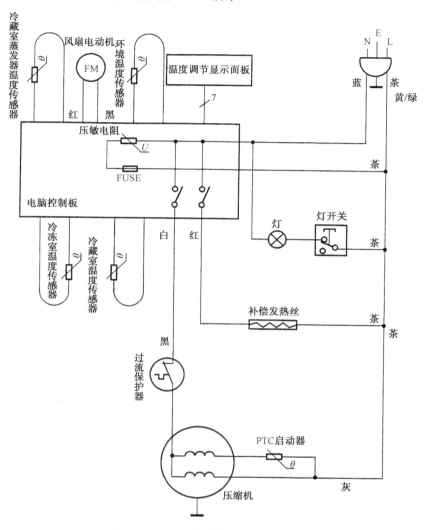

图 10-21　温度传感器在电路中的应用

除霜温度传感器的主要作用是检测冷冻室温度，以控制除霜运转的开、停。

变频系列电冰箱还有排气、吸气温度传感器。排气与吸气温度传感器的主要作用是检测压缩机的吸、排气口的温度。

温度传感器出现故障后，机器都会通过自检功能显示相应的故障代码，如 F1、F2、F3、F4、F5、E1、E2、E3、E4、E5，以确定是哪一个温度传感器的故障。

2）常见故障代码含义

（1）冷藏室显示"E1"表示冷藏室上温度传感器故障。

（2）冷藏室显示"E2"表示冷藏室下温度传感器故障。

（3）冷冻室显示"E3"表示冷冻室温度传感器故障。

（4）冷冻室显示"E4"表示化霜温度传感器故障。

（5）冷冻室显示"EF"表示蒸发电动机故障。

（6）冷藏室显示"CF"表示冷凝电动机故障。

（7）冷藏室显示"DR"表示冷藏门开关故障。

（8）显示屏显示"HHHH"或显示"EE"表示显示板线缆故障。

电冰箱各种情况以 LED 灯闪烁次数来定义，闪烁频率为 1Hz，26s 一个工作周期，具体如下：

（1）闪烁 1 次，表示冷藏温度传感器故障。

（2）闪烁 2 次，表示变温温度传感器故障。

（3）闪烁 3 次，表示冷冻温度传感器故障。

（4）闪烁 4 次，表示环境温度传感器故障。

（5）闪烁 5 次，表示压缩机 4h 强制停机。

（6）闪烁 6 次，表示压缩机 5min 保护状态。

（7）闪烁 7 次，表示冷藏支路制冷。

（8）闪烁 8 次，表示变温支路制冷。

（9）闪烁 9 次，表示冷冻单独制冷。

（10）不停闪烁，表示压缩机处于正常停机状态。

3）检测方法

温度传感器容易出现的故障包括温度传感器开路、短路及阻值不随温度变化等。可用万用表直接测量，然后相比较来判断其好坏。

如果判断温度传感器坏了，在临时无相关配件的情况下，可根据当时的实际温度采用一固定电阻，有配件再更换。

4）电冰箱、电冰柜温度传感器箱体内导线故障速修方法（如表 10-3 所示）

表 10-3　温度传感器箱体内导线故障速修方法

工步号	工步名称	工步内容及要求	检修工具	故障内容及速修技巧一点通
1	检查温度传感器	检查故障温度传感器确认温度传感器导线故障	指针式万用表、十字螺钉旋具、斜口钳	不断开温度传感器，可能将温度传感器故障误认为是导线故障
2	准备工具及备件	十字螺钉旋具、斜口钳、8 号铝丝（或铜丝）、指针式万用表		工具准备不充分，会造成不方便
3	穿孔	确认更换温度传感器线时，在顶部发泡层对应的位置，用 8 号铝丝在让开箱体、内胆处垂直穿下（或在箱体内沿导线垂直向上穿孔）	8 号铅丝、十字螺钉旋具	穿孔位置不确认准确时，会造成导线无法正常穿接
4	穿线	发泡斜孔穿好后，将温度传感器的导线用铁丝紧好后，将导线抽出到顶部发泡料外，动作必须轻缓	细铁丝	插线时如果用力过猛，会造成线与细铁丝分离，导线无法抽出或将导线拉断
5	安装新温度传感器接线	用指针式万用表检测两根导线是否有短路或断路现象，确认正常后，用电烙铁把温度传感器焊好，并用热缩管密封接头，将温度传感器安装到位，并上好温度传感器压板	指针式万用表、电烙铁、焊料、十字螺钉旋具、热缩管、热熔枪	如果检查导线，导线故障无法正确断定，若不焊接导线会造成温度传感器参数漂移，不用热缩管。箱体水蒸气易引起参数漂移

续表

工步号	工步名称	工步内容及要求	检修工具	故障内容及速修技巧一点通
6	接插件处理	将原温度传感器导线接插件用大头针取下，沿接插件金属部分根部剪断，将新换导线按长度剪下，焊接在接插件金属部分。将接插件安装在插件座上	斜口钳、电烙铁、大头针、焊料	若不焊接会造成接线处电阻值变化
7	安装接插件台面板	将接插件良好地接插到位，整理线路，安装台面	十字螺钉旋具	接插件接插不到位会造成其他故障
8	通电试机	通电试机观察运行情况检测温度	温度计	不检测温度，不能了解电冰箱运行状态

任务 10.2.2　电冰箱关键元器件——启动和保护装置的工作原理、检测方法

1. 过载保护器

1）结构

过载保护器分为内置式和外置式两种，内置式过载保护器置于压缩机内部，能直接感受压缩机电动机绕组的温度，检测灵敏度较高，如果坏了，必须割开压缩机外壳，维修不便，在这里不多讨论。我们在这里着重讨论外置式过载保护器工作原理。如图 10-22 所示，过载保护器通常装在压缩机接线盒内，开口端紧贴在压缩机机壳上，能感受机壳温度。此外，热元件 4 与电路串联，电流的变化在热元件升温上，因此又能感受电流的变化。保护器的双金属片 1 用调节螺钉 6 固定，双金属片上有动触头 2，而静触头 3 则通过接线端子 5 接出。当电源接通时，如果电动机不能正常运转，输出的电流大时，热元件 4 会因电流过大而升温，对双金属片辐射热，使之上翘将动触头从静触头上拉开，切断电路，起到保护作用。如果压缩机壳升温也能使双金属片起同样的作用。

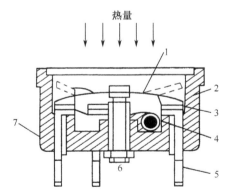

1—双金属片；2—动触头；3—静触头；4—热元件；5—接线端子；6—调节螺钉；7—外壳

图 10-22　过载保护器内部结构

2）过载保护器的常见故障

过载保护器常见故障有电热丝烧断、接点烧损、双金属片内应力发生变化后接点断开不

能复位、内置式保护器绝缘损害和触点失灵。造成的原因可能是：

（1）电源电压过低。

（2）压缩机电动机长时间低速运行。

（3）压缩机电动机长期低电压带负荷运行。

（4）压缩机电动机冷却介质通路受阻。

（5）使用环境温度过高。

3）检测方法

在过载保护器没动作的情况下，用万用表的 R×1 挡检测，保护器两接线柱在正常情况下是导通的，所以阻值应为零。若阻值为无穷大，则表明过载保护器已经损坏。

> **！注意**
>
> 有些维修工在过载保护器坏的情况下进行应急处理，将过载保护器去掉短接，让电冰箱能正常工作。对于此情况，必须在短时间内更换新的过载保护器，否则容易烧毁压缩机，此方法笔者不提倡。

2. 组合式启动继电器

组合式启动继电器由启动接触器部分和过载开关部分分别装配而成，然后用金属架组合在一起，具有结构简单、安装方便、性能可靠、体积小等特点，如图 10-23 所示。

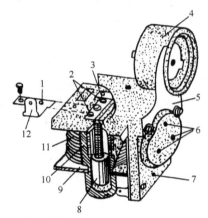

1—静触头固定架；2—动触头；3—静触头；4—过载开关；5—金属片架；6—插座孔；7—胶木壳；

8—衔铁；9—复位弹簧；10—固定铁芯；11—电流线圈；12—启动绕组接头

图 10-23　组合式启动继电器

1）组合式启动继电器解析

组合式启动继电器由动触头、静触头、衔铁、电流线圈、复位弹簧、外接线柱与胶木壳等组成。当接通电源时，便有电流通过电流线圈，当电流达到动作电流时，衔铁便被吸动，带动动触头上升与静触头闭合，当线圈电流下降到释放电流时，触头分开。这种启动继电器安装时，只许直立放置，不可卧放或倒放。它没有触头距离调节螺钉，因此不需要调节触头的距离。

2）组合式启动继电器过载开关解析

组合式启动继电器过载开关，是在一个胶木盒内装有双金属片和一个弯曲的热阻丝。其动触头装在双金属片两端平面上，静触头装在胶木盒上。胶木盒外面有动作电流调节螺钉，它在出厂前已调节好，因此不能随意调整，以免过载开关出现误动作。

组合式启动继电器过载开关内部结构、在电路中的应用及工作原理如图 10-24 所示。

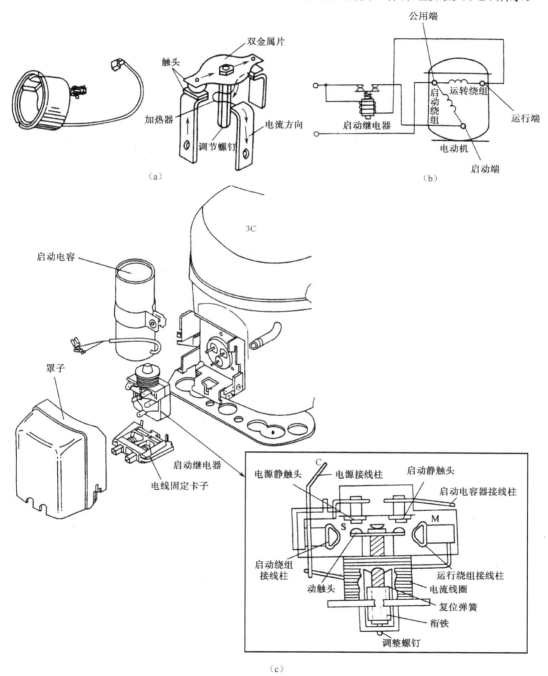

图 10-24　组合式启动继电器过载开关内部结构、在电路中的应用及工作原理

组合式启动继电器过载开关在实际工作中受到两种因素的影响来控制触头闭合与断开的动作。

（1）第一种因素。当电动机超负荷运行时，热阻丝发热使双金属片受热变形弯曲，触头被断开，切断电源，电动机停止运转。

（2）第二种因素。由于胶木盒紧贴在全封闭压缩机的外壳上，直接受到机壳温度的影响。当机壳温度过高时，电动机的负荷同时会增加，相应的运行电流升高，双金属片在机壳温度和大电流的双重影响下变形弯曲，使触头断开，切断电源，电动机停止工作。

3）判断启动继电器是否损坏的点滴经验

电冰箱全封闭制冷压缩机均为单相异步电动机，即在定子的绕组中分别绕有空间相差90°的主、副两个绕组，前者称为运行绕组，后者称为启动绕组。当有电流分别通入在相位上相差近90°的两个绕组后，产生旋转磁场，在这个旋转磁场的作用下，电动机的转子就转动起来。当达到额定转速的70%～80%时，启动继电器切断启动绕组，运行绕组正常接通，维持压缩机电动机的正常运转。当启动继电器损坏时，会破坏电冰箱启动时所需的放置磁场产生，因而电冰箱无法正常工作。

首先，接通电冰箱电源，将温控器置于"不停"位置，将手背触及压缩机外壳，如能感到微微振动，则表明压缩机运转；感觉不到微微的振动，则表明压缩机没有运转。而在数秒钟就听到压缩机处有"叭嗒"一声，这是热保护器蝶形金属片动作切断了电路，待3min后又"叭嗒"一声，热保护器蝶形金属片冷却后复位，如此往复循环，压缩机外壳温度在70～80℃。

一般正常的情况下，热保护器是不动作的，造成其动作的原因有电源电压太低、启动继电器动作，其中最常见的为启动继电器损坏。

4）简捷判断的方法

先用万用表测一下电源电压，该电压应在国标规定允许的187～242V范围内，如电压正常，再打开压缩机侧面的电气附件盒，可以看到与压缩机连接的启动继电器。找一根20cm长的电线，一端接在电动机运行绕组有M字样的插接头上，另一端接在电动机启动绕组有S字样的插接头上，连接好后，开启电冰箱电源，如压缩机电动机立即启动运转，此时马上拉掉该连线，如压缩机电动机一直运转工作，就可以排除压缩机电动机故障，可能性故障出在启动继电器上。找到了故障的部位，就可以动手拔下该启动继电器。

用万用表测量两插孔阻值，正常情况下，电磁线圈朝下，阻值为无穷大，将启动继电器翻转180°，电磁线圈朝上，阻值为零，如后者阻值也为无穷大，说明启动继电器的动触头没有与静触头接通。造成不通的原因：接触点接触不良；重锤衔铁卡住。内部简修方法：用螺钉旋具细心撬开启动器的后盖，看重锤衔铁上下运行是否自如，若有卡住现象，多为重锤严重烧蚀，抽出与重锤连接的T形接触片，先用什锦锉除去重锤外表的铁锈，再用细砂纸磨光滑后抹上一层黄油，目的是防止今后烧蚀；如重锤衔铁上下运行自如，多为触头接触不良，那就要查看一下T形接触片与静触头是否有发黑或氧化物产生，若有以上现象，都应用细砂纸打磨光亮。通过以上两步的检查维修后，重新装回重锤衔铁，用502胶将后盖粘牢，为慎重起见，再用万用表测一下两插孔的阻值，如果都正常，说明启动继电器已修复。把修复好的启动继电器装回到压缩机电动机上，开启电源试机，一般都能正常启动、运转。

5）启动继电器的校验

启动继电器的校验实际上就是调节热保护动触头与启动继电器的吸合电流和释放电流，如图 10-25 所示。

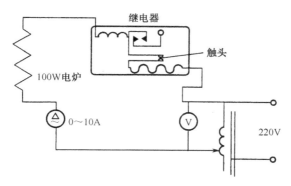

图 10-25 启动继电器的校验

其校验步骤如下：

（1）接通电源后，自耦变压器从零位慢慢上升。这时要注意衔铁的吸合动作，其吸动时的电流值便是线圈的吸合电流值。

（2）慢慢地调节变压器，使其降压，当电源降到衔铁释放时的电流值就是该线圈的释放电流值。

（3）升高变压器的输出电压，使回路电压控制在 3～5A，观察热阻丝对双金属片加热后的变形弯曲情况，直到将触头打开。同时注意延时时间是否保持在 10～13s 范围，如果超出该范围，应适当调整过载时螺钉再进行校验。当经过 3min 后双金属片重新复位，这时弹簧片上的触头应跟着双金属片弯曲，直至触头分开时间不超过 5s 为合格。

（4）如果触头复位时间太短，应调节双金属片与热阻丝接合部位的埋入式螺钉和双金属片下侧靠近永久磁铁的调节螺钉。这个调节螺钉过低时，会造成双金属片弯曲后直接被永久磁铁吸住而不能复位，它一般不能随意调节，因产品出厂前已校准。

3. 半导体启动器（简称 PTC）

1）构成

PTC 应称为正温度系数热敏电阻器，是一种新型的半导体元件。它是以钛酸钡为主要原材料，添加微量锶、钛、铝等化学元素，经配料→温球磨→成形→烧结→施加欧姆电极→测试→包封或组装的半导体陶瓷工艺制成一种 N 型半导体的特征温度值和这些温度所对应的特征电阻值。

2）表示方法

室温电阻（R_{25}）：又称元件的标称电阻值，即元件在 25℃时零功率电阻值。

最低电阻（R_{min}）：即指电阻—温度曲线上最小值点的元件电阻值，对此电阻的温度用 T_{min} 表示。

开关温度（T_b）：当元件的零功率电阻值为 $2R_{min}$ 时所对应的温度，此时电阻值记为 R_b。

温度（T_P）：当元件均匀升至最大电压时，元件所达到的最高温度。

最大电阻（R_N）：元件的零功率电阻在温度曲线上的最大电阻值。对应 R_N 的温度为 T_N。

半导体启动器（PTC）在电冰箱控制电路中的应用如图 10-26 所示。

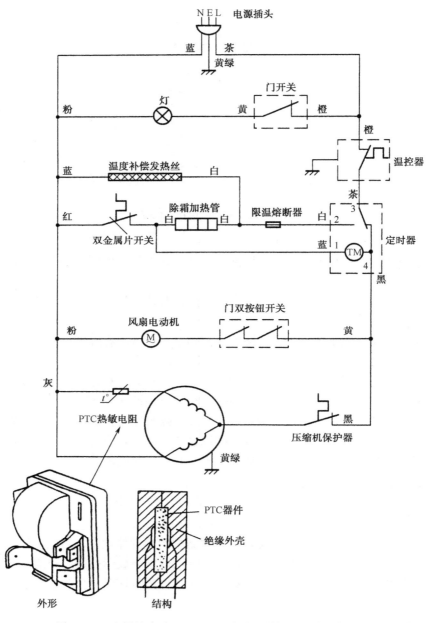

图 10-26　半导体启动器（PTC）在电冰箱控制电路中的应用

3）工作原理

当温度超过开关温度 T_b 时，PTC 电阻急剧增加。但当温度超过最大电阻后，随着温度的增加，其电阻值开始下降。由于元件区温度系数的减小并继而变为负值，所以反应在伏—安曲线上就出现了回升现象。因温度和电阻减小，造成功率不断增大而形成恶性循环，直到元

168

件损坏。在测量静态伏—安特性时一定要有保护装置，并注意观察。

4）作用

由于 PTC 具备以上特性，目前在电冰箱中被广泛采用，使其对整机的电源电压和工作电流起限压、补偿和缓冲作用。

5）检测方法

维修时，判断 PTC 的损坏不难，有一较简单的判断方法：用万用表 R×1 挡测量 PTC 两端，阻值应为（35±2）Ω，如不是则更换 PTC。

4. 埋入式热保护器

在使用半导体启动器的电冰箱电动机中，常常在压缩机绕组的公共端上装有埋入式热保护器，以便在压缩机运转电流变大或压缩机本身过热时，断开压缩机的电路，防止其绕组烧毁。埋入式热保护器结构示意图和采用半导体启动装置及埋入式热保护器的电路图如图 10-27 和图 10-28 所示。

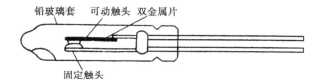

图 10-27 埋入式热保护器结构示意图

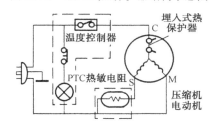

图 10-28 采用半导体启动装置及埋入式热保护器的电路图

任务 10.2.3 电冰箱关键元器件——化霜控制装置及除露控制装置的工作原理、检测方法

电冰箱箱内空气中所含的水分在降温过程中逐渐凝结到蒸发器表面上形成霜层，由于霜层不断加厚，就妨碍了蒸发器的焕热能力，从而影响制冷量。霜层过厚超过 2mm，箱内温度就不会下降，应及时除霜。除霜的方法有三种：人工化霜、半自动化霜、自动循环化霜。"积算式"自动化霜按开门次数化霜。这里介绍自动化霜。

自动化霜装置在我国电冰箱控制中是由简单到复杂逐步改进形成的。

1. 三个循环化霜装置

1）自动循环化霜装置

自动循环化霜控制是由一个简单的定时化霜时间继电器接在普通温度控制器的前面而

形成的，如图 10-29 所示。

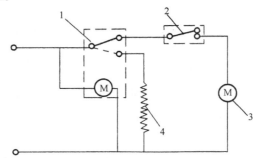

1—定时化霜时间继电器；2—温度控制器；3—电动机；4—化霜加热器

图 10-29　自动化霜控制

如图所示，将活动触点调定在间隔 12h，切断电动机的电路一次，断开的时间约 30min，这时压缩机停止工作。同时接通在蒸发器上的加热器，对蒸发器加热，逐渐使霜层化掉。当定时化霜时间继电器达到原来调定的断开时间后，定时化霜时间继电器的活动触点自动跳回原位置，停止对蒸发器加热，并使压缩机恢复正常运转。当温度降到原来所控制的温度时，温度控制器重新恢复对箱内温度的控制。当达到调定的化霜间隔时间时再重复上述化霜控制过程。

这种化霜控制，不分季节，不分南方、北方，也不管蒸发器上有无霜层和霜层的厚薄程度，一到时间就开动加热器，这样白白浪费了电力，显然很不划算。另外，霜层厚时可能化霜时间不够用，霜层薄时加热时间又过长，造成箱内温度过多的升高，对储存物品产生不利的影响。

2）"积算式"自动化霜控制

为了克服基本自动化霜控制的缺点，出现了"积算式"自动化霜控制，控制过程基本上与基本自动化霜控制相同，所用控制元件也基本一样，只是在电路接法上有所不同。自动循环化霜控制电路是把定时化霜时间继电器接在普通温度控制器的前面，而"积算式"化霜控制电路是把定时化霜时间继电器接在普通温度控制器与电动机电路的中间，如图 10-30 所示。

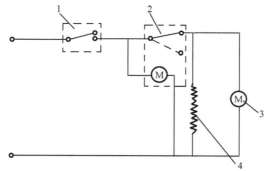

1—温度控制器；2—定时化霜时间继电器；3—电动机；4—化霜加热器

图 10-30　"积算式"化霜控制

这样，当温度控制器使压缩机停止运转时，定时化霜时间继电器也停止运转。制冷压缩机恢复正常运转后，定时化霜时间继电器才能恢复工作。因此，调定的化霜时间间隔不像基本自动化霜控制那样，不是开机、停机的总时间，而是开机总的运转时间。这是因为蒸发器表面结霜的多少是和储存物品的种类、数量、开箱门的次数有关。当箱内储存物品的种类、数量一定时，箱门打开次数越多，侵入带有一定温度的湿空气就越多，蒸发器的表面结霜就越多；反之越少。由此可知箱门打开次数越多，外界进入箱内的热空气越多，压缩机的开动时间就会加长，从而知道蒸发器表面结霜的多少和压缩机的工作时间是成正比的。因此，采用"积算式"化霜控制比基本自动化霜控制较为优越合理，但是加热化霜时间还得采用预先调定的 30min 左右，所以同样不能直接按照蒸发器表面的霜层厚度来进行化霜控制。

3）全自动化霜控制

该控制方法所用的控制元件基本上与前面所讲的两种自动化霜控制相同。除具有一个特制的化霜时间继电器和化霜加热器外，又增加了两个控制元件：双金属片化霜温度控制器和加热化霜超热保险。

全自动化霜控制的电路图如图 10-31 所示。

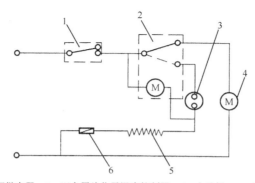

1—温度控制器；2—定时化霜时间继电器；3—双金属片化霜温度控制器；4—电动机；5—化霜加热器；6—加热化霜超热保险

图 10-31　全自动化霜控制的电路图

在通电运转中，定时化霜时间继电器触点的动作时间间隔调定在 8h 断开一次，并通过双金属片化霜温度控制器，到化霜加热器、化霜加热超热保险使电路接通。它的全部控制过程如下：

假定定时化霜时间继电器原触点位置正好是前一次化霜刚结束，接通电动机的电路，压缩机便开始上一个化霜周期的运转，这时定时化霜时间继电器与压缩机电动机同步运转。定时化霜时间继电器与化霜加热器串联在一条电路上，由于定时化霜时间继电器的内电阻（7200Ω）比化霜加热器的电阻（360Ω）大 21 倍左右。因此，在化霜加热器上的电压仅是输入电压的 1/22，当输入电压为 220V 时，化霜加热器上的电压只有 10V，在化霜加热器上所产生的热量是很微小的。由于双金属片化霜温度控制器的内电阻很小，可以忽略不计，认为全部输入电压都加在化霜加热器上，对蒸发器加热化霜。这时定时化霜时间继电器是和双金属化霜温度控制器处于并联状态的，定时化霜时间继电器的内电阻大而处于停止状态。当蒸发器表面的霜层全部融化完时，由于蒸发温度的升高，使双金属化霜温度控制器达到跳开温度 13℃ 左右时，将通往化霜加热器的电路切断，化霜加热器停止对蒸发器的加热，同时定时化霜时间继电器开始运转，但电动机还不能工作，这是因为定时化霜时间继电器的活动触点还没有跳回接通电动机的电路。定时化霜时间继电器动作原理示意图如图 10-32 所示。

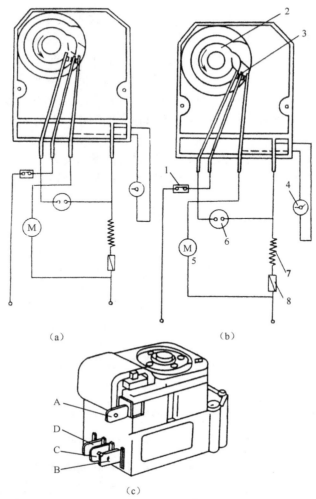

1—温度控制器；2—凸轮；3—活动触点；4—继电器时钟；5—电动机；6—双金属片化霜温度控制器；

7—化霜加热器；8—加热化霜超热保险

图 10-32　定时化霜时间继电器动作原理示意图

如图 10-32（b）所示位置，这时只要定时化霜时间继电器的凸轮再向逆时针旋转（定时化霜时间继电器的运转方向）很小角度，触点就会形成图 10-32（a）的位置，将电动机的电路接通。一般将凸轮调定在逆时针旋转 2min 的小角度，所以从化霜加热器，由双金属片化霜温度控制器切断电路停止对蒸发器加热后 2min，压缩机才能开始下一个化霜周期的运转。压缩机恢复下一个化霜周期的制冷运转后，蒸发器的表面温度很快下降，当降到 5℃时，双金属片化霜温度控制器开始复位，将通往化霜加热器的电路接通，等待下一个周期的加热化霜，从而形成对电冰箱周期性的全自动化霜控制。

综上所述，蒸发器表面的霜层多少是和化霜加热器加热所需时间成正比的。结霜越多加热时间越长，反之越短。它受到双金属片化霜温度控制器的控制，当蒸发器的温度达到霜层全部融化完时的预定温度时，化霜加热器才会停止加热，从而克服了化霜时间一定所形成的缺点。

加热化霜超热保险串接在化霜加热器的电路中，如图 10-33 所示。

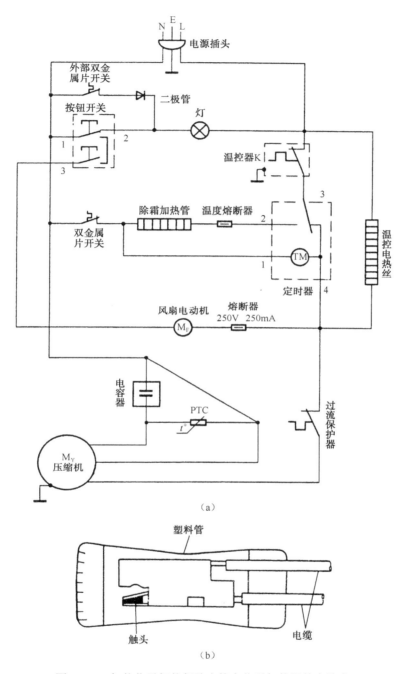

（a）

（b）

图 10-33　加热化霜超热保险串接在化霜加热器的电路中

　　装置在蒸发器上，直接感受蒸发器的温度，其调定断开温度在 65～70℃之间，防止由于某种原因双金属片化霜温度控制器发生故障，不能断开化霜加热器的电路，蒸发器已被加热到 65～70℃时，仍然继续加热，温度不断上升，蒸发器管路内压力也同样升高，当压力值超过允许的压力时，造成管路爆裂，损坏蒸发器。这种装置和一般电路上使用的保险一样，只能起一次保险作用。如果超热保险熔断后，应在故障修好后重新更换一支新的接入电路。

在实际使用工作中，可按照图10-33把手控扭轴顺时针旋转一定角度，定时化霜时间继电器内的触点提前到达化霜位置，完成提前化霜的目的。

2. 除露控制装置

电冰箱箱壁的隔热性能应在使用环境的相对湿度为95%以上时，箱壁的外表面不能出现凝露现象。但箱体门口周围部位很难满足这个要求，于是就在箱体门口部位加装一定的除露装置来提高该部位的外表面温度，使其不低于环境温度中相对湿度所对应的露点温度，防止在箱体外表面凝结露水。

除露装置在电冰箱中有两种形式。

1）电热除露装置

电热除露装置是用很细的镍铬电热旋绕在条声波波段的总线上，外包一层塑料绝缘层，其外径约4mm，所以从外表面看很像普通的塑料电线。将其紧贴在箱门口周围的内表面，作为电热除露装置。在接入电路时常串接一个开关，称为除露开关。当电冰箱的使用中，环境温度偏高时，将除露开关接通进行除露；环境温度低时，将除露开关断开，可节约电费。但由于其结构复杂，采用的是手动控制，同时增加15W左右的耗电量，所以是一种很不理想的除露装置。

2）高压管除露装置

高压管除露装置在双门电冰箱制冷系统中的应用如图10-34所示。

该除露装置是利用电冰箱压缩机在工作中排出的高温高压制冷剂，在进入冷凝器后或进入冷凝器前，先进入该装置在箱体门口周围的管路中代替电热除露装置，对该部位进行加热除露。采用这种方法后比用电热除露装置省电，提高了制冷系统的制冷效果，可以实现电冰箱的全自动化控制。

3. 防冻装置

防冻装置主要用在无霜式双温双门电冰箱上，其防冻装置分布如图10-35所示。

防冻装置一般设在蒸发器、蒸发器接水盘出水管的外表面和风扇扇叶孔圈周围。在蒸发器化霜过程中的水滴通过出水管和接水盘时发生冰冻堵塞，造成接水盘内水过多时溢到外面，淋湿污染冷藏物品。对风扇孔圈的加热，是因为蒸发器在化霜过程中，风扇孔圈周围仍处于0℃以下，如果不进行加热，孔圈周围就会结霜，结霜过厚，就有可能将扇叶卡住，使箱内空气不能正常循环，并会因卡住扇叶造成风扇电动机烧毁的危险。装在温感风门温度控制器主体外壳表面上的加热器应是经常接通的，对其进行加热是为了保证温感风门温度控制器在工作时感温管部位的温度高于毛细管尾部温度而设置的。防冻装置的构造如图10-36所示。

很简单，加热线的结构与门口除露装置的电热丝相同，将其贴在所要防冻的部位，贴在展开形状相同的平面铝箔上，铝箔涂上黏合剂，安装时将其粘在需要防冻的外表面位置。

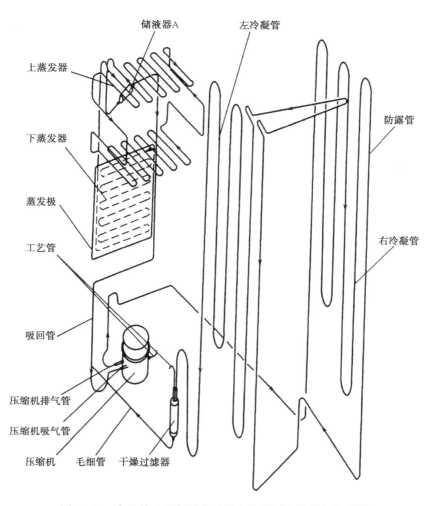

储液器A
左冷凝管
上蒸发器
下蒸发器
蒸发极
工艺管
吸回管
防露管
右冷凝管
压缩机排气管
压缩机吸气管
压缩机　毛细管　干燥过滤器

图 10-34　高压管除露装置在双门电冰箱制冷系统中的应用

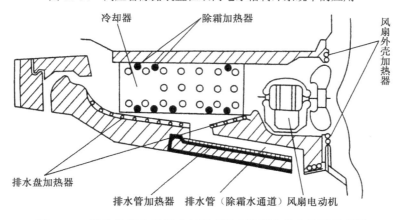

冷却器
除霜加热器
风扇外壳加热器
排水盘加热器
排水管加热器　排水管（除霜水通道）风扇电动机

图 10-35　防冻装置在无霜式双温双门电冰箱中分布位置示意图

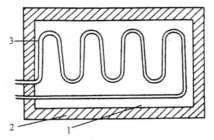

1—平面铝箔；2—黏合剂；3—有塑料外皮的加热线

图 10-36　防冻装置

4. 补偿加热器

补偿加热器电冰箱电路控制方法如图 10-37 所示。

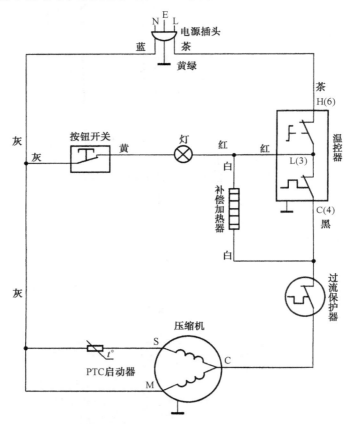

图 10-37　补偿加热器电冰箱电路控制方法

5. 风扇电动机

风扇电动机主要用在"无霜汽化"式双温双门电冰箱中，使箱内空气强制流过翅片管式蒸发器，把箱内空气热量传给蒸发器，温度下降后，通过风扇按着一定的循环风道进入冷藏室，形成箱内空气强制循环时对储存物进行冷却。风扇电动机的转速一般为 2600～3000r/min，输入功率平均在 8W 左右，如图 10-38 所示。

　　风扇电动机基本上处于连续运转状态，只在打开箱门取出或放入物品的瞬间停止运转。因此对其轴承要求很高，一般使用寿命在 2 万小时以上，而且运转时的噪声要小于 30dB。

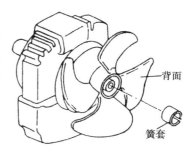

图 10-38　风扇电动机

6. 箱内照明灯

　　箱内照明灯一般装在箱内右侧壁上，双门电冰箱只在冷藏室装有照明灯，为满足使用要求，开关电门应做到：门开时灯亮，门关后灯灭。其功率在 220V/15W，常见的故障是灯泡内乌丝熔断。

7. 压缩机

　　压缩机是电冰箱制冷系统的动力核心，通过其内部电动机的转动将制冷剂由低温低压气体压缩成高温高压气体，实现制冷剂在系统内的流动。压缩机按结构可分为往复式、旋转式和涡旋式压缩机，按提供的电源可分为单相（220V/50Hz）、三相（380V/50Hz）及变频压缩机。

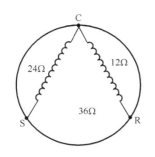

图 10-39　单相压缩机电动机
启动绕组与运转绕组

　　单相压缩机内的电动机有两个绕组——启动绕组和运转绕组，启动绕组比运转绕组电阻值大。两个绕组接出 3 个接线端子：C 代表公用端；R 代表运行端；S 代表启动端。3 个接线端子的关系如图 10-39 所示。

　　由图 10-39 可知，$R_{SR}=R_{CS}+R_{CR}$，又知 $R_{CS}>R_{CR}$，所以，从外部判定 3 个端子时，可把万用表的选择开关调整到 R×1 电阻挡，先找出 3 个接线端子之间阻值最大的两个端子，它们一定是 R 和 S，而另一个是公用端 C。再用公用端 C 分别测量其与另外两个端子之间的电阻，阻值大的为启动端子 S，阻值小的为运行端子 R。这是维修人员必须掌握的最基本的测量判定 3 个接线端子的方法。

　　压缩机电动机故障率较高，一般容易产生如下 3 个故障：

　　（1）短路。绕组短路是由于绕组的绝缘变坏而产生的。出现这种故障后，有时电动机还可以继续运转，但速度较慢而电流较大。用万用表测出绕组的阻值如果小于已知的正常阻值，即可判断有短路故障。

　　（2）断路。内部接线端焊接头焊接不牢或松脱断线或绝缘变坏使绕组烧断都会造成断路。断路故障会使电动机完全不能启动。用万用表检测时，如果两接线端之间不导通，即电阻为无穷大时，此绕组断路无疑。不过有一点务必提醒维修人员，就是在现场修理中，怀疑压缩机电动机绕组断路但同时发现压缩机外壳温度较高时，有可能是绕组内部的可恢复性热保护器起跳。这时应等其冷却后再测量一下，若恢复正常，应找出发热原因，排除故障，保护好压缩机。

　　（3）绕组与外壳击穿。这是由于绕组受潮或绝缘老化所致。这种故障会使外壳带电，极不安全。可用兆欧表测量，绕组与外壳（去漆皮，露出金属本色）之间的电阻应大于 5MΩ。

8. 电冰箱电路控制方法

1）直冷式电冰箱的控制电路

典型的直冷式电冰箱控制电路如图 10-40 所示。

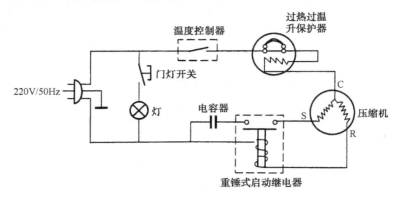

图 10-40　直冷重锤式电冰箱控制电路

其工作过程是：当电源接通后，电动机的运行绕组和启动继电器线圈通过过载过热保护器和温度控制器构成的回路。在此瞬间内，启动电流达 6～10A，从而使启动继电器的衔铁吸合，常开启动触点被接通，使压缩机的启动绕组有电流通过，产生旋转磁场，电动机转子开始旋转。随着旋转的加速，运转绕组电路中串联的电容起到增大电动机的启动转矩、改进启动性能的作用。过载过热保护器的触点在正常工作中处于常闭位置，当电流过大或长时间动转使压缩机温升过高时，过载过热保护器的双金属片会因受热变形而使常闭触点断开，切断电路。

温度控制器利用装有感温剂的感温管检测箱内温度，通过触点的开、闭来控制电动机的停止与启动。

箱内照明灯开关在箱门关闭时处于常开位置，它和照明灯串联后与压缩机电动机控制电路并联于电路中。因此，不论压缩机是否运转，箱门开时灯亮，关时灯熄。

2）间冷式电冰箱的控制电路

间冷式电冰箱是靠强迫箱内空气流动进行冷却的，因此在直冷式电冰箱控制电路的基础上，还必须设置电风扇控制装置及除霜加热器、除霜温控器。典型的控制电路如图 10-41 所示。

其中风扇电动机通过门开关与压缩机电动机并联，通过门开关来控制风扇电动机的开停。门开关采用双向触点，开门时，风扇电动机停，照明灯亮；关门时，风扇电动机开，照明灯熄灭。

除霜控制电路主要由除霜定时器、除霜加热器、除霜温控器等电器元件组成。除霜的工作过程是：当定时器运行到所控制的时间时，触点动作，切断电冰箱压缩机电源，同时接通除霜电路，除霜加热器开始加温融霜。当蒸发器表面的霜全部融化并达到一定温度后（约±13℃），除霜温控器触点跳开，切断加热器，除霜定时器计时约 2min 后重新接通压缩机，开始制冷工作，同时也切断了除霜电路。在除霜电路中还设置了除霜保护器，主要作用是防止除霜温控器失控后造成加热器继续加热使温度升高造成起火。

3）双门双温双控电冰箱控制电路

双门双温双控控制称为 1.2.0 式控制。上电初始，冷冻室、冷藏室同时制冷，当冷冻室温度达到设定温度后，通往冷冻室电磁阀关闭，而冷藏室仍继续制冷，当而冷藏室温度达到设定温度后压缩机才停止工作。当冷冻室温度控制器有故障时，压缩机不工作。当冷藏室温度控制器有故障后，冷冻室继续制冷，此故障现象是冷冻室很冷，冷藏室不冷，给维修人员的假象是电冰箱内漏，其故障是冷藏室温度控制器损坏。

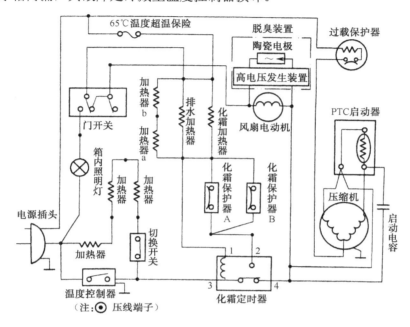

图 10-41　典型间冷式电冰箱控制电路

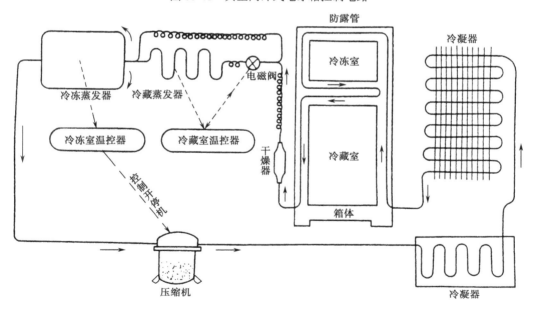

图 10-42　双门双温双控 1.2.0 式控制

新型电冰箱控制电路分析与系列故障技能实训

学习目的：从知名新型豪华电冰箱入手，分析新型豪华电冰箱控制电路特点、常见故障排除方法。

学习重点：掌握新型豪华电冰箱制冷系统走向、风系统循环方向、控制电路检测方法等，为走向社会打下基础。

教学要求：本单元旨在使读者掌握海信、海尔、美的、科龙、容声新型豪华电冰箱控制电路分析方法及维修技巧。从新型豪华电冰箱故障案例中找出共性，融会贯通，提高排除故障的能力。

项目 11.1 海信新型系列电冰箱故障分析与故障维修技能实训

任务 11.1.1 海信 BCD-282TDe 豪华电冰箱故障分析与故障维修技能实训

1. 整机性能指标（如表 11-1 所示）

表 11-1 整机性能指标

型　　号	BCD-282TDe
额定电压	220V，50Hz
气候类型	SN、N、ST
防触电保护类型	I 类
总容积（L）	282
冷冻室容积（L）	75
软冷冻室容积（L）	56
耗电量（kW·h/24h）	0.69
制冷剂及装入量	R600a，55g
冷冻能力（kg/24h）	10

▶ 2. 控制功能说明

本控制板由显示板、主控板两部分组成。

1）基本参数

（1）电源。

电压：165～242V。

频率：50±1Hz。

（2）温控方式：电脑控制，三循环。

（3）显示方式：LCD 显示。

（4）电冰箱采用 5 只温度传感器：冷藏室、冷冻室、变温室、环境、化霜温度传感器。

2）外观和结构

（1）主控板、电源板应符合相应图纸要求，标记、印刷字样应完整、清晰。

（2）按键定义。

功能键：选择设定状态：冷藏设定→变温设定→冷冻设定。

设定键：在设定状态下，改变设定值（+）。

智能键：设置电冰箱工作在智能模式或退出智能模式。

速冻键：设置电冰箱工作在速冻模式或退出速冻模式。

解锁键（同时按下"智能键"和"速冻键"2s）：锁定状态下将按键解锁。

（3）LCD 功能键定义。

LCD 功能键定义如图 11-1 所示。

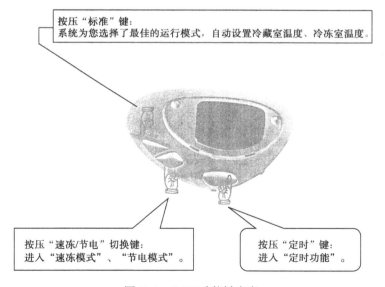

图 11-1 LCD 功能键定义

采用三温度显示区，分别显示冷藏室、变温室、冷冻室温度，并且设置定时显示设定温度。

智能图标：点亮时表示电冰箱运行在智能模式。

速冻图标：点亮时表示电冰箱运行在速冻模式。

锁定图标：点亮时表示电冰箱按键处于锁定模式。

3）功能要求

（1）初始状态。初始上电的运行状态：按键处于解锁状态，自动设定在智能运行状态，不进入速冻模式。

（2）按键锁定和解锁。在按键解锁状态或10s无任何按键操作，自动进入锁定状态，"锁定图标"亮，除"解锁键"外其他按键不起作用。在按键锁定状态按下"解锁键"，按键解锁，"锁定图标"灭，可以进行其他按键功能操作。

（3）正常温控模式。

冷藏室温度设置：解锁状态下，按下"功能键"，冷藏室温度显示区显示原设定温度并以 1Hz 频率闪烁，再每按一次"设定键"冷藏室温度设定按 2→3→4→5→6→7→8→OF→2 循环，5s 内无按键，停止闪烁，设置生效。

变温室温度设置：冷藏室温度设置状态下，按下"功能键"，变温室温度显示区显示原设定温度并以 1Hz 频率闪烁，再每按一次"设定键"，变温室温度设定按-7→-6→-5→-4→-3→-2→-1→0→1→2→3→4→OF→-7 循环，5s 内无按键，停止闪烁，设置生效。

冷冻室温度设置：变温室温度设置状态下，按下"功能键"，冷冻室温度显示区显示原设定温度并以 1Hz 频率闪烁，再每按一次"设定键"，冷冻室设定温度加 1，从-30～-12℃循环，5s 内无按键，停止闪烁，设置生效。

电冰箱的各室温度传感器控制如表 11-2 所示。

表 11-2　电冰箱各室温度传感器控制

冷藏室（℃）			变温室（℃）			冷冻室（℃）		
冷藏设置	开机	关机	变温设置	开机	关机	冷冻设置	开机	关机
0	3	0	6	5	3	-10	-8.5	-10.5
1	4	1	5	4	2	-11	-9.5	-11.5
2	5	2	4	3	1	-12	-10.5	-12.5
3	6	3	3	2	0	-13	-11.5	-13.5
4	7	4	2	1	-1	-14	-12.5	-14.5
5	8	5	1	0	-2	-15	-13.5	-15.5
6	9	6	0	-0.5	-2.5	-16	-14.5	-16.5
7	10	7	-1	-1	-3	-17	-15.5	-17.5
8	11	8	-2	-1.5	-3.5	-18	-16.5	-18.5
9	12	9	-3	-2	-4	-19	-17.5	-19.5
10	13	10	-4	-3	-5	-20	-18.5	-20.5
			-5	-4	-6	-21	-19.5	-21.5
			-6	-4.3	-6.3	-22	-20.5	-22.5
			-7	-4.6	-6.6	-23	-21.5	-23.5
			-8	-6	-9	-24	-22.5	-24.5
			-9	-8	-10	-25	-23.5	-25.5
			-10	-9	-11	-26	-24.5	-26.5

续表

冷藏室（℃）			变温室（℃）			冷冻室（℃）		
冷藏设置	开机	关机	变温设置	开机	关机	冷冻设置	开机	关机
			-11	-10	-12	-27	-25.5	-27.5
			-12	-11	-13	-28	-26.5	-28.5
			-13	-12	-14	-29	-27.5	-29.5
			-14	-13	-15	-30	-28.5	-30.5
			-15	-14	-16	-31	-29.5	-31.5
			-16	-15	-17	-32	-30.5	-32.5
			-17	-16	-18	-33	-31.5	-33.5
			-18	-17	-19	-34	-32.5	-34.5
			-19	-18	-20	-35	-33.5	-35.5
			-20	-19	-21	-36	-34.5	-36.5
						-37	-35.5	-37.5
						-38	-36.5	-38.5
						-39	-37.5	-39.5
						-40	-38.5	-40.5

注：上表数据在智能状态或显示温度时使用。变温室化霜过程中不控温。

电磁阀及压缩机运行状态如表 11-3 所示。

表 11-3　电磁阀及压缩机运行状态

冷藏室状态	变温室状态	冷冻室状态	前电磁阀（白线）	后电磁阀（红线）	压缩机
关机	关机	关机	—	—	OFF
超 2 度	超 2 度	×	0	1、0 各 25min	ON
×	超 2 度	×	0	1	ON
开机	×	×	0	0	ON
关机	开机	×	0	1	ON
关机	关机	×	0	1	ON
关机	关机	开机	1	×	ON
压缩机强制停机 30min 或压缩机保护 5min			—	—	OFF

注：1 表示正脉冲信号，0 表示负脉冲信号，一表示不给任何信号，×表示状态可忽略，ON 表示工作，OFF 表示关机；压缩机工作时，每 60s 给电磁阀送信号（5 个）；"超 2 度"表示温度回升至开机点 2℃ 以上再降至开机点的过程。变温室化霜时其"超 2 度"不成立。

（4）速冻模式。解锁状态下，按下"速冻键"，"速冻图标"亮，则进入速冻模式；再按一次按键，"速冻图标"灭，则退出速冻模式。速冻模式工作时间为 24 小时。速冻模式下，不能进行冷冻室温度设置。若在速冻模式下断电，则上电后进行速冻温度设置。速冻结束后，进入先前模式；进行智能设置时，退出速冻模式。速冻过程中压缩机一直运行。

（5）智能模式。解锁状态下，按下"智能键"，电冰箱进入智能模式，"智能图标"亮，再按一次，退出智能模式，"智能图标"灭。除化霜传感器外任一传感器故障或进行冷藏、变温、冷冻温度设置时，不能进入智能模式。

智能模式下，根据环境温度各室智能设定温度如表 11-4 所示。

表 11-4 各室智能设定温度

单位：℃

环境温度 T	冷藏开关机（设定温度）	变温开关机（设定温度）	冷冻开关机
36≤T	8	−2	−15
33≤T≤37	8	−3	−16
29≤T≤34	7	−3	−17
26≤T≤30	6	−4	−18
23≤T≤27	5	−4	−18
19≤T≤24	4	−4	−18
13≤T≤20	3	−5	−18
T≤14	2	−5	−18

（6）断电记忆。控制器设计有 EEPROM 存储器，使电冰箱在断电后能够自动记忆断电前的运行模式和状态，恢复上电后，控制器从 EEPROM 存储器中读取断电前的状态，并按断电前的运行模式运行。

（7）按键伴音功能，每按一下按键（有效操作），蜂鸣器响 0.2s。报警蜂鸣时，每分钟连续鸣叫 3 次，频率为 1Hz。

（8）保护模式。压缩机在任何时候连续两次运行的时间间隔不小于 5min，断电 5min 以上再上电不延时。

如果压缩机连续运行 4h 不停机，则强制压缩机停机 30min 后再由温度控制运行（速冻模式下不进行连续运行时间累计）。

（9）冷藏室开门报警功能。冷藏室开门时打开冷藏室照明灯，开门时间大于 2min 后关闭照明灯，并发出报警蜂鸣，且冷藏温度区闪烁显示"dr"，关门后恢复原显示。

（10）变温室化霜功能。当化霜传感器温度低于 5℃时进行 8 小时定时操作，期间高于 7℃时定时为零。8 小时定时到化霜开始。化霜时，加热丝工作，达到 30min 或化霜传感器高于 10℃时加热丝停止工作，加热丝停止工作 10min 后化霜结束。化霜过程中强制变温室不工作。

4）传感器故障（短路或断路）显示及运行模式

（1）当冷藏室温度传感器发生故障时，冷藏温度显示区显示"F1"。

（2）当变温室温度传感器发生故障时，变温温度显示区显示"F2"。

（3）当冷冻室温度传感器发生故障时，冷冻温度显示区显示"F3"。

（4）当环境温度传感器发生故障时，冷藏温度显示区显示"F4"。

（5）当冷藏室温度传感器与环境温度传感器同时故障时，冷藏温度显示区显示"F5"。

（6）当变温室化霜传感器故障时不显示。

（7）冷藏室、变温室、冷冻室温度传感器发生故障时均进入累计开机 40min、停机 40min 的固定循环。

5）温度显示规则

（1）当冷藏室或变温室处于关闭状态时，其相应温度显示区不显示任何内容。

（2）LCD 在任何按键按下时或在冷藏室开门时背光亮，无按键操作、冷藏室关门 1min 后背光灭。

（3）当前显示温度与应显示温度相差 2℃时按 1℃/30s 渐变。

6）控制优先级

F1、F2、F3、F4、F5>正常显示控制，5min 延时>4h 保护>智能>速冻>正常控制。

7）系统原理图及说明（如图 11-2 所示）

本系统由压缩机排出高温、高压制冷剂气体，经左、右冷凝器防凝露管冷却成中温、高压液体后，经过干燥过滤器、毛细管截流后在蒸发器里蒸发成气体，从而进行制冷，制冷剂气体再回到压缩机从而循环。但是本系统三条制冷回路分别受冷藏室温控器、软冷冻室温控器、冷冻室温控器的控制。初开机时，制冷剂从压缩机排出，经由左冷凝器、防凝露管、右冷凝器、干燥过滤器、双联电磁阀、冷藏毛细管、冷藏室蒸发器、冷冻室蒸发器回到压缩机；冷藏室温度达到设定要求后，双联电磁阀动作换向，制冷剂从压缩机排出后改经左冷凝器、防凝露管、右冷凝器、干燥过滤器、双联电磁阀、软冷冻蒸发器、冷藏室蒸发器、冷冻室蒸发器回到压缩机；在冷藏室温度、软冷冻室温度均达到设定要求后，双联电磁阀动作换向，制冷剂从压缩机排出后再改经左冷凝器、防凝露管、右冷凝器、干燥过滤器、双联电磁阀、冷冻毛细管、冷冻室蒸发器回到压缩机。在冷藏室温度、软冷冻室温度、冷冻室温度均达到设定要求后，压缩机停止运转。

3. 接线方法

接线方法如图 11-3 所示。

4. 常见故障维修方法（如表 11-5 所示）

表 11-5 常见故障维修方法

序 号	故 障 现 象	原 因	解 决 方 案
1	冷藏室显示"F1"，表示冷藏室传感器坏	（1）传感器线短/开路。 （2）传感器探头坏。 （3）传感器束插头接触不良。 （4）主控板坏	（1）找到短/开路点。 （2）放探头。 （3）插紧。 （4）换主控板
2	变温室显示"F2"，表示变温室传感器坏	（1）传感器线短/开路。 （2）传感器探头坏。 （3）传感器束插头接触不良。 （4）主控板坏	（1）找到短/开路点。 （2）放探头。 （3）插紧。 （4）换主控板

续表

序 号	故 障 现 象	原 因	解 决 方 案
3	冷冻室显示"F3"，表示冷冻室传感器坏	(1) 传感器线短/开路。 (2) 传感器探头坏。 (3) 传感器线束插头接触不良。 (4) 主控板坏	(1) 找到短/开路点。 (2) 放探头。 (3) 插紧。 (4) 换主控板
4	冷藏室显示"F4"，表示环境传感器坏	(1) 传感器线短/开路。 (2) 传感器探头坏。 (3) 传感器线束插头接触不良。 (4) 主控板坏	(1) 找到短/开路点。 (2) 放探头。 (3) 插紧。 (4) 换主控板
5	冷藏室显示"F5"，表示环境传感器与冷藏室传感器坏	同1、4条	同1、4条
6	显示板显示不全或乱	(1) 显示板连接线接触不良。 (2) 显示屏坏	(1) 插紧。 (2) 换显示板
7	按键蜂鸣不响	(1) 按键锁未开。 (2) 蜂鸣器坏。 (3) 显示板连接线接触不良	(1) 按键解锁。 (2) 换显示板。 (3) 插紧
8	按键无反应	(1) 按键锁未开。 (2) 按键被卡住。 (3) 显示板连接线接触不良。 (4) 显示板坏	(1) 按键解锁。 (2) 重装显示板。 (3) 插紧。 (4) 换显示板
9	冷藏室不制冷，但压缩机开	(1) 冷藏室制冷功能已关。 (2) 电磁阀没转换。 (3) 主控板坏	(1) 打开制冷功能。 (2) 进入速冻功能，开关冷藏室制冷功能，听是否有转换声，如没有则查看电磁阀接线是否插牢；电磁阀坏。 (3) 换主控板
10	变温室不制冷，但压缩机开	(1) 变温室制冷功能已关。 (2) 电磁阀没转换。 (3) 主控板坏	(1) 打开制冷功能。 (2) 进入速冻功能，关冷藏室制冷功能，在变温室应制冷的情况下开关变温室制冷功能，听是否有转换声，如没有则查看电磁阀接线是否插牢；电磁阀坏。 (3) 换主控板
11	开关灯不亮或关门灯不灭	(1) 照明灯坏。 (2) 门开关坏。 (3) 主控板坏。 (4) 门开关连接线接触不良	(1) 换照明灯。 (2) 换门开关。 (3) 换主控板。 (4) 插紧
12	显示各室温度很高且压缩机从不开机	(1) 压缩机驱动线没电。 (2) 主控板坏。 (3) 压缩机变频器坏。 (4) 压缩机坏	(1) 换主控板。 (2) 换压缩机变频器。 (3) 换压缩机
13	显示各室温度都很高且压缩机已经长时间开机	制冷剂泄漏	加制冷剂
14	设定数据断电后不记忆	主控板坏	换主控板
15	电磁阀有杂音	(1) 主控板坏。 (2) 电磁阀坏	(1) 换主控板。 (2) 换电磁阀

注：在查看故障时，要首先查看相应线束插接是否牢靠，所用电源是否正确。

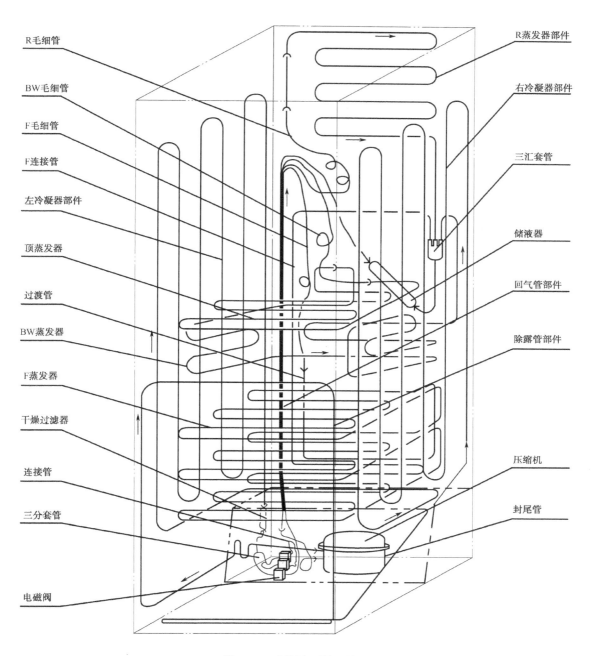

R毛细管

BW毛细管

F毛细管

F连接管

左冷凝器部件

顶蒸发器

过渡管

BW蒸发器

F蒸发器

干燥过滤器

连接管

三分套管

电磁阀

R蒸发器部件

右冷凝器部件

三汇套管

储液器

回气管部件

除露管部件

压缩机

封尾管

图 11-2　系统原理图及说明

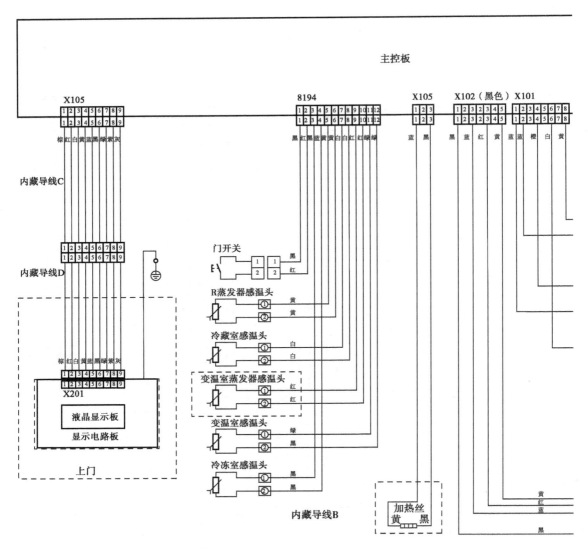

技术要求

1.所有连接器阴阳配合应是自然状态，圈定调和到位，并适当拉伸，确保
连接器接线端子间接触良好。
2.到压缩线导线应理齐，多余的线条在压缩线线盒中，并用圈定线夹固定。
3.接地线均接在压缩机托板的边上。
4.图中部件图号供参考，以产品明细为准。
5.本图未注明的连接件图号均在各部件图中标注。

图 11-3　接线

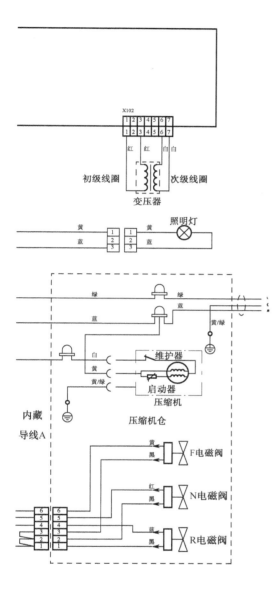

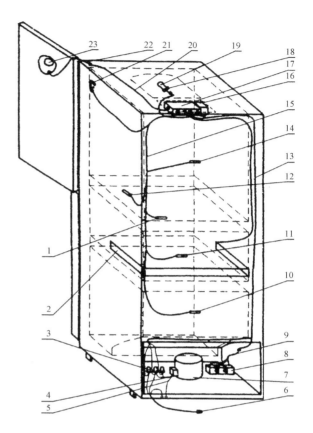

23	80G23-100	显示电路板	1		
22	8DG38-93	内藏导线D	1		
21	8DG16-17	门开关	1		
20	8DG38-92	内藏导线C	1		
19		灯泡	1	240V 10W	
18	8DG17-08	灯座部件	1		
17	8DG23-117	主控制板	1		
16	8DG14-07	变压器	1		
15	8DG38-116	内藏导线B	1		
14		R蒸发器感温头	1		在内藏导线B上
13	8DG38-111	内藏导线A	1		
12		冷藏室感温头	1		在内藏导线B上
11		变温室蒸发器感温头	1		在内藏导线B上
10		冷冻室感温头	1		在内藏导线B上
9	8DG37-48	电磁线连接线	1		
8	8DG24-23	电磁线	3		
7		压缩机组件	1		
6	TB.00.02A-00	带锤头的电源线	1		
5	BDG34-00	压缩机连接线	1		
4	BDG35-00	压缩机连接线	1		
3		网线端子	3	CE2	
2	BDG22-63	除温加热丝	1		
1		变温室感温头	1		在内藏导线B上
序号	代　　　号	名　　　称	数量	材料与规格	备　　　注

方法

5. 疑难故障检修思路

1）冷藏室风机不运转

检修思路：电冰箱冷藏室风机运转的条件要求冷藏室必须关门，且冷藏室要求制冷。因此，首先可以先通过面板调节，关闭变温室，将冷藏室门打开一会儿，使冷藏室温度上升，达到冷藏室要求制冷的目的（请注意：压缩机在任何时候连续两次运行的时间间隔不小于5min）；其次，可以通过检修看是否因为"冷藏室关门"原因而引起的。

（1）检查门开关是否损坏：门开关不仅控制冷藏室风机的运转，而且控制冷藏室灯的点亮与否。当冷藏室门打开，即门开关闭合，此时LED灯应当点亮，用手压合住门开关，LED灯应当熄灭。如与预期的效果不符合，请将门开关撬出，查看门开关线束是否对插好，直接将门开关两根线束短路，查看灯是否点亮。

> **注意**
>
> 该型号的电冰箱门开关接线为弱电信号，可以直接短路，其他型号电冰箱可能为强电，请不要用手将其直接短路。

（2）查门开关引线是否断路：拆开后背板上主控板盒罩，拔出XP104上的排插，将其用两线短路后，用万用表检测门开关两端线束，看是否为通路。

（3）查单片机控制风机信号输出是否正确：冷藏室开门后，用表检测单片机控制风机信号的对应引脚是否为高电平，如果没有高电平，则进一步检测三极管看是否三极管坏。

（4）检测风机部分：在风机引线端接12V电源，查看风机是否运转。如不运转，拆开风机罩，检测风机两端电压是否是12V，由此判断风机连接线是否存在错接、断路等现象。如果一切正常，则最终判断风机坏，更换风机。

2）变温室风机不运转

检修思路：电冰箱变温室风机运转的条件要求变温室制冷。因此，首先可以通过面板调节，关闭冷藏室，将冷藏室门打开一会儿，使冷藏室温度上升，达到冷藏室要求制冷的目的（请注意：压缩机在任何时候连续两次运行的时间间隔不小于5min）。如果风机不运转，则检查接线和风机是否有故障。

任务11.1.2　海信BCD-255W/PP变频系列电冰箱故障分析与维修技能实训

例1　电冰箱不制冷且压缩机不工作

分析与检修：现场检查发现控制压缩机排插XP104脱落。

维修方法：把XP104插接牢固后故障排除。

经验与体会：压缩机的主控板输出不同频率的PM信号，通过排插XP104对应引脚送入驱动板或驱动盒，如XP104插件脱落压缩机肯定不工作。

例2　电冰箱压缩机工作但不制冷

分析与检修：上门进行现场检查发现电磁阀线圈电阻值参数改变。

维修方法：更换同型号电磁阀后故障排除。

经验与体会：海信变频电冰箱电磁阀有一个进口管（A），两个出口管（B）、（C），有两个稳定的工作状态，电磁阀线圈通正脉冲电流后 A 与 B 相通、与 C 不通，电磁阀线圈通负脉冲电流后 A 与 C 相通、与 B 不通。

例 3 电冰箱制冷正常但冷藏室灯泡不亮

分析与检修：现场检查发现灯泡泡丝烧坏。

维修方法：更换灯泡后，故障排除。

经验与体会：灯泡工作原理：冷藏室开门后，单片机门开检测端检测到开门信号后，单片机 28 脚输出高电平，继电器闭合，灯泡两端得到 220V 交流电，冷藏室内两个灯同时点亮。

可能出现的问题及检测办法：

（1）一个灯泡亮，另一个灯泡不亮。断电后，查看不亮的灯泡是否旋紧，用万用表检测开关连接线相同颜色线是否相通，如相通则更换不亮的电灯泡。

（2）两个都不亮。

① 首先检验门开关是否损坏，门开关引线是否存在断路现象。

② 检验灯开关连接线是否存在断路现象。

③ 检查门开关是否损坏。

例 4 海信 BCD-255W 型电冰箱，制冷效果差

分析与检修：经全面检查，发现发泡层厚度不够及顶部发泡接合缝经长时间热胀冷缩，导致出现裂纹，从而使水分渗入。

维修方法：打开顶盖及顶盖支承，挖掉受潮及有缺陷的发泡，顶部用锡纸及胶纸打横、竖起、粘贴，将需发泡的部位围好，发泡后倒入顶部，要求比原部层高 2cm，固化后用刀割平，用锡纸包严（注意密封，不要留有缝隙），通电后，故障排除。

例 5 海信 BCD-255W 型电冰箱，接通电源后，显示板显示"F3"

分析与检修：该电冰箱采用微电脑模糊控制和双循环自动控制系统，只有自动化霜、超冻模式、停电记忆和超温报警等模式。

自动化霜的功能由微电脑控制，与微电脑内部时钟、冷冻室蒸发器感温头及冷藏室蒸发器感温头有关。该电冰箱冷藏室的制冷方式为直冷式，相对风冷式而言，可提高食物的保湿性能。超冻模式能保证速冻的要求，可使食物更加新鲜。执行超冻模式时，压缩机需不停电地运转，直至再次按下超冻模式键或在超冻模式下运转 26h。停电记忆功能即停电延时保护功能，可记忆停电时间，停电超过 4min 时，压缩机不延时启动；若停电不足 4min 时，则可补足 4min 的差值后使压缩机再启动。如冷藏室温度低于-10℃，则对冷冻食物的保存不利，此时蜂鸣器便可报警，按"停止蜂鸣"键后，响声停止；不按"停止蜂鸣"键，则鸣响 1min，冷冻室温度显示器闪烁，直至按"记忆"键后停闪，并且显示冷冻室内的最高温度和实际温度。

检查发现该电冰箱显示板显示"F3"，这是由于冷冻室蒸发器感温头发生故障所造成的。断电后，卸下顶盖板，取出电路板，用万用表电阻挡测电器盒内的 10 芯插座的第 3 脚、第 5 脚（从左至右数）之间的直流电阻值。如果此阻值（在环境温度为 0～39℃时）小于 1.0kΩ 或大于 6.7kΩ，则可视为冷冻室蒸发器感温头有故障。

维修方法：取下后板，在冷冻室蒸发器感温头与内藏连接处挖出发泡剂，并在该连接处剪断，去除导线绝缘约 12mm，将同型号的感温头也去掉引线绝缘约 12mm 后，与上述内藏导线连接，插上电路板及显示板，通电运行无误后在端子处涂热溶胶防潮气进入导体内，按

原位置将感温头装好，并在户盖上贴免胶纸固定、补发泡剂、装后板、电路板及显示板等后，通电试机，电冰箱运行正常，故障排除。

例6 海信 BCD-225W 型电冰箱，通电后，压缩机不工作

分析与检修：测量压缩机线圈阻值，良好；测量压缩机过流过温升保护器，良好；经全面检查，发现主控板有故障。

维修方法：更换同型号的主控板后，压缩机不工作的故障排除。

经验与体会：涉及电路板故障的简易诊断法是，BCD-225W 型电冰箱的电器部分主要有电源供给、温度传感器输入、开关信号输入、负载控制、连接导线、主控板及按键显示板等。为了缩短维修时间，提高维修质量，对于维修中心和维修点的维修人员，只要能判断是哪一部分出了故障，且更换了相应的部件即可。

例7 变温室不制冷，但压缩机运转

分析与检修：现场检查发现主控板故障。

维修方法：更换后故障排除。

经验与体会：海信的变频电冰箱质量过关，市场占有率较高。

项目11.2 海尔新型系列电冰箱故障分析与故障维修技能实训

任务 11.2.1 海尔 BCD-222BBF/242BBF 豪华三门电冰箱故障分析与故障维修技能实训

1. 海尔 BCD-222BBF/242BBF 型豪华三门电冰箱产品特点

（1）全频技术：集变频、降噪、节能、速冻等技术于一身，且互相促进，性能更加优越。电冰箱根据箱内温度与设定温度的比较，自动调节变频压缩机的工作效率，使电冰箱一直处于最优状态。

（2）四温区保鲜：该系列产品采用智能控制四循环制冷循环系统，含有 4 个温区：冷藏、饮品、−7℃软冷冻、冷冻，可以根据食物的种类和保鲜温度要求随意选择存储区间，最大程度地保持不同食物的营养、新鲜和口感。

（3）独立饮品室功能：特设独立饮品室（0～10℃），专门存放新鲜生食食品，方便存入啤酒、大瓶饮料等瓶装饮料。

（4）−7℃软冷冻功能：不需要解冻。

（5）人工智能控制：采用海尔专利的人工智能控制技术控制电冰箱随环境温度变化自动调节温度挡位，无需人为调节便能达到最佳制冷效果，使用起来更加省心、省力。

（6）四系统制冷系统：往冷藏蒸发器、饮品室蒸发器、−7℃蒸发器、冷冻蒸发器分别通有喷射口，可稳定制冷。

（7）温度显示功能：VFD 数字温度显示，让用户随时可以了解电冰箱的工作状态。

（8）超温自动报警：冷冻室温度自动监测报警，使用起来更放心。

（9）负离子杀菌保鲜除味：电冰箱装有负离子发生器，产生具有强氧化性的负离子，可

以杀死细菌；将有味的分子气体分解成无味的物质，并可以拟制果蔬中的活性和催熟剂乙烯的产生，起到杀菌除味、保鲜的作用。

（10）全新设计密封制冷盒，冰块不串味。

（11）节能技术：采用 VIP 真空绝热板，保温层厚度减半，节电一半。

（12）全新三门外观，豪华时尚。

▶ 2. 海尔 BCD-222BBF/242BBF 型豪华三门电冰箱产品外观设计

（1）电冰箱箱体宽度为 550mm、深度为 468mm，采用钢化玻璃板搁物架，冷藏室设有可左右分隔的滑动果疏盒和可翻转伸缩搁物架，方便用户自行调整使用空间。冷藏室门体上部瓶座带转动瓶罩；中门饮品室有饮品抽屉两个，方便垂直存放啤酒等饮料；冷冻室门体上带独特的不串味制冷盒。

（2）采用四循环制冷系统设计，保证电冰箱的 4 个温区精确制冷，特设饮品室位于中门内，温度 0～10℃随意可调，适合存放啤酒、可乐等大瓶饮料及水果等。

（3）VFD 数字显示电冰箱温度等信息，三色背光照明。

（4）三门四室，满足不同用户各种需求。

（5）全新门体外观设计，线条分明、流畅，配合全新饰条，外观独特。

▶ 3. 海尔 BCD-222BBF/242BBF 型豪华三门电冰箱工作原理及参数

1）外观和结构

（1）电源板、显示板应符合相应图纸的要求、标记，印刷字样完整、清晰。

（2）图标定义。

人工智慧图标：指示电冰箱工作在人工智慧状态。

健康图标：指示健康风正在循环中。

锁定图标：亮起时指示处于锁定状态。

速冻调节图标：指示电冰箱工作在速冻状态。

温度图标：显示温度。

（3）海尔 BCD-222BBF/242BBF 豪华三门电冰箱制冷循环如图 11-4 所示。

（4）海尔 BCD-222BBF/242BBF 豪华三门电冰箱微电脑控制电路如图 11-5 所示。

2）按键定义

（1）A1 冷藏室温度调节按键：调节冷藏室温度，持续按下 3s 开关冷藏室。

（2）A2 饮品室温度调节按键：调节饮品室温度，持续按下 3s 开关饮品室。

（3）A3 变温室温度调节按键：调节变温室温度，持续按下 3s 开关变温室，锁定下持续按下 3s 开关清新功能。

（4）A4 冷冻室温度调节按键：调节冷冻室温度，持续按下 3s 设置或退出人工智慧，锁定下持续按下 3s 开关速冻。

（5）A3+A4：锁定与解除锁定。

注 意

　　每进行一次按键操作，伴有一声蜂鸣。

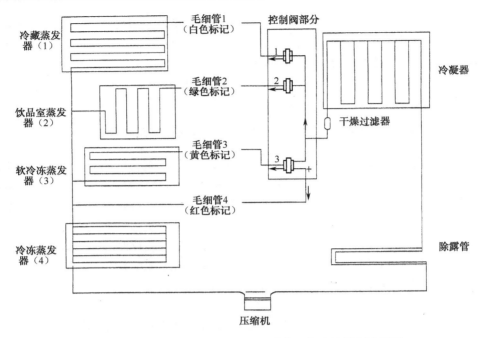

图 11-4　海尔 BCD-222BBF/242BBF 豪华三门电冰箱制冷循环

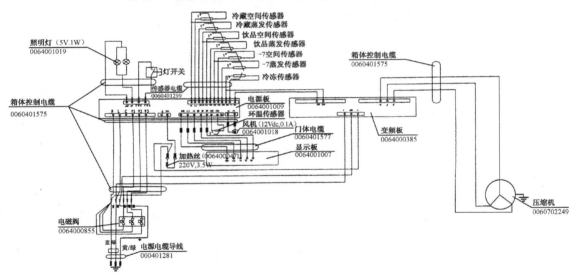

图 11-5　海尔 BCD-222BBF/242BBF 豪华三门电冰箱微电脑控制电路

3）功能要求

（1）初始状态：初次上电的运行状态为初始状态，分别显示冷藏室、饮品室、变温室和冷冻室；电冰箱自动设定为人工智慧状态；速冻图标指示不显示，即不进入速冻状态；锁定图标指示不显示，处于解锁状态；若冷冻室温度超温，则冷冻室温度闪烁，显示当前的环境温度；时间默认值为12：00。初次上电时，若电冰箱内温度处于开机点和关机点之间则不开机，直到温度回升至开机点时才开机。

（2）温度设置与控制功能：

① 冷藏室温度设置：解锁状态下，按一下冷藏室温度调节按键，原冷藏室设定温度开始闪烁，进入温度设置状态，以后每按一下该键，冷藏室温度加 1，冷藏温度在 2～10℃之间循环。若超出 5s 不进行按键操作，则温度设定值确认并停止闪烁。

② 变温室温度设置：解锁后，按下变温室温度调节键，变温室温度原设定值开始闪烁，进入电冰箱变温室温度设置状态，每按一下该键，温度值减 1，直至"-18"，再按则回到"-3"，依次循环。若 5s 内没有其他按键操作，则温度设定值确定并停止闪烁。

③ 冷冻室温度设置：解锁状态下，按一下冷冻室温度调节按键，原冷冻室设定温度开始闪烁，进入温度设置状态，以后每按一下该键，冷冻室温度减 1，冷冻温度在-26～-16℃之间循环。若超出 5s 不进行按键操作，则温度设定值确认并停止闪烁。

手动方式：锁定状态下，同时按下冷藏、冷冻/人工智慧按键（即 A1+A4 两个按键）3s，蜂鸣器响一声，不管原来何状态，离子发生器持续工作；再同时按下该两个按键 3s，蜂鸣器响一声，不管原来何状态，离子发生器停止工作（指不再工作了）——掉电不记忆。

对于每次冷藏室、饮品室、变温室和冷冻室要求开、关机，电磁阀和压缩机之间的对应开停关系如表 11-6 所示。

表 11-6 电磁阀和压缩机之间的对应开、停关系

控制负载 开、关机情况	电磁阀 1	电磁阀 2	电磁阀 3	压缩机
冷藏室单独要求开机	On（正脉冲）	Off（负脉冲）	On（正脉冲）	On
饮品室单独要求开机	On（正脉冲）	On（正脉冲）	Off（负脉冲）	On
变温室单独要求开机	Off（负脉冲）	Off（负脉冲）	Off（负脉冲）	On
冷冻室单独要求开机	On（正脉冲）	Off（负脉冲）	Off（负脉冲）	On
冷藏室和饮品室均要求开机，变温室和冷冻室要求关机	On（正脉冲）	On（正脉冲）	On（正脉冲）	On
冷藏室和变温室均要求开机，饮品室和冷冻室要求关机	Off（负脉冲）	Off（负脉冲）	On（正脉冲）	On
冷藏室和冷冻室均要求开机，饮品室和变温室要求关机	On（正脉冲）	Off（负脉冲）	On（正脉冲）	On
饮品室和变温室均要求开机，冷藏室和冷冻室要求关机	Off（负脉冲）	On（正脉冲）	Off（负脉冲）	On
饮品室和冷冻室均要求开机，冷藏室和变温室要求关机	On（正脉冲）	On（正脉冲）	Off（负脉冲）	On
变温室和冷冻室均要求开机，冷藏室和饮品室要求关机	Off（负脉冲）	Off（负脉冲）	Off（负脉冲）	On
冷藏室、饮品室和变温室均要求开机，冷冻室要求关机	Off（负脉冲）	On（正脉冲）	On（正脉冲）	On
冷藏室、饮品室和冷冻室均要求开机，变温室要求关机	On（正脉冲）	On（正脉冲）	On（正脉冲）	On

续表

控制负载 开、关机情况	电磁阀1	电磁阀2	电磁阀3	压缩机
冷藏室、变温室和冷冻室均要求开机，饮品室要求关机	Off（负脉冲）	Off（负脉冲）	On（正脉冲）	On
饮品室、变温室和冷冻室均要求开机，冷藏室要求关机	Off（负脉冲）	On（正脉冲）	Off（负脉冲）	On
4个室均要求开机	Off（负脉冲）	On（正脉冲）	On（正脉冲）	On
4个室均要求关机	—	—	—	Off
变温室或冷冻室达到关机点，而此时冷藏室或饮品室不要求开机	保持电磁阀的原来状态即可，不用切换			Off

任一室达到关机点时，若其他室要求开机，则压缩机不停机，只改变电磁阀信号。

（3）人工智慧功能：按下"冷冻/人工智慧"按键持续3s，人工智慧图标亮起，进入人工智慧状态；若要退出人工智慧状态，则再按下该按键3s，人工智慧图标灭，即退出人工智慧状态。

在人工智慧状态下，不能设置速冻、冷藏和冷冻温度，但是可以设置饮品室和变温室温度，开、关机参数由环境温度决定，如表11-7所示。

表11-7　开、关机温度与环境温度的关系

环境温度 t（℃）	冷藏（℃）			冷冻（℃）		
	显示	开机	关机	显示	开机	关机
$t<20$	5	+7	+5	−18	−16	−24
$20\leq t<35$	5	+8	+5	−18	−16	−24
$35\leq t<41$	6	+8	+6	−18	−16	−24
$t\geq41$	7	4	−20	−17	−15	−32

退出人工智慧功能后，冷藏室和冷冻室温度设置由退出人工智慧时的环境温度所对应的温度来决定。

（4）速冻设置功能：

① 锁定状态下按下"冷冻/人工智慧"按键3s，速冻指示灯亮起，进入速冻设置状态。速冻状态下，冷冻室连续制冷24小时；若要在速冻状态下人为退出速冻功能，则在锁定状态下按下该键3s，速冻指示灯灭掉，退出速冻状态。

② 速冻状态下，冷藏室、饮品室和变温室仍按其设定温度运行，电磁阀动作同表11-6。

③ 退出速冻状态后，冷冻室温度设置由退出速冻时的环境温度所对应的温度来决定，冷藏室和变温室温度设置保持不变。

④ 速冻状态下，不能设置冷冻室温度，可设置冷藏室、饮品室和变温室温度。

（5）面板显示控制功能：操作完成后30s，VFD亮度减弱50%，3min后自动黑屏（超温报警状态下不能黑屏）。黑屏时，按下任一按键恢复显示。

（6）控制面板的锁定与解除锁定功能：非锁定状态下，同时按下变温/清新按键和冷冻/

人工智慧两个按键（A3+A4），锁定指示灯亮，进入锁定状态；锁定状态下，再同时按下该两个按键，锁定指示灯灭，解除锁定。

（7）断电记忆功能：当电冰箱运行过程中断电，再次上电时，电冰箱仍按断电前的工作状态运行（不对压缩机进行延时保护记忆）。

（8）延时保护功能：压缩机每次停机 12min 后方能再次打开，12min 延时结束后才能进入对压缩机和电磁阀的正常控制。

（9）按键伴音功能：每按一下按键（有效操作），蜂鸣器响一下（响声持续 0.2s，f=2.63kHz）。

（10）超温报警功能：当冷冻室内温度高于-3℃（含-3℃）且持续 60min 时，冷冻室温度闪烁。一旦冷冻室内温度低于-5℃，冷冻室温度停止闪烁。初次上电时，只要检测到冷冻室温度高于-3℃（含-3℃）即报警。

> ⚠ **注　意**
>
> 冷冻传感器故障时，报警失效。

（11）时间设置功能：锁定状态下，同时按下饮品调节和变温/清新调节按键（A2+A3），时间显示闪烁，按一下 A2 键，时间加 1 小时，直至 23 再按一下到 00，依次循环；按一下 A3 键，时间加 1 分钟，直到 59 再按一下到 00，依次循环。若不按动按键，5s 后自动确认所设置的时间。初上电或停电再上电的时间默认值为"12：00"。

（12）冷藏室开/关功能：

① 按下冷藏室温度调节按键持续 3s，则强制关闭冷藏室，同时冷藏室温度及其图标灭掉。

② 冷藏室闭关情况下，该传感器故障时，F1 和 F3 不显示，开冷藏室时再显示。

③ 冷藏室关闭情况下，可进入速冻和人工智慧状态。

④ 再按下冷藏室温度调节按键持续 3s，则恢复冷藏室制冷，同时冷藏室温度及其图标恢复显示。

⑤ 断电记忆功能对开/关冷藏室有效。

（13）饮品室开/关功能：

① 按下饮品室温度调节按键持续 3s，则强制关闭饮品室，同时饮品室温度及图标灭掉。

② 饮品室关闭情况下，该传感器故障时，F6 不显示，开饮品室时再显示。

③ 饮品室关闭情况下，可进入速冻和人工智慧状态。

④ 再按下饮品室温度调节按键持续 3s，则恢复饮品室制冷，同时饮品室温度及图标恢复显示。

⑤ 断电记忆功能对开/关饮品室有效。

（14）变温室开/关功能：

① 按下变温/清新按键持续 3s，则强制关闭变温室，同时变温室温度及其图标灭掉。

② 变温室关闭情况下，该传感器故障时，F4 不显示，开变温室时再显示。

③ 变温室关闭情况下，可进入速冻和人工智慧状态。

④ 再按下该键持续 3s，则恢复变温室制冷，同时变温室温度及其图标恢复显示。

⑤ 断电记忆功能对开/关变温室有效。

（15）清新功能：锁定状态下，持续按下变温/清新按键 3s，蜂鸣器响一声，清新图标显示，进入清新功能，该风机工作。锁定状态下，再持续按下变温/清新按键 3s，蜂鸣器响一声，清新图标熄灭，退出清新功能，该风机停止工作。

（16）优先级顺序：

① 12 分钟延时>人工智慧>速冻>正常控制。

② F3 显示>F6 显示>F5 显示>F4 显示>F2 显示>F1 显示>温度显示。

▶4. 海尔 BCD-222BBF/242BBF 型豪华三门电冰箱传感器故障排除方法

（1）冷藏室蒸发器传感器故障显示：当冷藏室蒸发器传感器故障（短路或断路），温度值显示区显示"F1"（注：在冷藏室温度显示区显示）；若些时处于人工智慧状态，且环境温度超过 40℃，则冷藏室开/关机由冷藏室温度传感器控制（开机：10℃，关机：8℃）。

（2）环境传感器故障显示：当环境传感器故障（短路或断路），温度值显示区显示"F2"（注：在冷冻室温度显示区显示）；此时电冰箱不能进入人工智慧状态和速冻状态运行。

（3）冷藏室温度传感器故障显示：当冷藏室温度传感器故障（短路或断路），温度值显示区显示"F3"（注：在冷藏室温度显示区显示）；此时电冰箱不能进入人工智慧、速冻状态；冷冻室控制正常时，冷藏室不要求单独开机，每次冷冻室开机时，冷藏室先制冷 8min，冷冻室单独制冷。

（4）冷冻室温度传感器故障显示：当冷冻室温度传感器故障（短路或断路），温度值显示区显示"F4"（注：在冷冻室温度显示区显示）；电冰箱不能进入人工智慧、超温报警及冷冻温度显示功能。冷藏室控制正常时，在每次冷藏室要求停机时，冷冻室继续单独制冷 10min 后停机。

（5）变温室温度传感器故障显示：当变温室温度传感器故障（短路或断路），温度值显示区显示"F5"（注：在变温室温度显示区显示）；变温室温度设置显示功能不能执行。冷藏室控制正常时，在每次冷藏室要求停机时，变温室制冷 15min 后停机。

（6）饮品室温度传感器故障显示：当饮品室温度传感器故障（短路或断路），温度值显示区显示"F6"（注：在饮品室温度显示区显示）；饮品室温度设置显示功能不能执行。

（7）饮品室蒸发器传感器故障显示：当饮品室蒸发器传感器故障（短路及断路），温度值显示区显示"F7"（注：在饮品室温度显示区显示）；饮品室温度保护功能不能执行。

（8）冷藏室温度传感器和冷冻室温度传感器两个传感器都损坏时，在每次变温室要求停机时，冷藏室和冷冻室进入开机 20min、停机 20min 的固定循环。其中在开机 20min 中，前 8min 同时制冷，后 12min 冷冻室单独制冷。

（9）冷藏室温度传感器、变温室温度传感器两个传感器都损坏时，在每次冷冻室要求开机时，冷藏室和变温室先制冷 20min，其中，前 10min 冷藏室制冷，后 10min 变温室制冷。

（10）冷冻室温度传感器、变温室温度传感器两个传感器都损坏时，在每次冷冻室要求开机时，冷藏室和变温室先制冷 20min，其中，前 10min 变温室制冷，后 10min 冷冻室单独制冷。

（11）三个传感器都损坏时，进入开机 30min、停机 20min 的固定循环。开机的 30min 中，冷藏室、变温室、冷冻室分别制冷 10min。

任务 11.2.2　海尔系列电冰箱故障分析与维修技能实训

例 1　海尔 BCD-131E 型电冰箱，使用 3 年后，突然不制冷，且不停机

分析与检修：上门后用户反映该电冰箱 1 个月前曾从楼上 5 层搬到楼下。现场检查发现在箱体后背处有一片油迹，毛细管与箱体外壳接触处磨破穿孔，制冷剂漏完。其原因是在搬家时，电冰箱管道与外壳贴紧，在长期使用中由于机组运行振动而使二者摩擦导致铜管管壁穿孔。考虑到更换毛细管有一定的难度，而且费工费时，决定采用外套毛细管补焊。

维修方法：把工艺管割开，焊好连接锁母并连接好维修专用阀表，然后将磨破的毛细管切断，用 $\phi6mm$ 的铜管套在毛细管外部，用银焊焊好，并按常规方法操作。

例 2　海尔金统帅 BCD-175F 型电冰箱，通电后，虽冷藏室照明灯亮，但压缩机不运转

分析与检修：现场接通电冰箱电源后，照明灯亮，但压缩机不运转。测量其工作电源，电压为 220V；切断电源后，测量压缩机启动绕组、运行绕组，其阻值均在正常范围内。

切断温度控制器和照明电路，直接启动压缩机，压缩机运转且箱内制冷正常。用万用表 R×1k 挡测量温度控制电路和照明电路的对地直流电阻，其值为 2MΩ，基本符合正常值范围。判断故障产生的原因是电源导线有接头，绝缘电阻值降低，造成供电电源不足。

维修方法：卸下电源导线，用万用表测量其阻值在 0.5MΩ 以上，正常值应为无穷大。更换新的电源导线后压缩机启动运转恢复正常。

经验与体会：此故障是由于用户违章，接了不合格的电源线所造成的。

例 3　海尔 BCD-195 型电冰箱，压缩机制冷时其噪声特别大

分析与检修：接通电源后，压缩机启动运转，但噪声特别大，且冷冻室内不结霜。用万用表测量压缩机绕组时，发现压缩机端盖和高压管全是油迹。开机后，用洗涤灵水对高压管接头检漏，有很小的气泡吹出，并伴随有一股酯类油味，且压缩机运转声很大。此时可判定压缩机运转噪声是由于缺油所引起的；冷冻室不结霜是由于漏制冷剂所引起的。

维修方法：在压缩机的工艺管上焊接一根长为 30cm 的毛细管，将毛细管的一端插入酯类油瓶中，开启压缩机 30s 后，酯类油被缓缓吸入压缩机内。此时听压缩机的运转声，当运转声降为正常运转声时，停止加酯类油，并让压缩机工作一段时间，直到压缩机运转正常为止。试压且同时检漏、抽真空、加制冷剂、封焊，试机运行几天，冷冻室结霜良好，并在 3m 外听不到压缩机的运转声，至此故障彻底排除。

例 4　海尔 BCD-212 型电冰箱，制冷正常，但不停机

分析与检修：该机型属直冷式双温度控制型电冰箱，产生该故障的原因可能是由于电控板上的某元器件损坏、温度传感器失效或冷藏室温度传感器脱离蒸发器所致。现场检查冷藏室，其温度传感器紧贴于蒸发器壁（正常）。检查冷藏室和冷冻室温度传感器，并将其与电控板的连线断开，用万用表 R×10 挡测量两只传感器的电阻值，发现冷藏室温度传感器的阻值在常温下正常，在加热后有所下降，但接入电路后其两端电压不发生变化，将其焊下后压缩机便停机，由此可判断该传感器性能不良。

维修方法：更换同型号的温度传感器后故障排除。

经验与体会：如购不到同型号的温度传感器，可用 5 只玻封管 3A×81（或 3A×31）分别串联后接出引线，并装入金属盒内，用环氧树脂封好，装在原温度传感器位置，再适当调整与电源之间的电阻即可。

例5 海尔 BCD-205F 型电冰箱，温度控制传感器的传感头处流黑水

分析与检修：现场检查此电冰箱机械温度控制传感器的传感头封口处的锡封口。传感头是铜管镀锌层，电冰箱内胆固定传感头处有一直径为3cm的小孔，孔内直接与内胆后面粘贴的铝导热板相连。当冷藏室蒸发器上的化霜水流到小孔里及传感头上时，水使铝、锡、锌氧化产生黑色粉末，随化霜水顺内胆流出，形成黑水。

维修方法：卸下固定传感器的压盖和白色 ABS 圆形垫片，用软布擦净传感头上的氧化层部分和内胆上圆孔内铝板上的水渍、锈污；用密封胶填平铝板到内胆圆孔的间隙，堵塞化霜水侵蚀铝板产生黑水的渠道，扣上 ABS 白色圆衬片；更换锈蚀严重的温度控制传感器，锈蚀不严重时，可将原温度控制传感器的传感头重新固定在原来位置处，并涂一层密封胶使之固定到原来的位置上；可以在有黑锈部位涂些牙膏，再用干布擦净。为防止以后出现类似的情况，可在传感头前端套上长约 30mm 且有弹性的橡皮套（越薄越好）。

经验与体会：维修时应根据不同的情况采取不同的维修方法，切忌千篇一律。

例6 海尔金统帅 BCD-195F 型电冰箱，虽制冷运转正常，但外壳漏电，且不定时跳闸

分析与检修：开机后，压缩机运转正常，制冷效果一般。用试电笔测试外壳，试电笔发光管发出较亮的光，说明机壳漏电较为严重。经检查发现，电源插座专用接地线未接上。但在一般情况下，即便没有接好专用接地线，也只会存在感应漏电，不会存在严重的漏电现象。由此说明，该电冰箱某个部件的绝缘性能已严重下降。根据维修经验，先停电，然后断开压缩机各接线柱，用万用表检测压缩机电动机启动绕组、运行绕组与机壳之间的绝缘电阻值，均属正常；再将压缩机与主控板线路断开，用摇表摇火线、零线与机壳之间的绝缘电阻值，发现火线与机壳存在严重漏电电阻，且当阻值上升到一定值时又突然下降；将线路上各元器件断开，当断开到冷藏室温度控制器时，绝缘电阻值恢复正常，判断为温度控制器漏电。卸下温度控制器，其内部受潮严重。

维修方法：卸下温度控制器，用电吹风将其吹干后，用摇表检查其绝缘阻值，正常。装上温度控制器后，恢复整机线路，试机，漏电故障排除。

例7 海尔金统帅 BCD-205F 型电冰箱，虽冷藏室照明灯亮，但压缩机不工作

分析与检修：现场检测，启动运转时发现启动电容漏电。

维修方法：更换同型号的启动电容后故障排除。

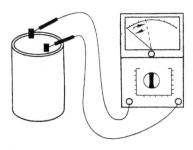

图 11-6 启动电容的测量方法

经验与体会：在测量启动电容前，先要用螺钉旋具的金属部分将启动电容的两极短路，使其放电后再用万用表的 R×100 挡和 R×1k 挡检测。如果表笔刚与电容器两接线端连通，指针即迅速摆动，而后慢慢退回原处，则说明启动电容的容量正常，充、放电过程良好。这是因为万用表的欧姆挡接入瞬间充电电流最大，以后随着充电电流的减小，指针逐渐退回原处。启动电容的测量方法如图 11-6 所示。

（1）测量时，如果指针不动，则可判定启动电容开路或容量很小。

（2）测量时，如果指针退到某一位置后停住不动了，则说明启动电容漏电。漏电的程度可以从指针所指示的电阻值来判断，电阻值越小，漏电越严重。

（3）测量时，如果指针摆动到某一位置后不退回，则可判定启动电容已被击穿。

例8 海尔 BCD-259DVC 型数字变频电冰箱，不制冷

分析与检修：现场通电，电冰箱有电源显示，压缩机运转。凭经验判定，此故障的原因是制冷剂泄漏。经全面检查，发现毛细管有砂眼，使制冷剂漏光从而造成不制冷。

维修方法：将砂眼断裂处处理干净，用一段长度约 35mm，内径大于毛细管外径约 0.5mm 的紫铜管与毛细管套接在一起。套接时，毛细管对接口的间距小于 6mm。若外套紫铜管内径大于毛细管外径 2mm 以上，则要用老虎钳将套管两端口压偏，使外套紫铜管紧紧压贴在毛细管外径上，调好火焰焊接，经常规操作故障排除。

例9 海尔 BCD-238W 型电冰箱，不制冷，压缩机"嗡嗡"响，30s 启停一次

分析与检修：将该电冰箱通电，其压缩机频繁启、停，拔下电源插头，卸下冷冻室温度传感器，经测量，传感器良好，压缩机启动电容有充、放电过程，说明启动电容良好。当测量过热过流保护器时，发现其损坏。

维修方法：更换同型号的过热过流保护器后试机，故障排除。

经验与体会：海尔 BCD-238W 型电冰箱属风直冷式混合型，有两个蒸发器，冷藏室采用直冷式制冷，冷冻室采用间冷式制冷。其控制电路如图 11-7 所示。

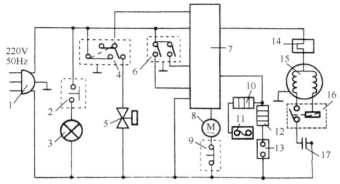

1—电源插头；2—灯开关；3—照明灯；4—冷藏室温度控制器；5—电磁阀；6—冷冻室温度控制器；7—主控制板；
8—风机；9—风机开关；10—接水盘加热丝；11—接水盘加热限温器；12—蒸发器加热丝；13—限温器；
14—过载保护器；15—压缩机；16—启动继电器；17—启动电容

图 11-7 海尔 BCD-238W 风直冷式混合型电冰箱控制电路图

其制冷系统采用单压缩机、双毛细管系统，通过二位三通电磁阀形成双制冷回路，如图 11-8 所示。

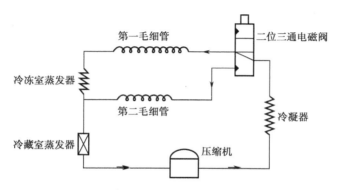

图 11-8 海尔 BCD-238W 风直冷式混合型电冰箱制冷系统循环图

该电冰箱制冷时，由压缩机—冷凝器—电磁阀—第一毛细管—R 室蒸发器—F 室蒸发器—压缩机构成冷藏室、冷冻室制冷的第一主制冷回路；由压缩机—冷凝器—电磁阀—第二毛细管—F 室蒸发器—压缩机构成冷藏室制冷的第二补充回路。

控制电路采用了双温度控制方式，当冷藏室和冷冻室内的温度均高于调定温度时，冷藏室和冷冻室中的温度控制器均导通，压缩机启动运转，开始制冷。此时，制冷剂按第一主制冷回路循环，冷冻室、冷藏室均制冷。由于冷冻室蒸发器比冷藏室蒸发器面积大，因而冷冻室首先达到调定温度，冷冻室温度控制器断开，电磁阀通电，此时制冷剂按第二制冷回路循环，只供冷藏室制冷。当冷藏室达到调定温度时，冷藏室温度控制器断开，此时压缩机、电磁阀均断电停机。经过一段时间，当冷冻室和冷藏室温度回升到高于调定温度时，压缩机又启动运转制冷，如此循环往复。

例 10 海尔 BCD-181C 型小王子电冰箱，开机后，压缩机连续运转不停，冷藏室内温度过低，以至于结冰

分析与检修：根据该机的电路图分析，只有在冷冻室、冷藏室温度均达到设定温度且两温度控制器都断开后，压缩机才会停止运转。只要有一个温度控制器未断开，压缩机便会不停地运转。因此重点检查温度控制电路。试开启电冰箱并使其制冷，当冷藏室温度很低时，用万用表交流电压挡测量冷冻室温度控制器的接入、接出端电压，其值不为 0V，说明温度控制器内触点已跳开，该温度控制器受控正常。但当测量冷藏室温度控制器的接入、接出端时，发现其无电压差，由此判断该温度控制器触点未断开。

维修方法：更换同型号的温度控制器后试机，故障排除，制冷恢复。

例 11 海尔 BCD-220L 型双温双控电冰箱，冷藏室制冷效果差

分析与检修：将电冰箱接通电源，用手摸冷凝器和过滤器均较热，属正常，但冷藏室制冷效果差。检查温度控制器无故障，仔细摸电磁阀两根出口管路时，感觉去往冷藏室蒸发器的管口较热，去往冷冻室蒸发器的管口微热，而正常时应该一热一凉，怀疑电磁阀通电吸合不严，致使两出管口均排出制冷剂。割开去往冷藏室蒸发器的管路，其管口排出制冷剂量较多；割开冷冻室蒸发器的管路，其管口排出制冷剂量较少，证明电磁阀损坏。

维修方法：更换同型号的电磁阀后试机，故障排除，制冷恢复。

例 12 海尔 BCD-259DVC 型数字变频电冰箱，不制冷，荧光显示屏显示故障代码

分析与检修：现场通电试机，压缩机运转良好，用手摸过滤器冰凉。初步判断该故障产生的原因是过滤器堵塞。

维修方法：放出制冷剂，在过滤器的出口处断开毛细管时，明显可见随制冷剂喷出的油很多，说明管路油堵。启动压缩机，使油尽量随制冷剂排出，并用拇指堵住过滤器出口端，堵不住时再放开，冷凝器里的油便随强气压排出。反复数次，冷凝器里的油便可排净。更换过滤器，按常规操作后故障排除。

例 13 海尔 BCD-205F 型电冰箱，压缩机运行及停止均正常，冷冻室制冷也正常，但冷藏室制冷效果差

分析与检修：该电冰箱是双温双控型电冰箱，在正常情况下，只要冷藏室或冷冻室的其中一室温度没有达到设定值，压缩机就不会停机。而在该故障中，电冰箱的冷藏室温度没有达到设定值，但开、停正常，分析其故障原因可能是温度控制器参数改变或电磁阀有故障。首先检查温度控制器，良好，故可判断电磁阀有故障。通电，用手摸电磁阀的一个管口，感

觉较热；再摸另一管口，也有一定的热度；卸开电磁阀管路检查，一个管口出气量较大，一个管口出气量较小。检查发现，电磁阀吸合面严重锈蚀，从而造成吸合不严。

维修方法：更换同型号的电磁阀后，经试压、抽真空及加制冷剂，故障排除。

例 14 海尔 BCD-259DVC 型数字变频电冰箱，搬家后，机外壳漏电

分析与检修：上门现场检测，用万用表测量电冰箱的对地阻值，绝缘良好；用试电笔测量用户家中的三眼插座，其地线和零线孔有电，而火线孔无电源显示。卸下三眼插座螺钉，发现零线和地线在插座内连在一起，并且接入火线，导致火线接的是零线。

维修方法：调整好线路后，故障排除。

经验与体会：此故障多发生在新搬迁的家中，故须引起安装电工的注意。

例 15 海尔 BCD-163L 型电冰箱冷藏室不制冷

分析与检修：上门后，现场通电试机，冷藏室内照明灯亮，但压缩机不工作。拔下电源插头，测量温度控制器，良好；测量压缩机启动继电器，良好；测量压缩机 3 个接线端子的阻值，主绕组加副绕组的阻值不等于公用端绕组的阻值，说明线圈已损坏。

维修方法：更换同型号的压缩机后，故障排除，制冷恢复。

经验与体会：使用 8 年以上的电冰箱，如压缩机不启动，则首先要测量温度控制器，然后再测量压缩机线圈的阻值。如图 11-9 所示是海尔 BCD-163L 型电冰箱冷藏室的电路控制原理图。

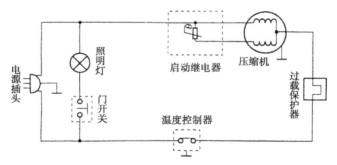

图 11-9 海尔 BCD-163L 型电冰箱冷藏室电路控制原理图

例 16 海尔 BCD-93L 型电冰箱冷冻室，压缩机长时间工作不停机

分析与检修：上门现场检查，压缩机烫手，温度超过 80℃，进而检查温度控制器，发现其触点粘连。海尔 BCD-93L 型电冰箱冷冻室的控制电路图如图 11-10 所示。

维修方法：更换同型号的温度控制器后，故障排除。

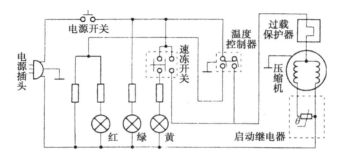

图 11-10 海尔 BCD-93L 型电冰箱冷冻室控制电路图

例 17 海尔 BCD-220 型电冰箱，压缩机开、停机频繁

分析与检修：海尔 BCD-220 型电冰箱采用的是双门双温度控制的制冷系统。与普通电冰箱相比较，其多设了一个温度控制器和一个电磁阀，并由电磁阀来控制制冷剂的流通路径，如图 11-11 所示。

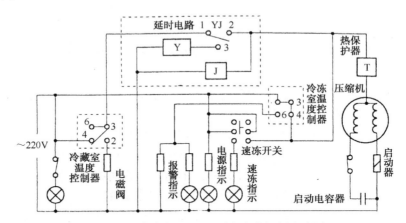

图 11-11　海尔 BCD-220 型电冰箱控制电路图

图 11-11 中，冷藏室温度控制器控制电磁阀的切换，当冷藏室温度控制器单独起作用或冷藏室温度控制器和冷冻室温度控制器同时起作用时，冷藏室温度控制器触点 3、4 接通，电磁阀不得电，制冷剂的流程为：压缩机—冷凝器—电磁阀—毛细管—冷藏室蒸发器—冷冻室蒸发器—压缩机。这个流程与普通电冰箱是相同的，我们称它为第一流程。当冷藏室温度控制器控制在停机状态，温度控制器切断触点 3、4，待冷冻室温度控制器单独开机时，电磁阀才得电，制冷剂的流程为：压缩机—冷凝器—电磁阀—毛细管—冷冻室蒸发器—压缩机。在这个流程中，电磁阀的作用使制冷管路甩开冷藏室蒸发器，此时冷藏室不降温。我们称这个流程为第二流程。当两个温度控制器同时到达控制温度时，压缩机才能停止运行。

维修方法：由于本机采用两个并联的温度控制器来控制一个压缩机，因此会出现停机、开机频繁的故障现象。

见图中虚线框内所示，在冷藏室温度控制器和压缩机支路内加了一个 3min 的延时电路 YJ 和一个起开关作用的继电器 J（延时电路 YJ 和继电器 J 一定要选择质量好且安全可靠的产品）。压缩机在停机状态下，YJ 的 1、3 触点导通，Y 和 J 都可控制 YJ 的 1、2 触点，但 YJ 的 1 触点和 2、3 触点不同时导通。这样就解决了压缩机频繁启动的问题。

例 18 海尔 BCD-237F 金王子型电冰箱，不制冷

分析与检修：现场测量，其电源插座有 220V 交流电压输出，打开冷藏室门，灯亮。卸下电冰箱压缩机后背的外护栏，测量压缩机运行电容，其容量良好；测量压缩机启动继电器 PTC，其阻值正常；测量压缩机过热过流保护器，其结果为损坏。

维修方法：更换同型号的过热过流保护器后，故障排除。

经验与体会：电冰箱不制冷，应先从电源开始按顺序从易到难查起，以避免走弯路。此电冰箱的控制电路原理图如图 11-12 所示。

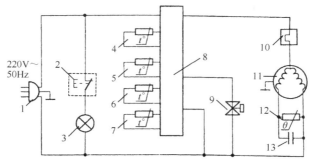

1—电源插头；2—灯开关；3—照明灯；4—传感器；5—传感器；6—传感器；7—传感器；

8—主控板；9—电磁阀；10—过载保护器；11—压缩机；12—PTC；13—运行电容

图 11-12　海尔 BCD-237F 金王子型电冰箱控制电路原理图

例 19　海尔 BCD-239/DVC 型变频太空王子电冰箱，制冷效果差

分析与检修：现场检测压缩机，运转良好；显示屏无故障代码显示；手摸低压吸气管，温度差，初步判定制冷系统制冷剂不足。

维修方法：把电冰箱搬到楼道，从工艺管放出制冷剂，焊接加气锁母连接管，重新抽真空，按技术要求加制冷剂后，故障排除。

例 20　海尔 BCD-259/DVC 型变频太空王子电冰箱，冷藏室有异味

分析与检修：上门现场检查，发现电冰箱冷藏室内有一年未清洗，因此造成电冰箱冷藏室异味的主要原因是未清洗。

维修方法：帮助用户清洗电冰箱冷藏室后，异味排除。

例 21　海尔 BCD-289/DVC 型变频太空王子电冰箱，不制冷，无电源显示

分析与检修：上门测量，其电源电压较高，卸下电冰箱控制板外盖，检查控制板，发现压敏电阻开裂。

维修方法：更换同型号的压敏电阻后，故障排除。该电冰箱的控制电路原理图如图 11-13 所示。

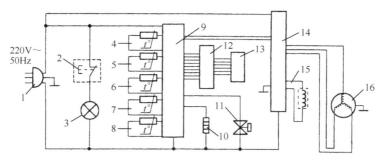

1—电源插头；2—灯开关；3—照明灯；4—传感器；5—传感器；6—传感器；7—传感器；8—传感器；

9—主控板；10—加热丝；11—电磁阀；12—显示板；13—按键板；14—变频板；15—电抗器；16—压缩机

图 11-13　海尔 BCD-289/DVC 型变频太空王子电冰箱控制电路原理图

例 22　海尔 BCD-237 型电冰箱，压缩机不工作，面板指示灯也无显示

分析与检修：上门现场检测，其电源电压良好。卸下电子控制板外盖，其控制电路图如图 11-14 所示。

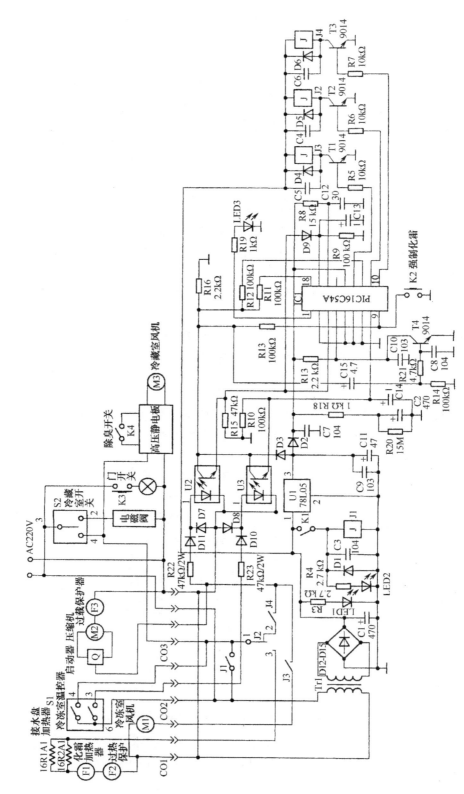

图 11-14 海尔 BCD-237 型双温双控电冰箱控制电路原理图

按图测量变压器初级线圈，有 220V 交流电压输入，把万用表旋钮转换到直流电压挡，测整流电路，有直流电压输出；测量滤波电容 C1，容量良好，无漏电现象。按顺序从易到难继续检测，当测量三端稳压器 78L05 时，发现只有+3V 直流电压输出，由此判定 78L05 损坏。

维修方法：更换同型号的三端稳压器 78L05 后，通电试机，压缩机不工作的故障排除。

项目 11.3　容声高贵豪华系列电冰箱故障分析与故障维修技能实训

任务 11.3.1　容声 BCD-200AK 高贵豪华微电脑控制电冰箱故障分析与故障维修技能实训

容声 BCD-200AK 为全新产品，是抽屉直冷式电冰箱，可关闭冷冻室，并且冷冻室可在 −26～−6℃之间无级调整。

1. 容声 BCD-200AK 高贵豪华微电脑控制电冰箱产品特点

（1）欧式风格，品味高雅，高贵豪华。

（2）双色助力拉手，轻巧省力。

（3）大屏幕蓝色背光液晶显示，具有智能、定时、速冷、速冻功能。

（4）定时提醒，具有倒计时时间设定等功能。

（5）双循环制冷，提高制冷效率；强力速冻，保全营养。

（6）日本先进膜内热转印技术，保持外观常年如新。

（7）全新内嵌装配式玻璃层架。

（8）全新采用电脑控制，双温双控，可关闭冷冻室。

（9）酶杀菌"养鲜魔宝"，采用酶杀菌、纳米技术，具有除乙烯、除臭（除异味）和保鲜功能。

（10）挑战极限的节能效果，远远领先欧洲 A 级节能标准。

（11）可在−26～−6℃之间进行温度调整。

2. 容声 BCD-200AK 高贵豪华微电脑控制电冰箱系统特点

（1）采用双循环回路，一路直接进冷藏室，一路直接进冷冻室，后通过 R 套管和 R 连接管与冷藏室相连，故此系统只能关闭冷冻室。

（2）容声 BCD-200AK 高贵豪华微电脑控制电冰箱制冷系统如图 11-15 所示。

（3）容声 BCD-200AK 高贵豪华微电脑控制电冰箱电器布局如图 11-16 所示。

（4）容声 BCD-200AK 高贵豪华微电脑控制电冰箱接线方法如图 11-17 所示。

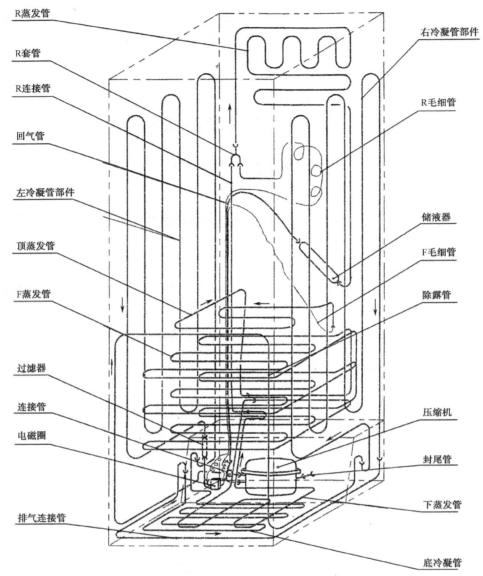

图 11-15　容声 BCD-200AK 高贵豪华微电脑控制电冰箱制冷系统

⬤ 3. 容声 BCD-200AK 高贵豪华微电脑控制电冰箱工作原理及参数

本规格适用于具有关冷冻功能的直冷式电冰箱控制系统，包括 BCD-200AK 等型号。
本规格书中进行如下定义（单位：℃）：

- 冷藏室感温头温度——T_r
- 冷冻室感温头温度——T_f
- 化霜感温头温度——T_v
- 冷藏室设定温度——T_{rs}
- 冷冻室设定温度——T_{fs}

- 修正后冷藏室温度——T_{ra}
- 修正后冷冻室温度——T_{fa}
- 冷藏室开机温度——$T_{rk}=T_{rs}+1$
- 冷藏室停机温度——$T_{rt}=T_{rs}-1$
- 冷冻室开机温度——$T_{fk}=T_{fs}+1$
- 冷冻室停机温度——$T_{ft}=T_{fs}-1$
- 冷藏室温度显示——T_{rd}
- 冷冻室温度显示——T_{fd}

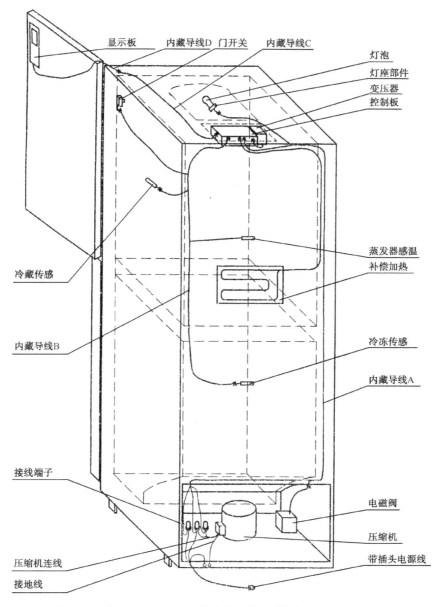

图 11-16　容声 BCD-200AK 高贵豪华微电脑控制电冰箱电器布局

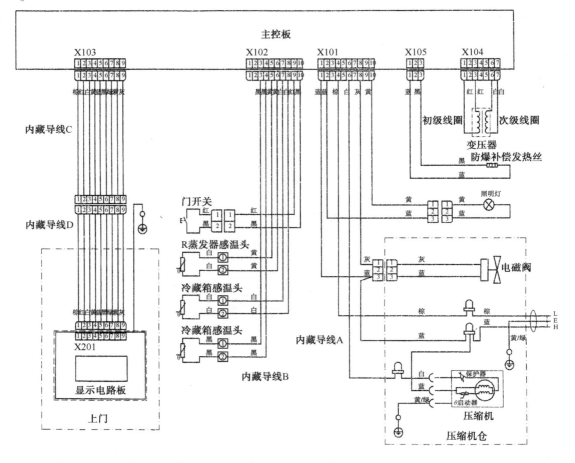

图 11-17   容声 BCD-200AK 高贵豪华微电脑控制电冰箱接线方法

1）按键操作方法

每次按键蜂鸣器短鸣一次，每次设定操作均有效并在液晶显示屏上体现，当液晶显示屏上的字符显亮时表示该状态有效，每次改变设定后 12s 内不再按键才对系统负载生效，此时蜂鸣器短鸣两声且电冰箱开始按设定调节后的方式运行，系统生效 12s 后将键锁定，锁定符号显亮。

该电冰箱具有 9 个按键操作："智能"、"+"、"-"、"冷藏调温"、"冷冻调温"、"速冷"、"速冻"、"关冷冻"、"定时/锁定"。

（1）按键锁定操作：

① 持续按住"定时/锁定"键 3s，则按键锁定状态进行改变。

② 当按键处于锁定状态时，液晶显示屏上的锁定符号显亮。按键锁定对定时操作（包括增、减定时时间）无效，其他按键操作中除蜂鸣器短鸣一次和背光源亮效果有效外，设定调节操作无效，且每次按键后液晶显示屏上的锁定符号闪烁 2s。

③ 当按键处于非锁定状态时，液晶显示屏上的锁定符号灭，此时所有按键操作均有效。

④ 每次上电 12s 内如无按键操作则将按键锁定，锁定符号显亮。

（2）"智能"、"速冷"、"速冻"按键操作：

① 当"关冷冻"状态时，"速冻"按键无效。

② "智能"、"速冷"、"速冻"三种模式不能同时存在，当进入其中一个模式时将退出另两个模式，液晶显示屏上相应显示。

③ 按"智能"键，进入"智能"模式，液晶显示屏上"智能"字符显亮。

④ 每次按"速冷"键，进入或退出速冷模式，液晶显示屏上"速冷"字符相应亮灭。

⑤ 每次按"速冻"键，进入或退出速冻模式，液晶显示屏上"速冻"字符相应亮灭。

（3）"关冷冻"按键操作："关冷冻"操作不改变温度设定值。

① 当"关冷冻"状态时"关冷冻"符号显示，冷冻室温度不显示；退出冷冻时"关冷冻"符号灭，冷藏室、冷冻室温度同时显示。

② 每次按"关冷冻"按键，从当前状态开始循环显示上述两种方式字符。

③ "关冷冻"状态时"智能"、"速冷"模式仍有效。

（4）"冷藏调温"按键操作：

① 进行冷藏调温后退出原"智能"、"速冷"、"速冻"模式。

② 每次按"冷藏调温"键，进入冷藏室调温状态，此时冷藏室温度闪烁显示冷藏室当前设定温度。按键前为"智能"模式时显示"5℃"，按键前为"速冷"模式时显示"2℃"。

③ 在冷藏室调温状态下，每次按"+"键，冷藏室设定温度从当前显示开始在1～9℃内循环递增闪烁显示；每次按"−"键，冷藏室设定温度从当前显示开始在1～9℃内循环递减闪烁显示（如连续按住"+"或"−"键，设定值快速递增或递减）。

（5）"冷冻调温"按键操作：

① "关冷冻"状态下"冷冻调温"按键无效。

② 进行冷冻调温后退出原"智能"、"速冷"、"速冻"模式。

③ 每次按"冷冻调温"键，进入冷冻室调温状态，此时冷冻室温度闪烁显示冷冻室当前设定温度。按键前为"智能"模式时显示"−18℃"，按键前为"速冻"模式时显示进入速冻前的设定温度。

④ 在冷冻室调温状态下，每次按"+"键，冷冻室设定温度从当前显示开始在−26～−6℃内循环递增闪烁显示；每次按"−"键，冷冻室设定温度从当前显示开始在−26～−6℃内循环递减闪烁显示（如连续按住"+"或"−"键，设定值快速递增或递减）。

（6）"定时/锁定"按键操作：

① 持续按键3s以上时作为"锁定"或"解锁"键，参见按键锁定操作。

② 定时操作不改变电冰箱的工作状态及运行，冷藏室、冷冻室的温度显示规则不受定时状态的进入与退出的影响。

③ 在定时状态下按"定时/锁定"键退出定时状态，"定时"字符灭，恢复温度界面。

④ 在定时状态下每次按"+"键，则分钟值加1，到99后循环回1（如此时连续按住"+"键，设定值快速递增），秒钟值回0，同时"剩余时间"字符灭，3s无按键操作后"剩余时间"字符显亮，开始倒计时。

⑤ 在定时状态下每次按"−"键，则分钟值减1，到1后循环回99（如此时连续按住"−"键，设定值快速递减），秒钟值回0，同时"剩余时间"字符灭，3s无按键操作后"剩余时间"字符显亮，开始倒计时。

2）显示

系统上电时，液晶显示屏及背光源全亮 3s，然后进入正常运行显示。同时显示冷藏室温度、冷冻室温度、运行模式及工作状态。调节及定时状态下的显示参见前面所述，以下为正常运行状态下的显示规则。

（1）模式及状态显示：

① 根据电冰箱运行模式相应显示"智能"、"速冷"、"速冻"三种符号及冷藏室、冷冻室温度。

② 进入"关冷冻"状态后"关冷冻"符号亮，冷冻室温度部分不显示。

③ 当按键处于锁定状态时，液晶显示屏上的锁定符号显亮。

（2）温度显示：用数字显示冷藏室、冷冻室温度。显示温度时有"分"、"秒"字符。

（3）背光源控制：在非调温及非定时状态时，同时按住"+"及"-"两个按键 5s 以上，蜂鸣器连续两声短鸣，进入背光源常亮状态。在背光源常亮状态下连续同时按住该两个按键 5s 以上，背光源灭，退出背光源常亮状态（每次上电时背光源不为常亮状态）。其他情况下，每次上电、打开冷藏室门或按键后背光源亮，停止操作 5min 后背光源灭。

3）控制模式

运行模式定义：

"智能"模式：$T_{rs}=5℃$，$T_{fs}=-18℃$。

"速冷"模式：$T_{rs}=2℃$，$T_{fs}=$不变。

"速冻"模式：$T_{rs}=$不变，连续制冷 26 小时。

（1）化霜控制：采用自然升温化霜方式。化霜时，压缩机停机。

（2）照明灯控制：

① 在下列情况下照明灯关：冷藏室门关；冷藏室门开≥10min。

② 满足下列情况时照明灯开：冷藏室门开且连续开门时间≤10min。

（3）"速冷"模式："速冷"模式不改变冷冻室工作模式及设定温度，"速冷"模式退出原"智能"、"速冻"模式。

① "速冷"模式下，控制及显示按 $T_{rs}=2℃$进行。

② 退出"速冷"模式后冷藏室按进入速冷及速冻前的设定温度运行，如原为"智能"模式则按"智能"模式运行并显示"智能"符号。

（4）"速冻"模式："关冷冻"状态下，"速冻"模式无效，"速冻"模式不改变冷藏室工作模式及设定温度，"速冻"模式退出原有"智能"、"速冷"模式。

① 本次"速冻"模式下运行时间>10 小时，则退出"速冻"模式。

② 退出"速冻"模式后冷冻室按进入"速冻"及"速冷"前的设定温度运行，如原为"智能"模式则按"智能"模式运行并显示"智能"符号。

（5）温度补偿控制：通过加热器加热进行温度补偿。

（6）"关冷冻"方式："关冷冻"方式下，"速冻"模式及冷冻室调温无效。

① $T_{ra}>T_{rk}$ 时，开压缩机。

② $T_{ra}<T_{rt}$ 时，停压缩机。

③ 退出"关冷冻"方式时如为"智能"模式则按"智能"模式运行并显示"智能"符号，否则冷冻室按原设定温度工作，如原为"速冻"模式则按进入"速冻"前的设定温度运行。

4）故障维修方法

当冷冻室感温头、冷藏室感温头、化霜感温头断路或短路时称为故障状态。

（1）故障定义。

① 各感温头断路故障：测得感温头温度值<-55℃。

② 各感温头短路故障：测得感温头温度值>+50℃。

（2）感温头故障状态时的显示：

① 冷藏室故障时显示"E1"。

② 冷冻室故障时显示"E2"。

（3）退出故障状态的条件：测得 T_r、T_f、T_v 的温度值在正常范围内则退出相应的故障状态。退出所有故障状态后如不更改设定，则按故障发生前的设定模式运行。

5）关门提示

当冷藏室门打开时，若用户忘记关门，则在 2min 后每隔 30s 蜂鸣器响三声，超过 10min 则停止蜂鸣并强制关闭照明灯，直到检测到关门信号后恢复正常照明灯控制。

6）系统保护

为保护控制系统及压缩机的运行，下述规则优先：

（1）为防止用户在插接电源过程中出现暂时性接触不良，在单片机上电 3s 后才允许开压缩机。

（2）系统停电后再来电，如果停电时间小于 3min，则通电后需延时 3min 才开机（在开机条件满足时）。其他情况压缩机每次停机时间应大于 10min（退出自检除外）。

（3）系统停电后再来电，自动按停电前的模式及设定运行。

（4）系统因强干扰等原因造成死机时，能自动复位且保持复位前的显示和按复位前的模式运行。

7）自检

自检分为系统自检和维修自检。

（1）系统自检：为便于电路板在进货、生产、维修过程中的检测，设有电路板系统自检功能。

① 进入系统自检：

● 当系统检测到"关冷冻"键、"智能"键同时按下 3s 以上时，系统即进入"系统自检"状态。

● 电冰箱每次上电 10min 后系统自检功能失效。

● 进入过系统自检后如需再次进入系统自检，需电冰箱断电后重新上电。

② 系统自检过程。当系统进入自检模式后，即按以下程序进行自检：系统进入自检时，蜂鸣 1s，所有显示全亮 4s，关所有负载及显示 1s，压缩机通电 1s 后停止，照明灯通电 1s 后停止，补偿加热器通电 1s 后停止，电磁阀 R 状态 1s 后停止，电磁阀 A 状态 1s 后停止；向 93C46 中写入"1234"，然后立即读出该值并显示 1s；顺序显示冷藏、冷冻、化霜感温头的 A/D 转换值各 1s（第一位显示 0）；此时若所有 A/D 值均在 1264130 内，则显示"5678"3s，反之显示"8765"3s；然后合上门开关，则"智能"模式显示亮；再打开门开关，"智能"显示灭；再按"智能"键，则"智能"显示亮；按"冷藏调温"键，则"速冷"显示亮；按"冷冻调温"键，则"速冻"显示亮；按"速冻"键，则"剩余时间"显示亮；按"关冷冻"键，

则"关冷冻"显示亮；按"定时/锁定"键，则"定时"显示亮；按"∧"键，则"冷藏室温度"字符亮；按"∨"键，则"冷冻室温度"字符亮；最后蜂鸣器蜂鸣 1s 及所有显示全亮 3s 表示自检结束。

（2）维修自检：为便于电冰箱在生产、维修过程中的检测，设有维修自检功能。

① 进入维修自检：

● 当系统检测到"智能"键、"定时/锁定"键同时按下 3s 以上时，系统即进入"维修自检"状态。

● 电冰箱每次上电 30min 后维修自检功能失效。

● 进入过维修自检后如需再次进入维修自检，需电冰箱断电后重新上电。

② 维修自检过程。当系统进入自检模式后，即按以下程序进行自检：进入自检时，蜂鸣 1s，所有显示全亮 4s，然后关所有负载 30s，冷藏室温度显示窗显示 Tv，同时冷冻室温度显示窗显示 30s 倒计时，当感温头故障时显示+50（短路）或-50（断路）。接通照明灯 60s，同时冷藏室温度显示窗显示"E"，冷冻室温度显示窗显示 30s 倒计时；接通补偿加热器 30s，同时冷藏室温度显示窗显示"H"，冷冻室温度显示窗显示 30s 倒计时；电磁阀保持 R 状态，开压缩机 99s，同时冷藏室温度显示窗显示"CU"，冷冻室温度显示窗显示 99s 倒计时；压缩机保持接通，电磁阀 A 状态 99s，同时冷藏室温度显示窗显示"C"，冷冻室温度显示窗显示 99s 倒计时；蜂鸣器蜂鸣 1s 及所有显示全亮 3s 表示自检结束。

（3）退出自检的控制：退出自检后，系统按原设定状态运行，但压缩机的开启要满足停机时间大于 3min。

8）其他

控制板出厂时处于标准模式；冷藏、冷冻同时工作设定，定时时间设定 60min。

!注意

现开发部对电路板进行更改，对冷冻室的调温范围做出如下调整：

（1）由原来的在-30～-6℃之间的温度调整为-26～-6℃之间无级调整。故在市面上有两种电路板，这两种电路板可以互换。

（2）速冻时间经过两次改动：原来速冻时间为 26 小时自动退出。第一次改动，改为 10 小时速冻后自动退出。第二次改动，改为 5 小时速冻后自动退出。

任务 11.3.2　容声系列电冰箱故障分析与维修技能实训

例 1　容声 BCD-255W 型电冰箱，接通电源后，显示板显示"E2"

分析与检修：断电后卸下顶盖板，取出电路板，用万用表的电阻挡测量电器盒内的 10 芯插座的③脚和⑤脚的电阻，其阻值为 8kΩ，初步可判定为冷冻室感温传感器有故障（正常值应为 5kΩ左右）。

维修方法：更换同型号的传感器后，显示板显示的"E2"消失。

经验与体会：该电冰箱采用微电脑模糊控制和双循环自动控制系统，具有自动化霜、保温、超冻模式、停电记忆和超温报警等功能，技术含量高。维修时要采取从易到难，从简单到复杂的方法。对电路控制系统不熟悉时，不要盲目带电测量。

例2 容声BCD-255W型电冰箱，冷冻室达不到设定温度

分析与检修：取出层架，卸下蒸发器盖和风道板，经全面检测，发现化霜发热管断路。

维修方法：更换同型号的发热管后，此故障排除。

经验与体会：化霜加热管烧断会造成蒸发器表面结霜，影响蒸发器表面的换热效率，使冷冻室温度难以达到设定的温度。

例3 容声BCD-255W型电冰箱，压缩机不工作

分析与检修：测量电源，良好；测量控制板上电源电路的变压器初级线圈，有220V交流电压输入；测变压器次级线圈，有9V交流电压输出。其控制电路图如图11-18所示。

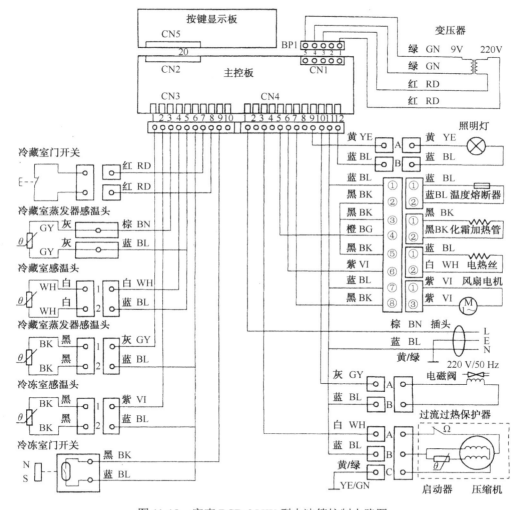

图11-18 容声BCD-255W型电冰箱控制电路图

测量冷冻室传感器，阻值正常；卸下压缩机保护罩，测量压缩机启动器，阻值正常；测量压缩机线圈主绕组加副绕组的阻值等于公用端绕组的阻值，说明压缩机线圈良好；测量过流过热保护器，发现其阻值为无穷大。由此可判定该故障产生的原因是由于过流过热保护器损坏造成的。

维修方法：更换同型号的过流过热保护器后，通电试机，压缩机不工作的故障排除。

例4 容声 BCD-163W/HC 型电冰箱，通电后无电源显示，压缩机也不工作

分析与检修：测量电源插座，有 220V 交流电压输出，说明电源良好；卸下电控板，测量电控板上的熔断器，良好；测量整流，有直流电压输出；测量电路板上的滤波电容 C3，发现其漏电。

维修方法：更换同型号的滤波电容后，故障排除。

经验与体会：电冰箱无电源显示，首先应从电源查起，在电源正常的情况下再测量电控板的电源电路。如图 11-19 所示是容声 BCD-163W/HC 型电冰箱控制电路图。

例5 容声 BCD-225W 型电冰箱，干簧管损坏，造成电冰箱不制冷

分析与检修：（1）门自检时（同时按下禁止蜂鸣键和冷藏室温度键 3s 以上），在 90s 时间内，冷藏室温度显示的十位数字（左边第一位数字）应随下门的开、关对应 1、0 变化。如此时该数字一直显示为 1 或 0，则进行下一步判断。

（2）检查并确认下门的磁芯，没有坏，并且装配应该正常。

（3）断电，卸下顶盖板，取出电路板，用万用表电阻挡（低阻值挡）测电器盒内 10 芯插座（左边那个）的第⑥脚、第⑨脚（从左往右数）之间的电阻。如果此阻值随下门的开、关对应呈 ∞、0 变化，则应查电路板与插座是否接触良好或电路板本身是否有故障；如果此阻值不论下门开、关与否都单一地是 ∞ 或 0，则可判定为干簧管损坏。

维修方法：用开孔器在底板靠近干簧管处开直径 100mm 左右的圆孔；挖泡后，检查并确认干簧管装配是否到位；取出干簧管组件，并在靠近干簧管组件处将两引线剪断后去绝缘约 12mm，将同型号的干簧管组件引线去绝缘 12mm 后与上述引线连接；用闭端端子压紧，装上电路板显示板后进行门自检，结果应符合上述第（1）条；在闭端端子处涂热溶胶以防潮气进入导体内，将干簧管组件按原位置装好（注意要装正，并紧贴内胆），用免水胶纸固定、补泡、修平并用铝箔纸剪成规则状覆盖（要贴平该局部，外观应该整洁）通电。

例6 容声 BCD-225W 型电冰箱，电磁阀内漏

分析与检修：给电磁阀通电，如电磁阀噪声大，则为异常；如果电冰箱耗电量大或冷冻室、冷藏室温度出现异常，则在排除了与电磁阀无关的可能故障之后，即可判断该故障产生的原因可能是由于电磁阀内漏所造成的。检测内漏的方法：从电磁阀进气端输入氮气，使压力小于 1.6MPa，此时电磁阀常开出口应有气吹出；然后让电磁阀接 220V 电源，此时电磁阀常闭出口应有气吹出。如此时常开、常闭出口都有气吹出，则可判定为该故障产生的原因是电磁阀内漏。

维修方法：更换同型号的电磁阀后，故障排除。

例7 容声 BCD-166W 型电冰箱，开机工作 2h 后仍不制冷

分析与检修：经全面检查，压缩机封尾管处有油迹。初步可判断该故障产生的原因是制冷剂泄漏。

维修方法：把封尾管用割刀去掉 10cm 后，用气焊焊好加制冷剂的连接锁母。经打压、检漏、抽真空、加制冷剂后，电冰箱不制冷的故障排除。容声 BCD-166W 型电冰箱制冷系统循环图如图 11-20 所示。

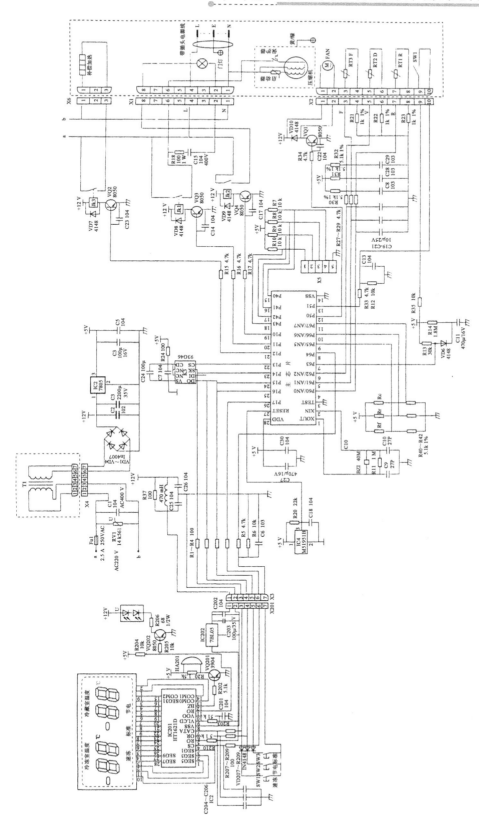

图 11-19 容声 BCD-163W/HC 型电冰箱控制电路图

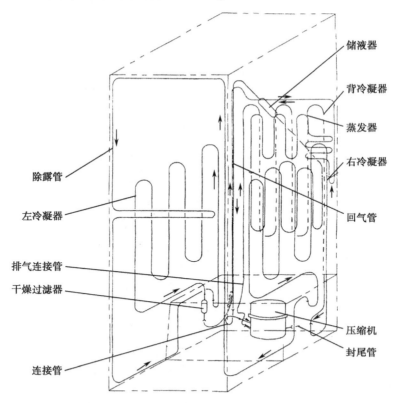

图 11-20　容声 BCD-166W 型电冰箱制冷系统循环图

例 8　容声 BCD-272W（HC）型电冰箱，液晶显示屏显示"ERRORR"

分析与检修：查容声维修手册，确定该显示代码为冷藏室传感器有故障。

维修方法：更换同型号的冷藏室传感器后，故障排除。

例 9　容声 BCD-272W（HC）型电冰箱，液晶显示屏显示"ERRORF"

分析与检修：查容声维修手册，确定该显示代码为冷冻室传感器有故障。

维修方法：更换同型号的冷冻室传感器后，故障排除。

例 10　容声 BCD-272W（HO）型电冰箱，液晶显示屏显示"ERRORD"

分析与检修：查容声维修手册，确定该显示代码为化霜传感器有故障。

维修方法：更换同型号的化霜传感器后，故障排除。

例 11　容声 BCD-165A 型电冰箱，顶板凝露

分析与检修：经全面检查，发现发泡层厚度不够及顶部发泡接合缝经长时间热胀冷缩，导致出现裂纹，从而使水分渗入。

维修方法：打开顶盖及顶盖支承，挖掉受潮及有缺陷的发泡，顶部用锡纸及胶纸打横、竖起、粘贴，将需发泡的部位围好，发泡后倒入顶部，要求比原泡层高 2cm，固化后用刀割平，用锡纸包严（注意密封，不要留有缝隙），通电后，故障排除。

例 12　容声 BCD-255W 型电冰箱，接通电源后，显示板显示"E2"

分析与检修：该电冰箱采用微电脑模糊控制和双循环自动控制系统，只有自动化霜、保湿、超冻模式、停电记忆和超温报警等功能。

自动化霜的功能由微电脑控制，与微电脑内部时钟、冷冻室蒸发器感温头及冷藏室蒸发器感温头有关。该电冰箱冷藏室的制冷方式为直冷式，相对风冷式而言，可提高食物的保湿性能。超冻模式能保证速冻的要求，可使食物更加新鲜。执行超冻模式时，压缩机需不停地运转，直至再次按下超冻模式键或在超冻模式下运转时间超过 26 小时。停电记忆功能即停电延时保护功能，可记忆停电时间，停电超过 4min 时，压缩机不延时启动；若停电不足 4min，则可补足 4min 的差值后使压缩机再启动。如冷冻室温度低于-10℃，则对冷冻食物的保存不利。此时蜂鸣器便可报警，按"停止蜂鸣"键后，响声停止；不按"停止蜂鸣"键，则鸣响1min，冷冻室温度显示器闪烁，直至按"记忆"键后停闪，并且显示冷冻室内的最高温度和实际温度。

　　检查发现该电冰箱显示板显示"E2"，这是由于冷冻室蒸发器感温头发生故障所造成的。断电后，卸下顶盖板，取出电路板，用万用表电阻挡测电器盒内的 10 芯插座的第③脚、第⑤脚（从左至右数）之间的直流电阻值。如果此阻值（在环境温度为 0～39℃时）小于 10kΩ或大于 6.7kΩ，则可视为冷冻室蒸发器感温头有故障。

　　维修方法：取下后板，在冷冻室蒸发器感温头与内藏线连接处挖出发泡剂，并在该连接处剪断，去除导线绝缘约 12mm，将同型号的感温头也去掉引线绝缘约 12mm 后，与上述内藏导线连接，插上电路板及显示板，通电运行并确认无误后，在端子处涂热溶胶以防潮气进入导体内，按原位置将感温头装好，并在护盖上贴免水胶纸固定、补发泡剂、装后板、电路板及显示板等后，通电试机，电冰箱运行正常，故障排除。

　　例 13　容声 BCD-142 型电冰箱，通电后，熔断器熔断

　　分析与检修：通电后，熔断器熔断，说明控制部件有短路处；测压缩机线圈，无短路现象；卸下控制板外盖，按图检测电控板熔断器，已断路；测量变压器初级线圈，良好；测变压器次级线圈，发现已烧坏。其控制电路图如图 11-21 所示。

　　维修方法：更换同型号的熔断器及同型号的变压器后，通电试机，故障排除。

　　例 14　容声 BCD-189WA／HC 型电冰箱，压缩机不工作，显示屏也无电源显示

　　分析与检修：测量电源插座，有 220V 交流电压输出；卸下该电冰箱的控制外板，按控制电路图测量熔断器，良好；测量变压器副边，有 11V 交流电压输出；测量桥式整流，有直流电压输出；测量滤波电容 C188，发现其漏电。其微电脑板控制电路图如图 11-22 所示。

　　维修方法：更换同型号的滤波电容后，故障排除。

　　例 15　容声 BCD-230W 型电冰箱，修后一边很热，一边冰凉

　　分析与检修：现场检查发现，该故障产生的原因是右冷凝器与底盘管（旧为除露霜）或底盘管与左冷凝器焊堵（是半堵）或油堵，造成提前节流。

　　提前节流→冷凝面积不够（只有右冷凝器在起作用）→冷凝出口温度高→一次节流后进入左冷凝器→由于堵得不利害，当温度下降时，压力下降也不利害（手感不是很冻），因此冷量损失大→进入毛细管进行二次节流→进入蒸发器后回压缩机。

　　因此，当出现半堵、微堵现象时，只要堵塞不至于造成左冷凝器的温度下降至低于室温，则冷量损失不大，仅是冷凝面积减少了。只要环境温度不高，且一边的冷凝器已足够制冷的情况下，对制冷性能的影响就不大。

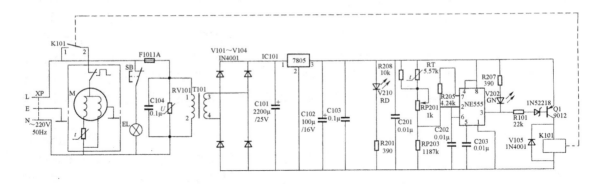

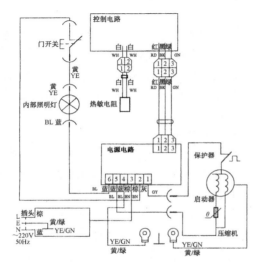

图 11-21　容声 BCD-142 型电冰箱控制电路图

维修方法：放出制冷剂，焊离底盘管与右冷凝器焊口、底盘管与左冷凝器焊口，清除焊塞、吹污、清除油堵后，换干燥过滤器，经打压、检漏、抽真空、充注制冷剂后，故障排除，制冷恢复。

例 16　容声 BCD-230W 型电冰箱，除霜不彻底

分析与检修：现场检查，该电冰箱在蒸发器顶部和左、右两侧结霜（中间及下部除霜良好），堵住风道，引起整机制冷不良。测量蒸发器感温传感器阻值，正常估计该故障产生的原因是由于电冰箱使用环境湿度大，霜层较厚；蒸发器顶部和左、右两侧离发热管较远；除霜感温头因已达到除霜结束温度故退出除霜状态；蒸发器顶部和左、右两侧霜层尚未化完所引起的。

维修方法：把蒸发器的感温传感器改放在蒸发器毛细管的入口处，除霜不彻底故障排除。

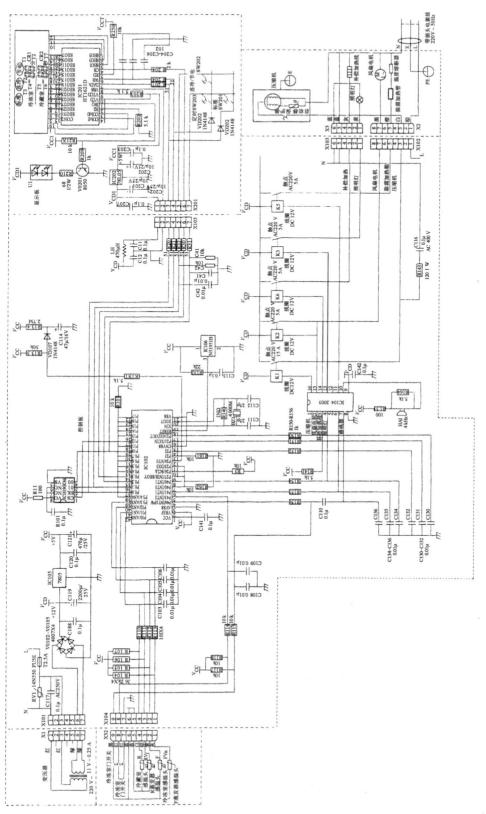

图 11-22 容声 BCD-189WA/HC 型电冰箱微电脑板控制电路图

项目 11.4 美的新型系列电冰箱故障分析与故障维修技能实训

任务 11.4.1 美的 BCD-192EM 豪华触摸微电脑控制电冰箱故障分析与故障维修技能实训

美的 BCD-192EM 豪华触摸微电脑控制电冰箱是采用触摸按键、蓝色 LED 显示的双制冷系统电脑双温双控直冷电冰箱，由 BCD-192 双温单控机械温控电冰箱改型而来，具有冷藏、冷冻两个间室，温度可分别调节，冷藏室可单独关闭制冷。

▶ 1. 美的 BCD-192EM 豪华触摸微电脑控制电冰箱结构

美的 BCD-192EM 豪华触摸微电脑控制电冰箱主体结构如图 11-23 所示。

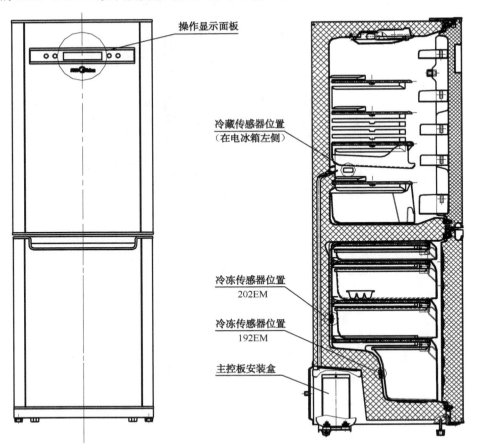

操作显示面板

冷藏传感器位置
（在电冰箱左侧）

冷冻传感器位置
202EM

冷冻传感器位置
192EM

主控板安装盒

图 11-23 美的 BCD-192EM 豪华触摸微电脑控制电冰箱主体结构

操作显控板安装于上门体上方，需要维修更换时将面板扣开即可（面板为卡扣方式安装）。

2. 美的 BCD-192EM 豪华触摸微电脑控制电冰箱制冷系统

该系列电冰箱的制冷系统为双毛细管系统，其系统原理图如图 11-24 所示。制冷剂经冷凝、干燥、过滤后进入两位三通脉冲电磁阀，该电磁阀有一个入口（1）和两个出口（2、3），当冷藏室、冷冻室同时需要制冷时，电磁阀加正脉冲（大端子为公共端），制冷剂通过 1—2 通道经红色标志毛细管先后流经冷藏室和冷冻室蒸发器，当冷藏室达到设定温度或冷藏室被关闭而冷冻室仍未达到设定温度时，电磁阀加负脉冲，制冷剂通过 1—3 通道经黑色标志毛细管直接进入冷冻室蒸发器，当冷藏室、冷冻室均达到设定温度时压缩机停机。

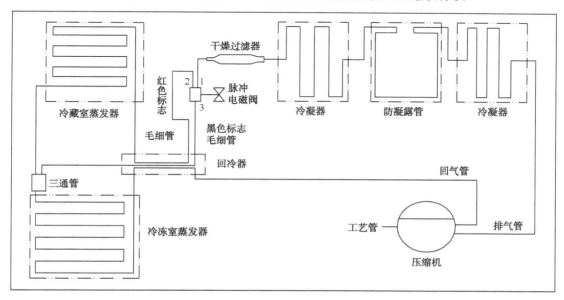

图 11-24 美的 BCD-192EM 豪华触摸微电脑控制电冰箱制冷系统原理图

3. 美的 BCD-192EM 豪华触摸微电脑控制电冰箱控制电路

1）各组成部分及其功能

（1）主控板：安装位置如图 11-23 所示，由一单片机系统进行各信号输入、输出运算，对压缩机、电磁阀等负载进行控制。

（2）显控板：显控板位于电冰箱冷藏室门（上门）中上部，显示冷藏室、冷冻室温度及电冰箱运行模式、状态，通过操作按键可进行运行模式和冷藏室、冷冻室温度的选择、调整。

（3）温度传感器：该电冰箱有冷藏室温度传感器、冷冻室温度传感器和环境温度传感器各一只，分别位于冷藏室、冷冻室内和显控板上。还有一只冷藏室化霜温度传感器，埋在发泡层内紧贴冷藏室胆后壁，用于自动控制冷藏室后壁不结冰，不可拆换。该温度传感器如发生故障，不影响控制系统的控制功能。

（4）连接线束：穿过电冰箱箱体和上门门体发泡，两端分别连接主控板和显控板，中间在电冰箱顶铰链盖下对接，为 6 芯线束。

电冰箱的运行由主控板控制，其电气原理图及接线图如图 11-25 所示。

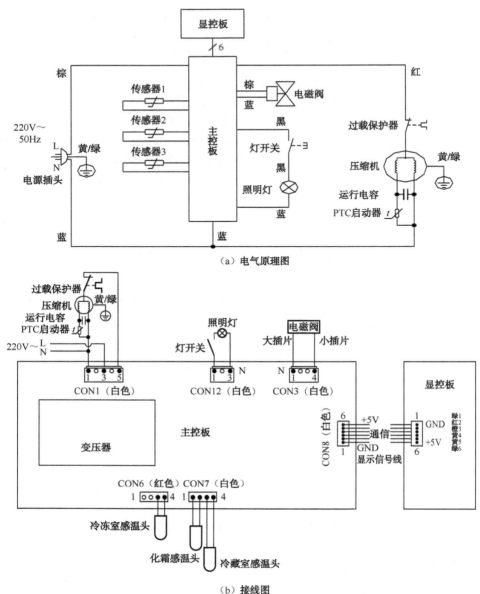

图 11-25 美的 BCD-192EM 豪华触摸微电脑控制电冰箱电气原理图及接线图

2）电脑控制系统的检查、检测方法

对照电气原理图及接线图检查电气件连接是否正确，各接插件连接是否牢靠。主控板的检查：如通电压缩机不工作，则可能是 CON1 和（或）CON8 接插件松开所致；CON8 如果接触不良，则可导致显示屏无显示；CON12 接触不良会使得门灯不亮。还应检查主控板上的熔断器是否熔断，如熔断则更换相同型号规格的熔断器。如电冰箱本身工作而显示不正常，则可能是 6 芯控制线接插件连接不可靠，或者是显示模块的引脚出现虚焊或断裂，此外还应检查电冰箱顶铰链盖下的 6 芯线连接情况，观察此处的 6 芯线是否发生破损。

经上述步骤处理后故障仍不能消除，则可采用更换主控板或（和）显控板的办法，判断控制板是否出现故障，如出现故障，则更换相应的控制板。

▶4. 美的 BCD-192EM 豪华触摸微电脑控制电冰箱主要故障诊断和维修方法

1）连接故障及维修方法

对照电气原理图及接线图检查电气件连接是否正确，各接插件连接是否牢靠。其可能出现的故障及维修方法如表 11-8 所示。

表 11-8　故障及维修方法

故 障 现 象		可能的原因	维 修 方 法
电冰箱不工作	照明灯不亮	电源是否接通，插头是否插牢	接通电源或插好插头
	照明灯亮	主控板上的熔断器烧断	更换熔断器
		压缩机线束接触不良	维修或更换
		主控板损毁	维修或更换
		压缩机或其附件损毁	维修或更换
显示屏显示不全或无显示		连接显控板与主控板的线束上的插接件未插牢靠导致接触不良	插好接插件
		显控板损毁	维修或更换显控板
按键失灵		导电棉与显示面板接触部分受压变形，使导电棉超出显示面板印刷的感应圆圈区域，会导致按键失灵、蜂鸣一直报警的现象	先将所有导电棉取下，看是否能正常操作。若可以，则判断为导电棉问题，需将与显示面板接触部分的导电棉接触面积用剪刀适当剪小
		连接显示板与主控板的线束上的插接件未插牢靠导致接触不良	插好接插件
		触摸芯片损坏或没焊好	维修或更换显控板

2）6 个感温器故障代码及检修方法

电脑控制板具有传感器故障自检功能，并能在电子显示板显示出故障现象，如表 11-9 所示。

表 11-9　故障显示一览表

现　　象	故 障 内 容
冷藏室温度显示 E1	冷藏室传感器短路或断路
冷冻室温度显示 E2	冷冻室传感器短路或断路
冷冻室温度显示 E3	冷藏室化霜传感器短路或断路
冷冻室温度显示 E4	E^2PROM 出现读写故障
冷冻室温度显示 E7	通信不合格
冷藏室温度显示 E8	过零不合格

有些传感器出现故障时电冰箱仍然能够工作。冷藏室传感器出现故障时冷藏室温度显示 E1，但电冰箱仍能正常工作；冷冻室传感器故障时冷冻室温度显示 E2，但电冰箱仍能正常工作；化霜传感器出现故障时冷藏室温度显示 E3，但电冰箱仍能正常工作；环境传感器故障，控制器将环境温度假定为 30℃ 状态进行工作；E^2PROM 出现读写故障时冷冻室温度显示 E4，

新型电冰箱故障分析与维修项目教程

电冰箱上电后按冷藏不关闭，智能模式工作。

传感器出现故障，首先检查传感器线束与主控板的连接是否可靠，再用万用表检测传感器电阻值，确定其是否短路或断路。确定冷藏室、冷冻室或冷藏室化霜传感器短路或断路后，用一字螺钉旋具撬开传感器盒盖板，拉出并剪断传感器头，替接上相同规格的传感器。当用万用表测传感器电阻值有确定读数，不能明确判定短路或断路时，可参照表 11-11，如偏差超过 10%，也应更换传感器。另外，若冷藏室温度或冷冻室温度显示"H"，属正常现象，这是由于冷藏室或冷冻室内温度过高造成的，电冰箱在正常稳定运行时应无以上现象。

3）电磁阀故障

电磁阀的可能故障是不能换向，电磁阀不能进行毛细管的切换。可分为两种情况：一是冷藏室制冷不能被切断，冷藏室不能按设定值控制，而是受冷冻室设定温度影响，有可能出现冷藏室储藏温度过低或背部结冰不能彻底融化现象。要确认是电磁阀问题，可以通过冷藏关闭操作来判断，首先确认冷藏室处于非制冷状态，按"冷藏"键，显示屏冷藏温度消失并显示冷藏关图标，应听见电磁阀吸合声，用手触摸 2、3 端的出口管，在电磁阀切换的瞬间，应能感受到管壁温度有瞬时的明显变化，若没有出现上述预期结果，则可判定电磁阀动作有故障。二是冷藏室制冷不能被接通，冷藏室得不到冷量，温度升高，形同冷藏室关闭状态。电磁阀不能换向故障一般分脉冲信号故障和电磁阀本身故障。

在上述检查过程中，还应排除毛细管堵塞的可能。

4）美的 BCD-192EM 豪华触摸微电脑控制电冰箱维修注意事项

（1）不可从电冰箱电源线的插头处测得压缩机绕组阻值，从该处测得的只是主控板变压器原线圈的阻值。若要测压缩机绕组，必须断电后直接从压缩机接线柱上测量。

（2）维修人员应仔细阅读本系列电冰箱的使用说明书及维修手册。在电冰箱刚通电运行时，冷藏室、冷冻室显示温度一般滞后于电冰箱内实际温度，这是因为电冰箱箱体本身是一个较大的热负荷，需一定时间才能使其温度降下来，这一点应向用户解释清楚。

5）维修备件图号

表 11-10 列出了美的 BCD-192EM 豪华触摸微电脑控制电冰箱的一些重要维修备件图号。

表 11-10　维修备件图号

序　号	备件名称	备件图号	备　注
1	压缩机及附件	QD76YZ（东贝）（含 PTC、过载保护器）	借用
2	主控板	629501（主控板上有 192EM 标志）	
3	显控板	629109（显控板上有 192EM 标志）	
4	冷藏室温度传感器	211501（冷藏室传感器线束）	借用 BCD-216A/E
5	冷冻室温度传感器	211502（冷冻室传感器线束）	借用 BCD-216A/E
6	电磁阀组件	259510	借用 BCD-206/E

如表 11-11 所示为美的 BCD-192EM 豪华触摸微电脑控制电冰箱 HCS39A202G7 型感温头电阻—温度特性表。

表 11-11　电阻—温度特性表

	R5=5.06kΩ±2%				B5/25=3839K±2%		
T_x（℃）	R_{min}（kΩ）	R_{nom}（kΩ）	R_{max}（kΩ）	T_x（℃）	R_{min}（kΩ）	R_{nom}（kΩ）	R_{max}（kΩ）
−30.0	31.90	33.81	35.82	1.0	6.028	6.175	6.324
−29.0	30.09	31.85	33.70	2.0	5.378	5.873	6.008
−28.0	28.39	30.01	31.72	3.0	5.464	5.587	5.710
−27.0	26.79	28.29	29.87	4.0	5.205	5.316	5.428
−26.0	25.30	26.68	28.14	5.0	4.959	5.060	5.161
−25.0	23.89	25.17	26.51	6.0	4.717	4.818	4.919
−24.0	22.57	23.76	24.99	7.0	4.488	4.589	4.690
−23.0	21.33	22.43	23.57	8.0	4.272	4.372	4.472
−22.0	20.17	21.18	22.23	9.0	4.067	4.167	4.256
−21.0	19.07	20.01	20.97	10.0	3.874	3.972	4.071
−20.0	18.04	18.90	19.80	11.0	3.690	3.788	3.886
−19.0	17.08	17.87	18.69	12.0	3.517	3.613	3.710
−18.0	16.16	16.90	17.66	13.0	3.352	3.447	3.543
−17.0	15.31	15.98	16.68	14.0	3.197	3.290	3.385
−16.0	14.50	15.12	15.77	15.0	3.049	3.141	3.234
−15.0	13.74	14.31	14.90	16.0	2.909	2.999	3.091
−14.0	13.02	13.55	14.10	17.0	2.776	2.865	2.956
−13.0	12.34	12.83	13.33	18.0	2.650	2.737	2.827
−12.0	11.71	12.16	12.62	19.0	2.530	2.616	2.704
−11.0	11.11	11.52	11.94	20.0	2.417	2.501	2.587
−10.0	10.54	10.92	11.31	21.0	2.309	2.391	2.476
−9.0	10.00	10.36	10.71	22.0	2.206	2.287	2.370
−8.0	9.496	9.820	10.15	23.0	2.109	2.188	2.270
−7.0	9.019	9.316	9.619	24.0	2.016	2.094	2.174
−6.0	8.568	8.841	9.119	25.0	1.929	2.005	2.083
−5.0	8.141	8.392	8.647	26.0	1.845	1.919	1.996
−4.0	7.738	7.968	8.202	27.0	1.765	1.838	1.913
−3.0	7.357	7.568	7.782	28.0	1.690	1.761	1.834
−2.0	6.997	7.190	7.386	29.0	1.618	1.687	1.759
−1.0	6.656	6.833	7.011	30.0	1.549	1.617	1.687
0.0	6.333	6.495	6.658				

任务 11.4.2 美的 BCD-205/E 豪华触摸微电脑控制电冰箱故障分析与故障维修技能实训

美的 BCD-205/E 豪华触摸微电脑控制电冰箱是采用双制冷系统的电脑双温双控直冷电冰箱，由 BCD-205 双温单控机械温控电冰箱改型而来，具有冷藏、冷冻两个间室，温度可分别调节，冷藏室可单独关闭制冷。

▶1. 美的 BCD-205/E 豪华触摸微电脑控制电冰箱结构

美的 BCD-205/E 豪华触摸微电脑控制电冰箱主体结构如图 11-26 所示。

操作显控板安装于上门体上方，需要维修更换时将面板扣开即可（面板为卡扣方式安装）。

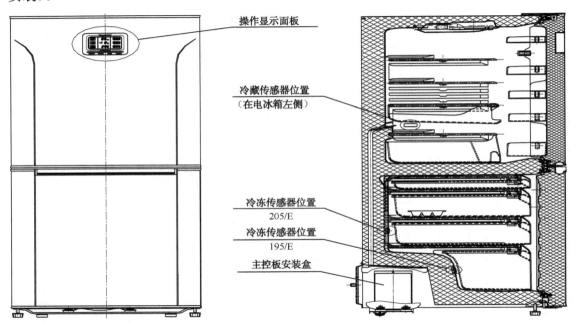

图 11-26　美的 BCD-205/E 豪华触摸微电脑控制电冰箱主体结构

▶2. 美的 BCD-205/E 豪华触摸微电脑控制电冰箱制冷系统

美的 BCD-205/E 豪华触摸微电脑控制电冰箱的制冷系统为双毛细管系统，其系统原理图如图 11-27 所示。

制冷剂经冷凝干燥过滤后进入两位三通脉冲电磁阀，该电磁阀有一个入口（1）和两个出口（2、3），当冷藏室、冷冻室同时需要制冷时，电磁阀加正脉冲（大端子为公共端），制冷剂通过 1—2 通道经红色标志毛细管先后流经冷藏室、冷冻室蒸发器，当冷藏室达到设定温度或冷藏室被关闭而冷冻室仍未达到设定温度时，电磁阀加负脉冲，制冷剂通过 1—3 通道经黑色标志毛细管直接进入冷冻室蒸发器，当冷藏室、冷冻室均达到设定温度时压缩机停机。

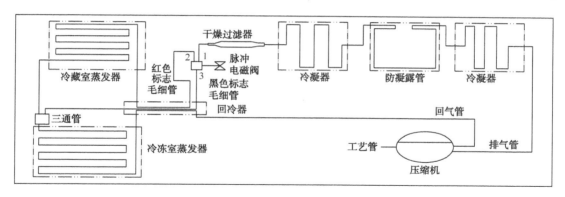

图 11-27　美的 BCD-205/E 豪华触摸微电脑控制电冰箱制冷系统原理图

3. 美的 BCD-205/E 豪华触摸微电脑控制电冰箱控制电路原理

1）各组成部分及其功能

（1）主控板：安装位置如图 11-26 所示，由一单片机系统进行各信号输入、输出运算，对压缩机、电磁阀等负载进行控制。

（2）液晶显控板：液晶显控板位于电冰箱冷藏室门（上门）中上部，显示冷藏室、冷冻室和环境温度及电冰箱运行模式、状态，通过操作按键可进行运行模式和冷藏室、冷冻室温度的选择、调整及倒计时设定。

（3）温度传感器：该电冰箱有冷藏室温度传感器、冷冻室温度传感器和环境温度传感器各一只，分别位于冷藏室、冷冻室内和显控板上。还有一只冷藏室化霜温度传感器，埋在发泡层内紧贴冷藏室胆后壁，用于自动控制冷藏室后壁不结冰，不可拆换。该温度传感器如发生故障，不影响控制系统的控制功能。

（4）连接线束：穿过电冰箱箱体和上门门体发泡，两端分别连接主控板和显控板，中间在电冰箱顶铰链盖下对接，为 4 芯线束。

美的 BCD-205/E 豪华触摸微电脑控制电冰箱电气原理图及接线图如图 11-28 所示。

2）电脑控制系统的检查、检测方法

对照电气原理图及接线图检查电气件连接是否正确，各接插件连接是否牢靠。主控板的检查：如通电压缩机不工作，则可能是 CON1 和（或）CON8 接插件松开所致；CON8 如果接触不良，则可导致液晶屏无显示；CON12 接触不良会使得门灯不亮。还应检查主控板上的熔断器是否熔断，如熔断则更换相同型号规格的熔断器。如电冰箱本身工作而液晶显示不正常，则可能是 4 芯控制线接插件连接不可靠，或者是显示模块的引脚出现虚焊或断裂，此外还应检查电冰箱顶铰链盖下的 4 芯线连接情况，观察此处的 4 芯线是否发生破损。经上述步骤处理后故障仍不能消除，则可采用更换主控板或（和）液晶板的办法，判断控制板是否出现故障，如是则更换相应的控制板。

3）电磁阀故障的检查、检测方法

电磁阀的可能故障是不能换向，电磁阀不能进行毛细管的切换。可分为两种情况：一是冷藏室制冷不能被切断，冷藏室不能按设定值控制，而是受冷冻室设定温度影响，有可能出现冷藏室储藏温度过低或背部结冰不能彻底融化现象。要确认是电磁阀故障，可以通过冷藏关闭操作来判断，首先确认冷藏室处于制冷状态，按住"冷藏"键2s以上，显示屏冷藏温度出现"－－℃"，应听见电磁阀吸合声，用手触摸2、3端的出口管，在电磁阀切换的瞬间，应能感受到管壁温度有瞬时的明显变化，若没有出现上述预期结果，则可判定电磁阀动作有故障。二是冷藏室制冷不能被接通，冷藏室得不到冷量，温度升高，形同冷藏室关闭状态。电磁阀不能换向故障一般分脉冲信号故障和电磁阀本身故障。

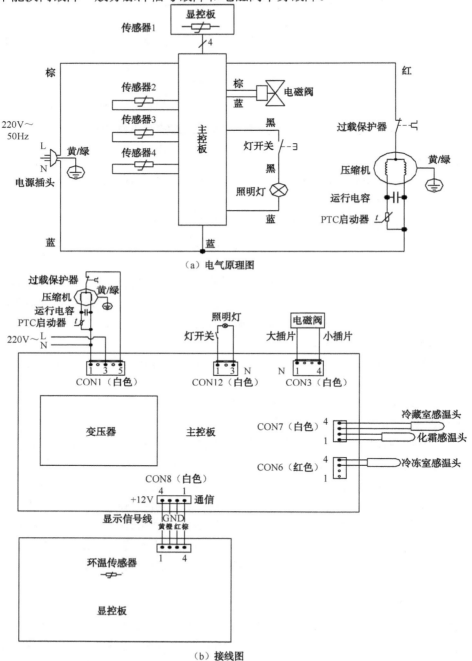

图 11-28　美的 BCD-205/E 豪华触摸微电脑控制电冰箱电气原理图及接线图

在上述检查过程中，还应排除毛细管堵塞的可能。

4）美的 BCD-205/E 豪华触摸微电脑控制电冰箱故障代码含义

电脑控制器具有故障自检功能，并能在液晶屏上显示出故障代码。故障代码及含义如表 11-12 所示。

表 11-12　故障代码及含义

故障代码	故障原因	重点检查	备注
E1	冷藏室传感器短路或断路	相应接插件和传感器回路	按技术要求检测
E2	微冻室传感器短路或断路	相应接插件和传感器回路	本产品无
E3	冷冻室传感器短路或断路	相应接插件和传感器回路	
E4	环境传感器短路或断路	相应接插件和传感器回路	
E5	E^2PROM 读写错误		本产品无
E6	冷冻室温度持续过高	制冷剂泄漏	
E7	通信故障	通信线束 3 处接插件及线是否接错或断路	压缩机不工作

感温头出现故障，首先检查感温头线束与主控板的连接（接插件 CON6、CON7）是否可靠，再用万用表从接插件端测感温头电阻值，看是否短路或断路。确定冷藏室或冷冻室感温头短路、断路后用手扣开感温盒盖板，拉出并剪断感温头，替接上相同规格的感温头。当用万用表测感温头电阻值有确定读数，不能明确判定短路、断路时，可参照表 11-11，如偏差超过 10%，也应更换感温头。

5）液晶板的检查

本机液晶显控板可用手从左上角扣开，将液晶板连同其安装面板一起取出，环境传感器焊在显控板上。

6）注意事项

（1）不可从电冰箱电源线的插头处测得压缩机绕组阻值，从该处测得的只是主控板变压器原线圈的阻值，在 0.5～0.7kΩ；若要测压缩机绕组，必须断电后直接从压缩机接线柱上测量。

（2）本系列电冰箱可单独对冷冻室制冷。

（3）维修人员应仔细阅读本系列电冰箱的使用说明书及维修手册，掌握回答用户有关询问的技巧和方法。电冰箱的温度显示变化最快按 1℃/90s 的速率变化，即当实际温度变化速率大于上述值时，显示按上述速率变化，当实际温度变化速率小于或等于上述值时，显示按实际速率变化。

任务 11.4.3　美的系列电冰箱故障分析与故障维修技能实训

例 1　美的 BCD-187 型电冰箱，不制冷，箱内照明灯亮

分析与检修：箱内照明灯亮，说明其电源良好；卸下该电冰箱压缩机的保护栏，测压缩机线圈阻值，良好；测量启动器 PTC，阻值正常；测量电容器，无容量，说明已损坏。

维修方法：更换同型号的电容器后，压缩机不工作的故障排除，制冷恢复。

经验与体会：测量电容器前，一定要用螺钉旋具的金属部分将其短路放电，以免测量时烧坏万用表。

例2 美的 BCD-195E 型电冰箱，通电后，压缩机不工作

分析与检修：测量压缩机线圈阻值，良好；测量压缩机过流过温升保护器，良好；经全面检查，发现主控板有故障。

维修方法：更换同型号的主控板后，压缩机不工作的故障排除。

经验与体会：涉及电路板故障的简易诊断法：BCD-195E 型电冰箱的电气部分主要有电源供给、温度传感器输入、开关信号输入、负载控制、连接导线、主控板及按键显示板等。为了缩短维修时间，提高维修质量，对于维修中心和维修点的维修人员，只要能判断是哪一部分出了故障，且更换相应的部件即可。

当怀疑故障是由于电路板的故障所造成时，应先确认外部负载无短路现象，然后用好的同型号的电路板换下被怀疑有故障的电路板，再通电观察电冰箱的工作情况。如故障消失，就可以判断是换下的电路板有故障。

例如，出现压缩机不停机的故障时，可检查压缩机、制冷系统、电器的其他部件若均没有故障时，可以用一块好的同型号的主控板换下原来的主控板试机。如故障消失，则可以判断是主控板发生了故障。

再如，如果按键显示板的某一个发光二极管不亮或数码管缺笔画，可以先换按键显示板，再换主控板以确认故障所在。

例3 美的 BCD-187 型电冰箱，补偿加热丝断路

分析与检修：现场检查此电冰箱，其温度补偿加热丝是内埋式的，更换需扒后背的挖泡层，费用极大。借鉴公司其他型号的电冰箱采用灯泡加热进行补偿温度的道理，改变其补偿方法。

维修方法：剪去补偿加热丝进出连接线；在补偿开关电源出端与灯泡电源进端之间增加一个型号为 IN4007 的二极管，恢复补偿加热。

例4 美的 BCD-205E 型电冰箱，不制冷

分析与检修：现场对该电冰箱全面检查，发现其固定传感头的套管在蒸发器管道的最上端。当蒸发器下部的霜没有完全化掉时，传感器头已感受到化霜温度停止的温度，并使电路切换到停止化霜的位置。

维修方法：把传感器头移到蒸发器从下数第 3、4 管道之间的翅片上。注意：传感器不要太靠近加热丝，故障即可被排除。

例5 美的 BCD-216 型电冰箱，压缩机箱内电源灯亮，但压缩机不工作

分析与检修：卸下电冰箱压缩机外护栏，测量压缩机主绕组加副绕组的阻值等于公用端绕组的阻值，说明压缩机线圈良好；测量压缩机过热过流保护器，良好；卸下控制板外盖，按图测量三端稳压器 7805 的 2、3 端，有+5V 直流电压输出；经全面检查，发现控制压缩机的三极管参数改变。

维修方法：更换同型号的三极管后，压缩机不工作的故障排除。

例6 美的 BCD-195E 型电冰箱，制冷良好，但夜间电磁阀噪声较大

分析与检修：该故障需要两个人协同检查。卸下压缩机后罩，在压缩机运行状况下（可将冷冻室设为超冻状态），打开冷藏室门，让冷藏室实际温度大于冷藏室设定温度 1℃以上，

然后，其中一个人按冷藏室"使用／停用"键，即最右边的按键"0"，另一个人将耳朵靠近电磁阀部位，听电磁阀的声音。不论冷藏室是处于使用状态还是停用状态，即电磁阀是无电状态还是有电状态，只要电磁阀有异常噪声，就可确认为电磁阀噪声。

维修方法：按规程操作更换同型号的电磁阀后，故障排除。

经验与体会：确认电磁阀噪声的故障应该区分是电磁阀本身原因，还是电路板晶闸管造成的原因。

现介绍确认该类故障的两种方法。

方法一：先听电磁阀的噪声，如果冷藏室在使用状态时，即电磁阀为无电状态，电磁阀有异常噪声，即可判断是电路板晶闸管有故障，此时可换一块同型号的电路板即可排除故障。听电磁阀的噪声，如果冷藏室在停用状态时，即电磁阀为有电状态，电磁阀有异常噪声；而冷藏室在使用状态时，即电磁阀为无电状态，电磁阀无异常噪声，即可判断该故障是由电磁阀本身的原因产生的。此时可检查电磁阀固定螺钉是否上紧，如果螺钉上紧后仍有噪声，就要更换同型号的电磁阀方可排除故障。

方法二：将有噪声的电磁阀的连线插头拔下，换上一个好的同型号的电磁阀，插上连线插头，但要注意不要动制冷管路，电磁阀也最好用海绵垫垫住以防振动，然后再听电磁阀的噪声，如电磁阀仍有噪声，即可判断是电路板晶闸管有故障。此时可更换一块好的同型号的电路板后即可排除故障。如电磁阀没有噪声，此时可检查原来有噪声的电磁阀固定螺钉是否上紧，如果螺钉上紧后仍有噪声，就要更换同型号的电磁阀后方可排除故障。

特殊情况：当晶闸管半导体有轻微故障时，可能在检查时听不到噪声，此时可将电冰箱停电后马上通电，压缩机因延迟保护不能马上运转，但如电磁阀有噪声，则也可判断为电路板晶闸管故障。

例7 美的BCD-192型电冰箱，开机30min后仍不制冷

分析与检修：按"0"键，关闭冷藏室，通电30min后，如冷冻室温度有明显降低，则为A毛细管堵；如冷冻室温度无变化，则可能的故障原因是：制冷剂漏；A、B毛细管堵。

维修方法：有关管塞、管漏的维修方法与其他电冰箱相同。

例8 美的BCD-202型电冰箱，大修后冷冻室温度降得很低，冷藏室温度未变，压缩机不停机

分析与检修：经检查，发现电磁阀上的A、B毛细管错接。因为在冷藏室接通的情况下，应首先满足冷藏室温度A毛细管先接通，因A、B毛细管接反，实际上是B毛细管先接通，因此冷藏室处于关闭状态，其温度也一直未降低，又因为BCD-202型电冰箱采用双温度控制系统，所以压缩机一直处于开机状态，使得冷冻室温度降得很低。

维修方法：放掉制冷剂，将电磁阀上的毛细管调换位置，然后焊接、检漏、抽真空、加制冷剂后，故障排除。

例9 美的BCD-236型电冰箱，冷藏室温度正常，而冷冻室温度达不到或难以达到设定温度，开机时间长

分析与检修：（1）风机不转，使得冷冻室不能强制对流换热，冷冻室换热效果很差，冷冻室温度难以降低。

（2）F毛细管堵，当冷藏室温度到达设定温度时，电磁阀上的F毛细管接通，但由于F

毛细管堵塞，使得冷冻室无法继续制冷，导致冷冻室温度反而回升。

（3）制冷剂泄漏使得制冷回路制冷剂流量减少，蒸发温度降低，在制冷量减少的同时，由于蒸发温度降低，在 F 蒸发器表面更易于结霜，从而使得冷冻室难以冷却到设定温度，开机时间变长。

（4）化霜发热管烧断或有关控制电路发生故障，造成 B 蒸发器表面结霜，大大影响了 B 蒸发器表面的换热效率，使得冷冻室温度达不到或难以达到设定的温度。

维修方法：依次检查风机、B 毛细管、化霜发热管及制冷剂的情况。有关制冷剂漏和毛细管堵的维修方法与其他电冰箱相同。检查 B 毛细管堵的方法：按"0"键，关闭冷藏室，通电运行一段时间后，如冷冻室温度反而升高，则为 B 毛细管堵。化霜发热管维修的方法：依次取出抽屉、蓄冷器盘、层架，拆下蒸发器盖、风道板，拔掉化霜发热管的插头，放掉制冷剂，拆下蒸发器，换上好的发热管，然后重新装上蒸发器，再焊接、检漏、抽真空、加制冷剂后，故障排除。

例 10　美的 BCD-236 型电冰箱，风扇电动机噪声大

分析与检修：取出抽屉、蓄冷器盘及层架，用螺钉旋具卸下蒸发器盖、风道板，取出隔热板组件，用手拨动扇叶，发现因电动机润滑失效，使得电动机转子转动时的摩擦声大。

维修方法：把电动机卸下，加润滑油后，故障排除。

例 11　美的 BCD-197 型电冰箱，冷藏室结冰

分析与检修：（1）冷藏室温度设定得太低或感温头存在感温误差。

（2）空气温度高且开门频繁。

（3）储存物品过多。

维修方法：检查设定温度是否过低，如果出现结冰现象，则可适当提高设定温度。检查储存物品是否过多，物品之间是否保留适当间隙。耐心向用户解释，指导用户正确地使用电冰箱。

例 12　美的 BCD-197 型电冰箱，不制冷

分析与检修：对该电冰箱进行全面检查，发现冷凝器有漏点。

维修方法：用与冷凝器管道等长度直径为 6mm 的紫铜管在电冰箱箱体底部加一冷凝器，并用黑漆喷涂管道，连接后抽真空、充制冷剂，开机后工作正常，制冷恢复。

例 13　美的 BCD-187 型电冰箱，使用一段时间后，冷藏室内后壁面上形成冰块，且随使用时间的增长，结冰范围和厚度随之增大

分析与检修：经现场全面检查，发现冷藏室蒸发器回气管至储液器与内胆壁紧贴，造成局部温度过低，且发泡层内有水分，也使得压缩机停机后冰不化，导致结冰范围和厚度增加。

维修方法：打开电冰箱后背板，把结冰部位的发泡材料清除，并将周围的发泡层用电吹风吹干水分。在蒸发管贴近铝板中夹上一层纸后，用铝箔将蒸发管贴牢，发泡后使其填满，重新装好电冰箱后背板，试机，故障排除。

例 14　美的 BCD-216 型电冰箱，通电后，熔断器熔断

分析与检修：通电后熔断器熔断，说明该电冰箱的电路有短路处。测量压缩机线圈，良好；卸下电控板，测量电控板上的压敏电阻，无开路现象；测量变压器，短路。

维修方法：更换同型号的变压器后，故障排除。

例 15 美的 BCD-192 型电冰箱，压缩机工作，但箱内灯亮

分析与检修：测量压缩机过热过流保护器，良好；测量压缩机线圈，主绕组加副绕组的阻值等于公用端绕组的阻值；测量温度控制器，损坏。

维修方法：更换同型号的温度控制器后，故障排除。

例 16 美的 BCD-216 型电冰箱，有电源显示，但压缩机不工作

分析与检修：测量压缩机线圈，主绕组加副绕组的阻值等于公用端绕组的阻值；测量启动器 PTC，良好；测量过流过热保护器，良好。初步判定控制板有故障。卸下控制板，按电路图测量压缩机启动继电器，损坏。

维修方法：更换同型号的电路板后，故障排除，制冷恢复。

例 17 美的 BCD-202 型电冰箱，开、停机比例失调

分析与检修：随着环境温度的升高或用户存取食物较频繁，使冷藏室或冷冻室达不到停机点温度，从而使电冰箱运行时间长、停机时间短。经测试，在标准状况且使电冰箱空箱运行时，其开、停机的时间比例为 2∶1 左右。

维修方法：采用提高冷藏室开、停机温度，特别是提高冷冻室开、停机温度的办法，即可达到目前情况下的开、停机时间比例正常的目的。

考虑到上门服务过程中，更换感温头比更换主控板更为简便，故检查中采用感温头串接电阻的办法进行测试。在标准状态下，当 R 感温头串接阻值为 0.5kΩ 的电阻，F 感温头串接阻值为 2kΩ 的电阻时，开、停机时间的比例为正常。

项目 11.5 科龙新型系列微电脑控制电冰箱控制电路分析与维修技能实训

任务 11.5.1 科龙 BCD-207AK、BCD-217AK、BCD-237AK 豪华微电脑控制电冰箱故障分析

▶ 1. 科龙 BCD-207AK、BCD-217AK、BCD-237AK 豪华微电脑控制电冰箱产品特点

（1）科龙 BCD-207AK、BCD-217AK、BCD-237AK 豪华微电脑控制电冰箱采用双循环、双稳态、双温双控系统，将冷冻室和冷藏室分开独立温控，冷藏室、冷冻室可根据需要随意关闭，互不影响。

（2）双色全新助力拉手，和谐省力。

（3）全新大屏幕液晶温度显示，具有智能、速冷、速冻、定时、倒计时间设定等功能。

（4）上门搁架自由组合、自选密封储物空间。

（5）采用第二代冷冻室双门封结构。

（6）全新内嵌装配式玻璃层架。

（7）全部采用电脑控制，双温双控。

（8）酶杀菌"养鲜魔宝"，采用酶杀菌、纳米技术，具有除乙烯、除臭（除异味）和保鲜功能。

（9）超级节能。

（10）可在-36～-6℃之间进行温度调整。

2. 科龙 BCD-207AK、BCD-217AK、BCD-237AK 豪华微电脑控制电冰箱技术参数

其技术参数如表 11-13 所示。

表 11-13　技术参数

型号	BCD-207AK	BCD-217AK	BCD-237AK
气候类型	ST	ST	ST
温控方式	电脑温控	电脑温控	电脑温控
外观特点	欧陆风格，助力拉手	欧陆风格，助力拉手	欧陆风格，助力拉手
冷冻室容积（L）	85	68	78
冷藏室容积（L）	122	149	159
净重（kg）	70	73	75
耗电量（kW·h/24h）	0.69	0.68	0.65
国家节能等级	A	A	A
欧洲节能等级	A	A	A
冷冻能力	20	15	18
输入功率（W）	110	110	105
制冷剂	R600a	R600a	R600a
显示方式	液晶显示	液晶显示	液晶显示
内观颜色	水晶兰	水晶兰	水晶兰
冷冻室抽屉	4/全透明	3/全透明	4/全透明

3. 科龙 BCD-207AK、BCD-217AK、BCD-237AK 豪华微电脑控制电冰箱外形结构及控制电路接线方法

科龙 BCD-207AK、BCD-217AK、BCD-237AK 豪华微电脑控制电冰箱外形结构如图 11-29 所示。

科龙 BCD-207AK、BCD-217AK、BCD-237AK 豪华微电脑控制电冰箱制冷系统控制如图 11-30 所示。

科龙 BCD-207AK、BCD-217AK、BCD-237AK 豪华微电脑控制电冰箱制冷系统流向如图 11-31 所示。

科龙 BCD-207AK、BCD-217AK、BCD-237AK 豪华微电脑控制电冰箱电路接线方法如图 11-32 所示。

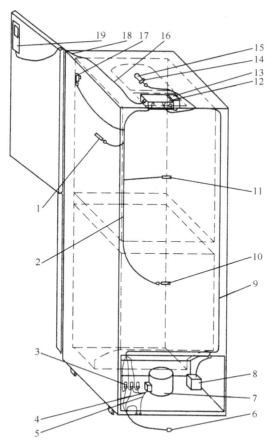

1—冷藏室感温头；2—内藏导线 B；3—闭端端子；4—压缩机连接线；5—压缩机接地线；6—带插头的电源线；7—压缩机组件；

8—电磁阀；9—内藏导线 A；10—冷冻室感温头；11—R 蒸发器感温头；12—主控板；13—变压器；14—灯座部件；

15—灯泡 240V 10W；16—内藏导线 C；17—门开关；18—内藏导线 D；19—显示电路板

图 11-29　电冰箱外形结构

🔘 4. 科龙 BCD-207AK、BCD-217AK、BCD-237AK 豪华微电脑控制电冰箱控制操作技术

每次按键蜂鸣器短鸣一次，每次设定操作均有效并在液晶显示屏上体现，当液晶显示屏上的字符显亮时表示该状态有效，每次改变设定 12s 内不再按键才对系统负载生效，此时蜂鸣器短鸣两声且电冰箱开始按设定调节后的方式运行，系统生效 12s 后将按键锁定，锁定符号显亮。

该系列电冰箱有 9 个按键操作："智能"、"+"、"-"、"冷藏调温"、"冷冻调温"、"速冷"、"速冻"、"关冷藏/关冷冻"、"定时/锁定"。

1）按键锁定操作技术

（1）持续按住"定时/锁定"键 3s，则按键锁定状态进行改变。

（2）当按键处于锁定状态时，液晶显示屏上的锁定符号显亮。按键锁定对定时操作（包括增、减定时时间）无效，其他按键操作中除蜂鸣器短鸣一次和背光源亮效果有效外，设定

调节操作无效，且每次按键后液晶显示屏上的锁定符号闪烁 2s。

（3）当按键处于非锁定状态时，液晶显示屏上的锁定符号灭，此时所有按键操作均有效。

（4）每次上电 12s 内如无按键操作则将按键锁定，锁定符号显亮。

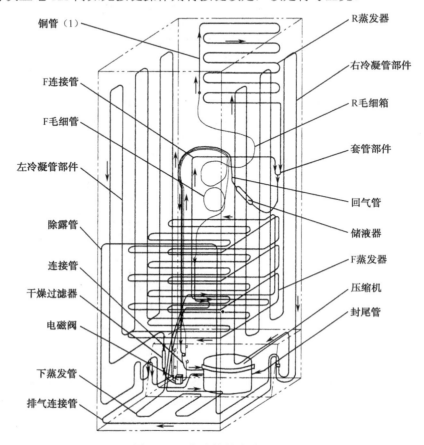

图 11-30　电冰箱制冷系统控制

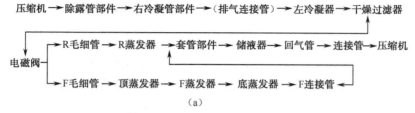

（a）

· BCD-237AK冰箱

（b）

图 11-31　电冰箱制冷系统流向

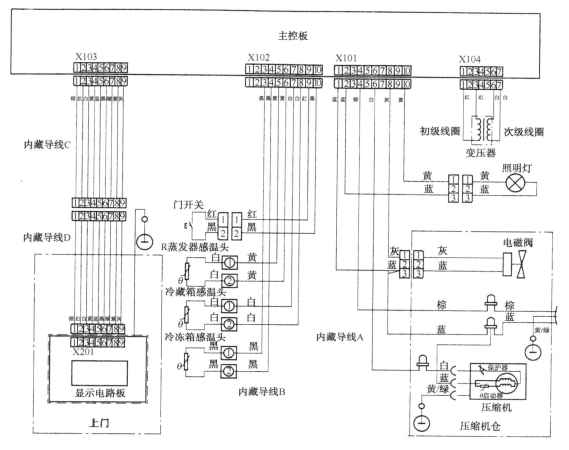

图 11-32 电冰箱电路接线方法

2）"智能"、"速冷"、"速冻"按键操作技术

（1）当"关冷藏"方式时，"速冷"按键无效。

（2）当"关冷冻"方式时，"速冷"按键无效。

（3）"智能"、"速冷"、"速冻"三种模式不能同时存在，当进入其中一个模式时将退出另两个模式，液晶显示屏上相应显示。

（4）每次按"智能"键，进入"智能"模式，液晶显示屏上"智能"字符显亮。

（5）每次按"速冷"键，进入或退出"速冷"模式，液晶显示屏上"速冷"字符相应亮灭。

（6）每次按"速冻"键，进入或退出"速冻"模式，液晶显示屏上"速冻"字符相应亮灭。

3）"关冷藏/关冷冻"按键操作技术

（1）当"关冷藏"方式时，"关冷藏"符号显示，冷藏室温度不显示；"关冷冻"方式时"关冷冻"符号显示，冷冻室温度不显示；冷藏、冷冻同时工作时"关冷藏"与"关冷冻"符号灭，冷藏室、冷冻室温度同时显示。

（2）每次按"关冷藏/关冷冻"按键，从当前状态开始循环显示上述三种方式字符。

4）"冷藏调温"按键操作技术

（1）"关冷藏"方式下"冷藏调温"按键无效。进行冷藏调温后退出原"智能"、"速冷"、

"速冻"模式。

（2）每次按"冷藏调温"键，进入冷藏室调温状态，此时冷藏室温度闪烁显示冷藏室当前设定温度。

（3）在冷藏室调温状态上，每次按"+"键，冷藏室设定温度从当前开始在1～10℃内循环递增闪烁显示；每次按"−"键，冷藏室设定温度从当前显示开始在1～10℃内循环递减显示（如持续按住"+"或"−"键，设定值快速递增或递减）。

5）"冷冻调温"按键操作技术

（1）进行冷冻调温后退出原"智能"、"速冷"、"速冻"模式。

（2）每次按"冷冻调温"键 ，进入冷冻室调温状态，此时冷冻室温度闪烁显示冷冻室当前设定温度。

（3）在冷冻室调温状态下，每次按"+"键，冷冻室设定温度从当前显示开始在-36～-6℃内循环递增闪烁显示；每次按"−"键，冷冻室设定温度从当前显示开始在-36～-6℃内循环递减闪烁显示（如持续按住"+"或"−"键，设定值快速递增或递减）。

6）"定时/锁定"按键操作技术

（1）持续按键3s以上时作为"锁定"或"解锁"键。

（2）在定时状态下倒计时到0分0秒时，"0分"、"0秒"字符闪烁，蜂鸣器鸣叫30s后退出定时状态，鸣叫时如按任何键停止鸣叫并退出定时状态。

（3）在定时状态下每次按"+"键，则分钟值加1，至99后循环回1（如此时持续按住"+"键，设定值快速递增），秒钟值回0，同时"剩余时间"字符灭，3s无按键操作后"剩余时间"字符显亮，开始倒计时。

（4）在定时状态下每次按"−"键，则分钟值减1，到1后循环回99（如此时持续按住"−"键，设定值快速递减），秒钟值回0，同时"剩余时间"字符灭，3s无按键操作后"剩余时间"字符显亮，开始倒计时。

▶ 5. 科龙 BCD-207AK、BCD-217AK、BCD-237AK 豪华微电脑控制电冰箱控制电路分析

科龙 BCD-207AK、BCD-217AK、BCD-237AK 豪华微电脑控制电冰箱控制电路如图 11-33 所示。

1）电源保护电路

压敏电阻保护：此机的压敏电阻并联在电源两端，同熔断器组成串联回路，抑制浪涌电压。电压正常情况下，压敏电阻阻值很大，可以达到兆欧级（流过它的电流只有微安级，可以忽略），处于开路状态，对电路工作无影响。但当遇到电源电压超过其设计击穿电压时，其阻值突然减少到几欧姆甚至零点几欧姆，瞬间通过的电流可达数千安培，压敏电阻立即由截止变为导通，由于它和电源并联，所以很快将电源熔断器熔断，以防烧坏主电路板。另外，当遇到电网轻微的瞬间浪涌波动（220±10%）时，压敏电阻则会吸收缓冲这种流涌杂波，还有遇到雷击、变压器等电感性电路进行开关操作时，产生的瞬间过压作用于压敏电阻，其阻值会突然减小，通过的电流很大，起到引流作用，保护了整个电路，这种作用称为过电压保护。压敏电阻在电路图中的代号常用 ZNR 表示。

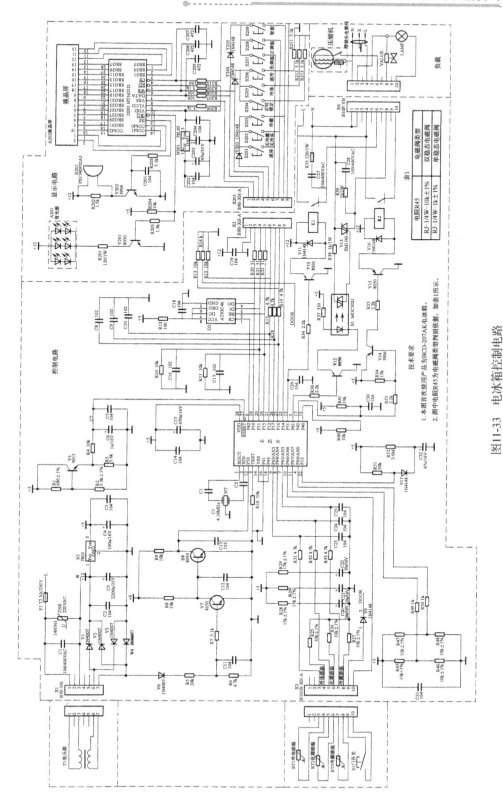

图11-33 电冰箱控制电路

压敏电阻常见的故障维修方法：压敏电阻常见故障现象是爆裂或烧毁从而造成电路短路，多为压敏电阻选择不当，电源过电压时间长，电源由于打雷、刮风、闪电而错接高压，元件质量不好等。而且压敏电阻是一次性元件，烧后应及时并同熔断器一并更换。若不更换压敏电阻，只是更换熔断器，那么当再次过压时，会烧坏电路板上的其他元器件。如果检测压敏阻值很小，则说明压敏电阻已损坏，要立即更换。

2）电源电路整体分析

工作原理：市电 AC 220V 交流电压经过变压器 T1 降压为 13V 交流电，通过 4007 桥式整流，C2、C3 滤波，输出+12V 左右的直流电。经过三端稳压器（7812）、电容滤波输出 DC 12V。DC 12V 给启动继电器、蜂鸣器、内部霍尔检测板等提供工作电压，然后 DC 12V 再经过集成三端稳压器 7805 及 C4、C5 滤波，输出 DC 5V 给指示灯电路、温度检测电路、时钟电路、复位电路等提供工作电压。

3）温度检测控制电路

电路分析：电路图上的 RT1 为冷冻室温度传感器、RT2 为蒸发器化霜温度传感器、RT3 为冷藏室温度传感器，当电路上的 RT1、RT2、RT3 温度传感器阻值改变时，通过 R25、R26、R27 电阻分压后输入主芯片 CPU，从而完成由温度信号向电压信号转变的过程，实现温度的检测。

温度传感器的检测方法：由于 3 个传感器电阻特性完全一样，当电路上的 RT1、RT2、RT3 温度传感器阻值改变时，判断 RT1、RT2、RT3 好坏最简单的方法是，将 RT1、RT2、RT3 从主控板取下，15s 后分别测量其电阻值，相差不应超过±8%，否则应更换传感器。

4）时钟电路

大多数微电脑控制器都在内部设有时钟电路，只需外接简单的时钟元件，一般可采用晶振稳频。时钟电路采用 RC 作定时元件，也可采用外加时钟源。

时钟电路工作原理：振荡电路提供微处理器时钟基准信号，振荡信号的频率是 4.19MHz，用示波器测量晶振引脚可以看到 4.19MHz 的正弦波。时钟电路由晶体 NT 及两个启振电容、DC 5V 组成并联谐振电路，与主芯片内部振荡电路相连，其内部电路以一定频率自激振荡，为主芯片工作提供时钟脉冲。

石英晶振功能：石英晶体形状呈六角形柱体，它需切割成适当尺寸才能使用，为得到不同振荡频率的石英晶体，加工时需采用不同的切割方法。将一个切割的石英晶体夹在一对金属片中间就构成了石英晶振，它具有压电效应，即在晶片两极外加电压，晶振就会产生变形；反之，如果外力使晶振变形，则在两极金属片上又会产生电压；若加适当的交变电压，晶体便会产生谐振。

石英晶振具有体积小、稳定性好等特点，主要用于 CPU 时钟电路。石英晶体正常时电阻为无穷大，如测量短路说明晶振损坏。晶振符号常用 X、LB、SJT、JT 等表示。

石英晶振检测：

（1）在电冰箱主控板通电情况下，用万用表测晶振输入脚，应有 2～3V 的直流电压，如无此电压，一般多为晶振损坏。

（2）用万用表电阻挡测量晶振两脚电阻值，正常时电阻值为无穷大，如测量时有一定阻值说明晶振损坏。

（3）用示波器测量晶振输入、输出脚的波形来判断晶振是否正常，如有波形说明晶振正常，如无波形说明晶振可能有故障。

时钟电路故障分析：时钟晶振电路故障多表现为直流+5V 和+12V 正常，但电冰箱无显示，整机不工作，检修时从以下几方面入手：

（1）用示波器测振荡波形是否存在。

（2）用万用表测电阻，若有阻值说明已坏（因正常晶振阻值为无穷大）。

（3）测晶振引脚有无 2～3V（DC），若无说明已有故障，也可以用正品替代判断（即采用代换法）。

（4）用数字多用途表可测出晶振的工作频率。

5）维修自检技术

当系统进入自检模式后，即按以下程序进行自检：进入自检时，蜂鸣 1s，所有显示全亮 4s，然后关所有负载 30s，冷藏室温度显示窗显示 TV，同时冷冻室温度显示窗显示 30s 倒计时，当感温头故障时显示+50（短路）或-50（短路）。

按通照明灯 60s，冷藏室温度显示窗显示 "E"，冷冻室温度显示窗显示 60s 倒计时；电磁阀 R 状态 60s，冷藏室温度显示窗显示 "U"，冷冻室温度显示窗显示 60s 倒计时；电磁阀保持 R 状态，开压缩机 99s，同时冷藏室温度显示窗显示 "CU"，冷冻室温度显示窗显示 99s 倒计时；压缩机保持接通，电磁阀 F 状态 99s，同时冷藏室温度显示窗显示 "C"，冷冻室温度显示窗显示 99s 倒计时。

蜂鸣器蜂鸣 1s 及所有显示全亮 3s 表示自检结束。

▶ 6. 科龙 BCD-207AK、BCD-217AK、BCD-237AK 豪华微电脑控制电冰箱故障分析

1）上电后电冰箱无电

故障分析：电源插接有问题；熔断器熔断（可能性大）；控制板异常；变压器损坏。

2）调节面板检查

在出现故障时都应检查调节面板的正确性，看是否有状态变化，以确认其正确性。

3）当冷藏室门打开时灯光不亮

故障分析：灯泡坏或灯光接触不良；冷藏室门开关已坏或接触不好；电路板输出回路故障。

4）冷藏室不制冷或制冷不良

故障分析：风扇坏或风扇堵转、风扇转速偏低（后两种情况出现的可能性大些）；风门坏或风门打不开；蒸发器结霜过厚或冰堵，导致风道中风较小或无风，从而形成制冷不良或不制冷；制冷剂灌注量偏少或泄漏；压缩机故障；应检查控制板控制压缩机是否有输出；应检查门封是否严密。

5）冷冻室不制冷或制冷不良

故障分析：当冷冻室不制冷时，其原因应该是制冷剂灌注量偏少或泄漏；压缩机故障；应检查控制板控制压缩机是否有输出。当制冷不良时，其原因应该是风扇坏或风扇堵转；化霜加热器无效、蒸发器冰堵；制冷剂灌注量偏少。

6）果蔬室温度异常

故障分析：果蔬室温度与冷藏室、冷冻室温度密切相关，尤其冷藏室温度是否正常直接影响果蔬室。如果冷藏室温度正常，而果蔬室温度一直偏高，则应重点检查果蔬室门封，如果温度正常，则可从结构、制冷方面查找原因。

7）蒸发器易结霜、冰堵

蒸发器易结霜故障分析：风扇坏、风扇转速低；由于冷藏/冷冻室设置在强挡，导致压缩机不停机；门封不严，导致压缩机不停机；反复开门，同时置入电冰箱水分多的食品。

冰堵故障分析：除霜加热器坏；接水槽加热器坏；电冰箱频繁停电，导致蒸发器结冰，形成恶性循环，采用强制融霜/冰方法化霜；电路输出出现故障；线路及连接部分出现故障，应检查化霜控制部件。

8）噪声异常

故障分析：正常情况下，噪声主要由压缩机运行和风扇运行引起，但有时噪声异常有以下原因：应检查压缩机仓的安装；如果出现风扇噪声异常，应重点检查风扇扇叶是否与周围结构发生干涉，因为风扇扇叶上结霜时有可能出现上述情况。

9）自动制冰机不制冰

故障分析：制冰机是个新的控制系统，不制冰影响因素较多，应从以下着手。

（1）不制冰首先看是否在制冰停止状态，如果是制冰停止，则应回至自动制冰状态（注意指示灯是否正常），制冰暂停只是暂停8小时制冰。

（2）应检查速冻指示灯是否闪烁，以确认制冰感温头和离冰电动机是否正常。

（3）检查水箱是否有水、水箱安装是否到位、水箱中的吸水管是否有故障，如果一切正常，此时应进行离冰电动机自检：按离冰电动机自检按钮2s，离冰电动机应动作，此时操作人员应不影响探冰连杆的动作，当离冰正常结束，此时会从水箱中抽水，并反抽（抽水量应该在95～75mL之间）；抽水正常而又不制冰，则应检查制冰感温头是否正常（感温头有时虽然不会提示出错，但由于性能不稳定性，导致不能正确反映温度）；感温头正常，则应检查冷冻室温度是否能保证达到低于-10℃，如果也正常，则应更换电路板。

（4）当抽水不正常时，则应重点检查水箱的连接部分，看是否漏气，因为漏气会导致抽水有误，也有可能输水管路不畅或冰堵，当判定输水管路正常，则应更换抽水泵。造成抽水泵坏的原因有两方面：一是由于水中有杂质，卡住抽水泵的传动齿轮而不转；二是水质不好，长期使用，由于磨损而导致抽水量减少。

（5）输水管路不畅，可能性最大的原因是输水管路冰堵。输水管冰堵，首先检查输水管加热丝是否正常，同时应注意冰堵的位置。造成冰堵的原因多半是由于水残留在输水管中，由于冷冻室温度过低，使残留水结冰，越积越多，导致冰堵。

（6）应注意离冰盒转动时是否能将冰离出，因为离冰盒在扭动时有可能达不到最大位置，从而离不出冰。

10）电磁推杆不动作

故障分析：控制状态设定自动开门功能为无效状态；线圈内限温器熔断；控制驱动电路故障；系统进入推杆保护状态。

> **注 意**
>
> 停电后才能检修或更换，因为滤波电路电容高压放电。

任务 11.5.2　科龙系列电冰箱故障分析与维修技能实训

例 1　科龙 BCD-103W/HC 型电冰箱，补偿开关打开后，不断地烧坏灯泡

分析与检修：现场检查发现，灯泡与一个二极管串联。二极管起降压作用，如果二极管击穿则灯泡将直接承受 220V 的电压。长期通电，灯泡必烧毁。

更换灯泡后用手按下门灯开关，若灯亮度没有变化，则说明二极管已击穿，没有起到降压作用。

维修方法：更换同型号的二极管后，故障排除。如无同型号的二极管，则可用 4kΩ 的电阻代替。

例 2　科龙 BCD-133 型电冰箱，因用户使用不当，造成内胆腐蚀

分析与检修：现场检查，电冰箱内胆的材料是铝板，放置食品的一面喷涂漆层，不涂漆层的直接与蒸发器铜盘管道相接触，外覆盖铝箔纸。由于漆层长期受食品中所含酸性物质的腐蚀，因此易造成内胆铝板漆层小面积腐蚀；更多的是由于食品中的水分通过内胆的四面缝隙进入内胆和蒸发器铜管之间的间隙，使铜、铝之间产生电解，酸性造成内胆铝板腐蚀穿孔。

维修方法：漆层腐蚀轻微的，可清洗干净内胆表面，烘干后，直接粘贴两层铝箔纸，铝塑纸贴面要高于内胆底面 3cm 左右；内胆腐蚀严重的，应挖去腐烂的内胆，清除铜管上和泡层表面的锈蚀物，用电吹风吹干泡层上的水分，用 ABS 胶稀料将蒸发器表面填平，待 ABS 涂层干结凝固后，再敷设一层铝箔纸，使内胆修补后明亮光洁，且热传导性好，故障排除。

例 3　科龙 BCD-191W/HC 型电冰箱，除臭电动机产生高频噪声

分析与检修：BCD-191W/HC 型电冰箱上市后，颇受用户的欢迎。经检查发现，该故障的产生是由于用户使用不当所造成的。

维修方法：在除臭电动机上串（或焊上）一个 1/8W 270Ω 的电阻，使除臭电动机降低转速，减小噪声，同时也不影响除臭效果。

例 4　科龙 BCD-220W/H 型电冰箱，冷冻室中间抽屉不到位而碰冷冻室门或抽屉与层架之间缝隙不对称

分析与检修：现场询问用户，该故障是自从搬家之后出现的。由此说明，此故障由搬家造成。经检查，故障层架之间的竖管外凸。

维修方法：将该层架右方的竖管向内胆后部轻压一定距离后，此故障排除。

例 5　科龙 BCD-166W 型电冰箱，不制冷

分析与检修：现场检查发现，该电冰箱的除霜管内漏。其制冷系统图如图 11-34 所示。

维修方法：把冷凝除霜管去掉，按规程操作后，电冰箱不制冷的故障排除。

例 6　科龙 BCD-166W/HO 型电冰箱，制冷效果差

分析与检修：卸下该电冰箱冷冻室蒸发器内风扇电动机的外板，发现风扇电动机线圈损坏。

维修方法：更换同型号的风扇电动机后，电冰箱制冷效果差的故障排除。

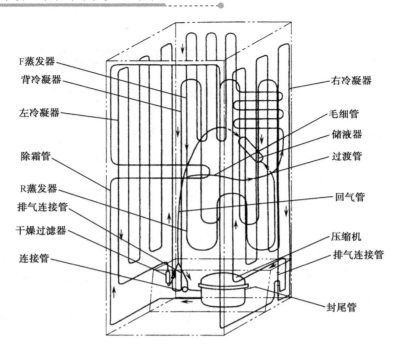

图 11-34　科龙 BCD-166W 型电冰箱制冷系统图

例 7　科龙 BCD-166W/HC 型电冰箱，显示屏显示故障代码 E3

分析与检修：查科龙维修手册，故障代码 E3 被确定为冷冻室传感器损坏。

维修方法：更换同型号的冷冻室传感器，故障排除。

经验与体会：此电冰箱采用液晶显示温度，有故障时可显示在液晶显示屏上。下面是该电冰箱的故障代码：

"E *"指 E1、E2、E3、E4，当同时有 E1、E2 时，显示 E1；当同时有 E3、E4 时，显示 E3。

E1——冷藏室感温头故障；

E2——冷藏室蒸发器感温头故障；

E3——冷冻室感温头故障；

E4——冷冻室蒸发器感温头故障。

例 8　科龙 BCD-203F 型电冰箱，补偿加热丝断路

分析与检修：现场检查发现，此电冰箱的温度补偿加热丝是内埋式的，更换时需扒后背，挖发泡层，费用较大。根据笔者的经验，用灯泡加热作为补偿，改变其补偿方法。

维修方法：剪去补偿加热丝进、出连接线，在补偿开关电源进、出端之间增加一个二极管 N4007 即可。

例 9　科龙 BCD-272W/HC 型电冰箱，单侧冷凝器泄漏，造成不制冷

分析与检修：电冰箱单侧冷凝器泄漏的维修可在用户认可的情况下，将新增的冷凝器贴在后背板内面来弥补换热面积。

维修方法：卸下原后背板，将新冷凝器用铝箔纸粘贴，固定在新后背板内面；用少量发泡料将拆后板时损坏的背泡层补平；按"电冰箱后背板更换黏结工艺"贴好后背板；用氧气

焊枪调好火焰，从旧后背板有泡层面烤后背板上有条码的地方，以至将条码标牌轻轻取下，重新贴在新后背板上的相应位置，经打压、抽真空、加制冷剂，电冰箱不制冷故障排除。

例 10 科龙 BCD-166W 型电冰箱，通电液晶显示屏亮，但压缩机不工作

分析与检修：测量电源插座，有 220V 的交流电压输出；检查电源插头，接触良好；测量电子控制板上的熔断器，良好；测量变压器，有 15V 的交流电压输出；测量整流，有直流电压输出；测三端稳压器 7812，只有 +8V 电压，说明三端稳压器损坏。

维修方法：更换同型号的三端稳压器（7812）后，通电试机，压缩机不工作的故障排除。

经验与体会：电冰箱无电源显示，首先要从电源查起，以避免走弯路。科龙 BCD-166W 型电冰箱微电脑控制电路图如图 11-35 所示。

例 11 科龙 BCD-260W/H 型电冰箱，冷冻室蒸发器堵塞，造成不制冷

分析与检修：现场检测，化霜传感器正常。经仔细分析检查发现，固定传感头的套管在蒸发器管道最上端，当蒸发器下部的霜没有完全化掉时，传感器已感受到化霜需停止的温度，即停止化霜。

维修方法：先采用人工的方法，将冷冻室蒸发器上的霜全部化掉，过两周后再检查，发现霜层是逐步积累的。如果能使传感头靠近蒸发器的适当位置，则可使霜化掉后才停止化霜。将传感头移到蒸发器从下数第 3、4 管道之间的翅片里。

> ⚠ **注 意**
>
> 不要太靠近加热丝管。

例 12 科龙 BCD-185B 型电冰箱，开机 2h 后仍不制冷

分析与检修：据用户反映，该电冰箱制冷情况一直较好，自搬家到新房后，出现不制冷现象。现场通电试机，发现产生该故障的原因是过滤器油堵。

维修方法：从封尾管放出制冷剂，然后用气焊把过滤器焊下，用氮气从封尾管打压，吹制冷系统无油喷出为止。然后，焊好新的过滤器，经抽真空、加制冷剂，电冰箱不制冷的故障排除。科龙 BCD-1858 型电冰箱制冷系统循环图如图 11-36 所示。

例 13 科龙 BCD-208K/HC 型电冰箱，排水管冰堵

分析与检修：现场检查，排水管冰堵，以往常规修理就是卸开后背板，挖泡层找出排水管，加热隔离层，重新发泡，更换后板。但这样费工、费时，用户还不满意。

维修方法：截取一根直径为 6mm、长度为 1m 的铜管，一头端口焊封，另一端接真空压力表，抽真空后加注 Rl34a 制冷剂，然后用封口钳夹紧，切断焊接封口。一次可以多做 3 根备用，遇到排水管冰堵的故障时，待管内冰块融化后，用一根装好制冷剂的铜管从压缩机仓排水管出口处插入至顶端、尾部，与排水管出口固定。试机，故障排除。

经验与体会：利用铜管中制冷剂的热交换原理，将结冰处的冷量转移，达到解除冰堵的作用。

例 14 科龙 BCD-230W/HO 型电冰箱，中门开启时有明显的碰撞声

分析与检修：经现场检查，中门铰强度减弱，从而造成中门开启时有明显的碰撞声。这是由于用户使用不当造成的。

维修方法：在中门铰底部加 0.5cm 的塑料垫圈后，故障排除。

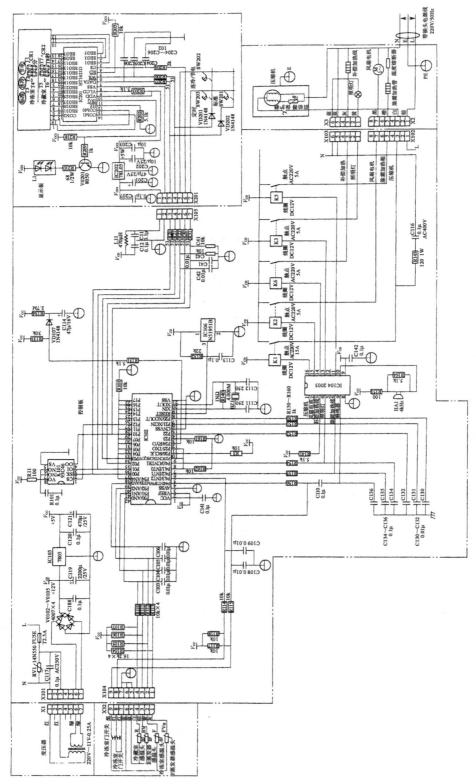

图11-35 科龙BCD-166W型电冰箱微电脑控制电路图

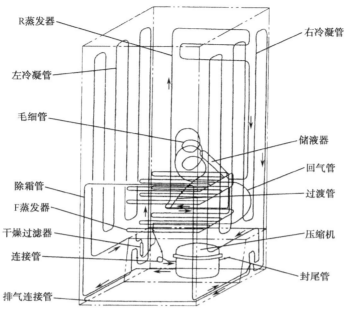

图 11-36　科龙 BCD-1858 型电冰箱制冷系统循环图

例 15　科龙 BOD-272W/HO 型电冰箱，冷藏室除臭电动机运行噪声大

分析与检修：现场通电试机，冷藏室除臭电动机运行，内部轴承转动产生噪声。

维修方法：将冷藏室除臭电动机内加入适量润滑油，减轻摩擦，噪声可减小；将冷藏室除臭电动机串联一个 80Ω 左右的电阻，减低转速，故障排除。

例 16　科龙 BCD-190W/H 型电冰箱，有异味

分析与检修：用户电话反映，电冰箱有异味，并且这种异味附在放进电冰箱的菜、水果上，使人感觉不舒服。现场检查，发现该故障是由于除臭器长期放在电冰箱内，分解臭气分子所造成的。

维修方法：建议用户定期将除臭器取出，晾晒后再用，故障排除。

经验与体会：电冰箱除臭器作用有限，在本身吸附了大量的异味且无法消除时，反而会变成产生异味的根源，这一点用户应该注意。

例 17　科龙 BCD-172W/HC 型电冰箱，炎夏季节，冷藏室温度偏高，不停机或工作长达 1h 以上

分析与检修：现场观察分析，该电冰箱在外界温度达到 36℃ 以上时，由于外界散热条件恶化，散热慢，致使制冷效果差，开、关门后进入电冰箱内的热空气温度高，需要较多的制冷剂在管道内蒸发才能吸收热量。

维修方法：放掉原制冷剂，重新充制冷剂，且充入的制冷剂比原标注的制冷剂增加 5%，此故障排除。

经验与体会：在实践中，曾遇到类似的故障也可采取下列方法：天热时工作时间长，停机时间短，待天气一转凉，开、停机较正常，一转热，马上就开、停机不正常。若增加一点制冷剂，可使天热时蒸发量加大，开、停机比例趋向正常。制冷剂的增加量 5% 左右为宜，在电冰箱制冷系统储液器的调节下，即使在天冷的冬季，电冰箱的制冷状况也不会受到影响。

例 18　科龙 BCD-255W 型电冰箱，排水槽结冰，堵住排水口，化霜水由冷藏室下后方流出

分析与检修：现场检查，初步分析此故障的产生是由于 F 过渡管与排水槽平行且靠得较近所造成的。

维修方法：卸开后背板，挖泡，移 F 过渡管离开排水槽且不靠近后板，重新发泡，3h 后，经打压、抽真空，电冰箱恢复正常。

例 19 科龙 BCD-252W/HC 型电冰箱，冷藏室除臭电动机在运行中有噪声

分析与检修：现场卸下冷藏室除臭电动机外罩，通电观察，冷藏室除臭电动机运行时，内部轴承转动产生噪声。

维修方法：方法一，将冷藏室除臭电动机直接停用，但需经用户同意。方法二，将冷藏室除臭电动机内加入适量润滑油，减轻摩擦，以减小噪声；将冷藏室除臭电动机串联一个 90Ω 的电阻，以降低转速。

例 20 科龙 BCD-168W 型电冰箱，开机 3h 后，冷藏室无冷量

分析与检修：开机 3h 后，冷藏室无冷量，其可能的原因一是风道堵塞；二是冷冻室风扇电动机损坏，造成冷气无法吹出。经全面检查，该故障的产生是由于冷冻室风扇电动机线圈断路所造成的。

维修方法：更换同型号的风扇电动机后，故障排除。

经验与体会：科龙 BCD-168W 型电冰箱是比较受用户欢迎的一款机型，它经济实用，质量较好。

例 21 科龙 BCD-160W/HC 型电冰箱，冷冻室冷量良好，冷藏室温度高于室温 2℃

分析与检修：冷冻室制冷正常，说明制冷系统良好。初步判断该故障产生的原因是风道冰堵，冷藏室温度传感器损坏。

维修方法：更换同型号的传感器后，故障排除。

例 22 科龙 BCD-162W 型电冰箱，两次维修后，电冰箱中盖板凝露

分析与检修：据用户反映，1 个月前因电冰箱制冷效果不好，经维修后又出现了上述现象。经检查，发现该故障产生的原因是中盖板与除露管之间有一定的距离，使除露管的温度很难传给中盖板，造成中盖板温度不够。

维修方法：卸下中盖板，剪一块比中盖板稍小的铝箔放入除露管里面，粘贴面向外，并在里面垫少许弹性材料，目的是把除露管贴在中盖板上，盖上中盖板，用硅胶涂补中盖板与内胆之间的缝隙。3h 后试机，故障排除。

例 23 科龙 BCD-160W/HC 型电冰箱，冷冻室制冷量减弱

分析与检修：经全面检查，发现该电冰箱冷冻室挡风海绵脱落，挡住风道。

维修方法：修好风道海绵，故障排除。

例 24 科龙 BCD-160W/HO 型电冰箱，通电开机后，压缩机不工作

分析与检修：测量电源插座，有 220V 交流电压，说明电源良好。卸下控制板外盖板，测量熔断器，良好；测量压敏电阻，无击穿现象；测量变压器，副边有 15V 交流电压输出；测桥式整流，无直流电压输出，由此判定整流桥有故障。其微电脑板控制电路图如图 11-37 所示。

维修方法：更换同型号的整流二极管后，电冰箱压缩机不工作的故障排除。

例 25 科龙 BCD-272HCP 型变频电冰箱，搬新家后，不制冷，显示屏显示故障代码

分析与检修：现场检查，发现变频器与压缩机接插件松脱。

维修方法：把松脱的插件插牢固后，电冰箱即可恢复制冷。

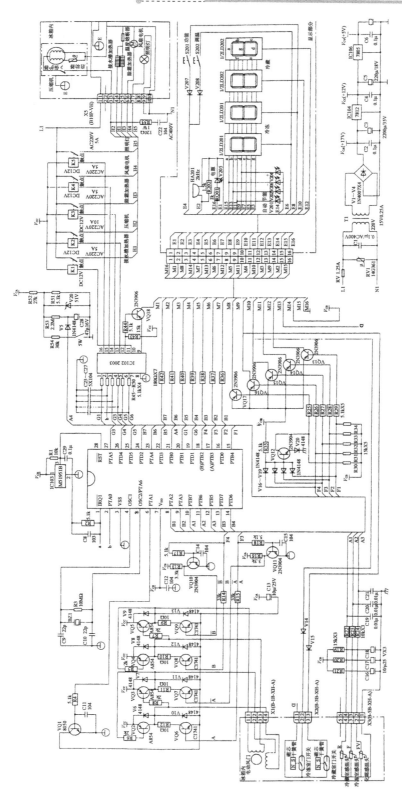

图11-37　科龙BCD-160W/HC型电冰箱微电脑板控制电路图

经验与体会：科龙 BCD-272HCP 型变频电冰箱的变频器安装在压缩机仓内，其零件分布示意图如图 11-38 所示。

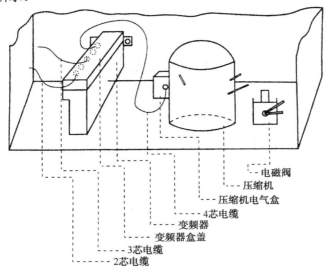

- 电磁阀
- 压缩机
- 压缩机电气盒
- 4芯电缆
- 变频器
- 变频器盒盖
- 3芯电缆
- 2芯电缆

图 11-38　科龙 BCD-272HCP 型变频电冰箱变频器零件分布示意图

拆卸变频器的顺序：

（1）将与电源线相连的 3 芯电缆拔下。

（2）将与电冰箱控制器相连的 2 芯电缆拔下。

（3）将压缩机电气盒打开后，把与压缩机相连的电缆拔出，并将地线松开。

（4）将固定变频器的 4 颗螺钉松开。

例 26　科龙 BCD-260W/HCP 型变频电冰箱，压缩机不工作，无电源显示

分析与检修：测量电源电压，正常；测量主控板熔断器，良好；测量变压器，副边有 13V 交流电压输出；测量三端稳压器 7805 的②脚、③脚，有+5V 直流电压输出；按顺序从易到难继续检测，当测量滤波电容 C5 时，发现其漏电。

维修方法：更换同型号的滤波电容后，压缩机不工作的故障排除。

科龙 BCD-260W/HCP 型变频电冰箱微电脑板控制电路图如图 11-39 所示。

例 27　科龙 BCD-260W/HCP 型变频电冰箱，压缩机不工作

分析与检修：经全面检测，初步判定该故障产生的原因是压缩机线圈断路。

维修方法：更换同型号的变频压缩机。在更换压缩机前将压缩机控制盒打开，把与压缩机相连的电缆拔出，并将地线松开。然后，用割管刀将与压缩机相连的吸、排气管用气焊焊离，将固定压缩机的螺钉松开。这时可卸下变频压缩机，新的变频压缩机经焊接、打压、抽真空、加制冷剂后，故障排除，制冷恢复。

经验与体会：变频压缩机运行电压为直流电压，所以不能直接将 220V、50Hz 的电源加在压缩机上。当发现压缩机有不运转的情况时，可按下列步骤排除故障：

（1）更换主控板，检测压缩机是否运转。

（2）松开变频器安装螺钉，打开变频器盒盖，检查各连接器及相连部件有无松动或脱落。

（3）如以上步骤均无效，可初步判断为压缩机故障，采用测压缩机静态电阻来判断压缩机是否损坏。

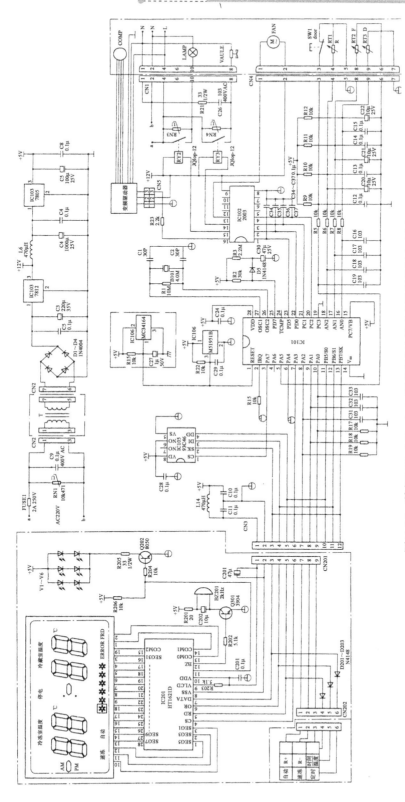

图11-39 科龙BCD-260W/HCP型变频电冰箱微电脑板控制电路图

> **注意**
>
> 变频压缩机属于变频专用，不能代换普通压缩机。

例 28 科龙 BCD-348W 型电冰箱，接插件松动，造成电冰箱不制冷

分析与检修：经全面检查，发现该电冰箱显示电路板 X201 接插件松动。显示电路板控制电路图如图 11-40 所示。

维修方法：插好接插件后，电冰箱不制冷的故障排除。

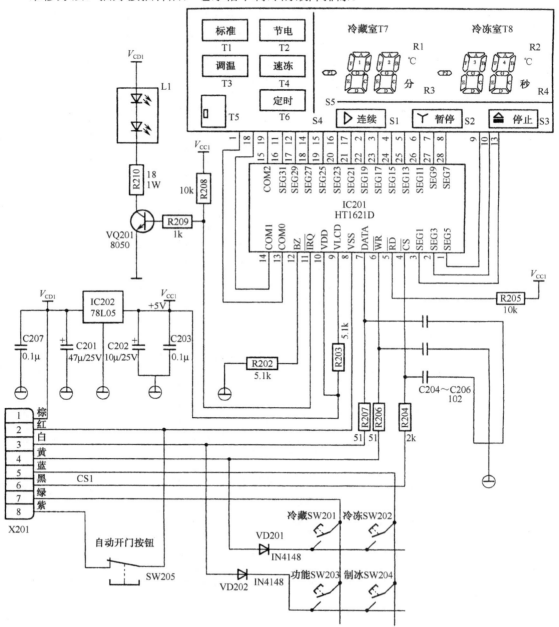

图 11-40　科龙 BCD-348W 型电冰箱显示电路板控制电路图

制冷工、制冷设备维修工、家用电器维修工、冷藏工考工及制冷空调中级职称题库及论文

学习目的： 从做模拟题入手，练习写论文。论文是一个人从事某一专业（工种）的学识、技术和能力的基本反映，也是个人劳动成果、经验和智慧的升华。从而提高做模拟题的能力。

学习重点： 掌握论文写作方法，格式、题目、作者姓名、工作单位、摘要、关键词、实践方法（包括其理论依据）、实践过程、参考文献等，为从校园到社会打下基础。

教学要求： 按国家对制冷工、制冷设备维修工、家用电器维修工、冷藏工考工及制冷空调中级职称规定的职业制定技能标准授课。

学生的论文要站在科学前沿，结合当前我国的新技术和自己的经验，不夸张臆造，不弄虚作假，写得通俗易懂。

项目 12.1　制冷工、制冷设备维修工、家用电器维修工、冷藏工考工及制冷空调中级职称题库

一、判断题（是画 √，非画 ×）

1. 变频调速的特点是调速范围大、平滑性好、机械特性硬度较硬。（√）

2. 比容与密度互为倒数。（√）

3. R22 制冷系统的"冰塞"故障主要发生在节流装置内。（√）

4. 供暖系统的水力稳定性是指网路中各个热用户在其他热用户流量改变时保持本身流量不变的能力。（√）

5. 水源热泵机组采用地下水为水源时，应采用开式系统。（×）

6. 圆管流动中，层流过水断面流速分布符合对数曲线规律。（×）

7. 按照导热机理，水的气、液、固三种状态下固态的导热系数最小。（×）

8. 分体式空调器故障的检查要求要先繁后简，先难后易地逐步缩小故障范围。（×）

9. 外螺纹千分尺的两只测量头是固定的，适用于不同螺距和牙型角的所有外螺纹测量。（×）

10. 实际操作教学的教学器材包括：设备、工具、量具、仪器、实验材料和安全设备。（√）

11. 在相同的初、终状态下，不可逆过程熵的变化量大于可逆过程熵的变化量。（×）

12. 可逆过程必然不是准静态过程。（×）

13. 压敏电阻的功能是：对电子电路过电压保护；其特点是：动作后不可恢复，可更换。（√）

14. 系统与外界之间没有热量传递的系统，称为绝热系统。（√）

15. 电冰箱使用的变频电动机，有直流无刷电动机和交流三相电动机两大类型。（×）

16. 电冰箱使用的变频电动机，有直流串励电动机、直流无刷电动机和交流单相电动机三种类型。（×）

17. 低温热源的温度越低，高温热源的温度越高，制冷循环的制冷系数越高。（×）

18. 等压过程的多变指数应=1。（×）

19. 理想气体的内能与气体的温度成正比。（√）

20. 最大压差工况用来考核高、低温用制冷压缩机名义制冷能力和轴功率，一般在制冷压缩机铭牌上标出。（×）

21. 复态式制冷循环由 R22 的蒸发温度高于 R13 的冷凝温度。这一温差就是传热温差。（×）

22. 脉冲频率调制是指：控制电路输出的方波脉冲宽度不变，控制电路根据取样电路的反馈信息改变方波脉冲周期，从而改变占空比稳定输出电压。（√）

23. 开关稳压电源无输出，变换电路并无元件损坏且 300V 直流电压正常，需检查开关电源集成控制器。但现无电源，则须给集成控制器外加工作电源来检查判断。（√）

24. 在应用单片机控制的电冰箱和电冰柜中，发生故障的显示电路零件主要是：CRT、驱动电路、MPU 和 D/A 转换部分。（×）

25. 热力过程中功的大小与过程所经历的途径无关，只是初、终状态的函数。（×）

26. 气态制冷剂在冷凝器中的凝结液化过程是定温定压过程。（√）

27. 热力学第一定律的实质就是能量守恒。（√）

28. 只要无容积变化，设备就不对外做功。（×）

29. 同一工质的汽化潜热随压力的升高而减小。（×）

30. 描述系统状态的物理量称为状态参数。（√）

31. 对于开口系，工质的熵代表了随工质流动而转移的总能量。（×）

32. 压缩机吸气口的蒸气质量体积小于排气口的蒸气质量体积。（×）

33. 湿蒸气的干度 z 越大，湿蒸气距干饱和蒸气线的距离越远。（×）

34. 制冷剂蒸气的压力和温度间存在一一对应关系。（×）

35. 系统从某一状态出发经历一系列状态变化后又回到初态，这种封闭的热力过程称为热力循环。（√）

36. 为了克服局部损失而消耗的单位质量流体机械能，称为沿程损失。（√）

37. 不同管径、不同物性的流体的临界流速雷诺数 R_{ec} 基本相同。（√）

38．工程上用雷诺数来判别流体的流态，R_{ec}大于 2000 时为紊流。（√）

39．房间电冰箱使用的直流无刷电动机存在低速运行时由于转矩波动较大，而转速均匀性较差的缺点。（√）

40．房间电冰箱使用的直流无刷电动机具有较宽的调速范围、平滑的调速性能、启动迅速、寿命长、可靠性高和噪声低的优点。（√）

41．传热量的大小，与传热温差成正比，与传热热阻成反比。（√）

42．传热有导热、对流换热和辐射换热三种方式。（√）

43．流体静压力的分布与容器的形状、大小没关系。（√）

44．单位体积流体具有的质量称为流体的密度。（√）

45．表压力代表流体内某点处的实际压力。（×）

46．表压力是绝对压力与当地大气压力之差。（×）

47．氟利昂中的氯是破坏大气臭氧层的罪魁祸首。（√）

48．混合制冷剂没有共沸溶液和非共沸溶液之分。（×）

49．《蒙特利尔议定书》规定发达国家在 2050 年停用过渡性物质 HCFC。（×）

50．制冷压缩机使用的冷冻机油能用通用机油来替代。（×）

51．国家标准 32 号黏度等级冷冻机油相当于旧标准 18 号冷冻机油。（√）

52．R12 属于 CFC 类物质，R22 属于 HCFC 类物质，R134a 属于 HFC 类物质。（√）

53．CFC 类、HCFC 类物质对大气臭氧层均有破坏作用，而 HFC 类物质对大气臭氧层没有破坏作用。（√）

54．市场上出售的所谓"无氟冰箱"就是没有采用氯作为制冷剂的电冰箱。（√）

55．R600a 的热力性质与 R12 很接近，在使用 R12 的制冷装置中，可使用 R600a 替代 R12 而不需对原设备做任何改动。（×）

56．在蒸气压缩式制冷系统中，压缩机吸入具有一定过热度的制冷剂蒸气，可防止湿压缩的发生。（√）

57．制冷剂液体过冷的目的是为了减少产生闪发气体，从而提高单位制冷量。（√）

58．电子温度控制电路的电冰箱，检查制冷压缩机不启动的顺序是：制冷压缩电动机、主电路板电源部分、外电路、电子电路控制部分。（×）

59．对电子温度控制电路的电冰箱，检查制冷压缩机不启动的顺序是：外电路、电动机、主电路板电源部分、电子电路控制部分。（√）

60．离心式压缩机组运行中，冷凝压力过高或蒸发压力过低，均使制冷压缩机吸入气量过小而产生喘振。（√）

61．电子温度控制电路的电冰箱，因电子电路故障导致制冷压缩机不启动的简易检查方法是：将冷藏室内的温度传感器短路、观察电动机是否启动。若电动机启动则重点检查温度传感器；若电动机仍不启动则重点检查主电路板。（√）

62．电冰箱制冷系统内制冷剂注入量经验估算法：按照制冷系统各容积乘以不同系数相加后为系统内充注的容积。（√）

63．电冰箱制冷系统内制冷剂注入量观查法：这种方法是制冷压缩机在运行的情况下，边充制冷剂边检查充注压力，边观察蒸发器结霜情况。冷凝器的温度低，吸气管的温度低，制冷压缩机运转电流低，直到蒸发器全部结霜，制冷压缩机运转电流不超过额定电流。（√）

64．电冰箱制冷系统内制冷剂注入量实验数据法：是根据实验方法得出的计算式和计算图，这种方法是长期实践中总结出来的，在实验条件下使用是正确的。（√）

65．蒸发器传热除受到水垢、油污及锈蚀层的影响，霜层厚度不影响传热。（×）

66．电子温度控制式电冰箱，冷藏室温度过低而制冷压缩机不连续运转停车故障的简易检查方法是：把冷藏室内的温度传感器短路，观察电动机是否停机，若不停机则可判定是传感器的故障。（×）

67．电冰箱模糊控制器的模糊推理机构是由集成运算放大器组合而成的。（×）

68．典型家用电冰箱 8031 单片机控制系统，其键盘输入通过 USB 串行接口输入。（×）

69．全自动洗衣机在达到预定水位后仍然进水，除气管漏气外，液位开关失灵也是常见故障。（√）

70．兆欧表一般有"线"（L）、"地"（E）、"屏"（G）三个端子。测量电缆的绝缘电阻时，"线"接电缆芯、"地"接电缆外皮、"屏"接电缆内层的绝缘材料。（√）

71．对于干湿球温度计的维护，最主要的项目是经常更换检测点、定期校对温度计、添加蒸馏水、更换纱布和检查风扇。（×）

72．压敏电阻具有过电压保护特性，动作后可恢复，也可修复。（×）

73．房间电冰箱使用的变频电动机有交流三相电动机和直流无刷电动机两大类型。（√）

74．红外遥控器液晶显示符号缺少笔画的原因有：液晶屏接触不良、电路板引脚断线、脱焊等。（×）

75．离心式压缩机组运行中，冷凝压力过高，蒸发压力过低，均使制冷压缩机吸入气量过小而产生喘振。（√）

76．电子温度控制电冰箱的化霜温度传感器安装在冷冻室内，基本功能是发出除霜信号和发出化霜终止信号。（√）

77．红外遥控器电路由红外传感器、红外发射器、指令接收器和控制器组成。（√）

78．倾斜式微压计与皮托管配合可测定静压、动压和全压，因此是组合式仪表。（×）

79．比热容是衡量载冷剂性能优劣的重要指标之一。（√）

80．对蒸气压缩式制冷循环，节流前制冷剂的过冷可提高循环的制冷系数。（√）

81．对蒸气压缩式制冷循环，吸气过冷可提高循环的制冷系数。（√）

82．在蒸气压缩式制冷系统中，都可以采用回热器来提高其经济性。（×）

83．冷凝器、蒸发器的传热温差越大，其传热量也就越多，因此制冷系数也就越大。（×）

84．蒸气压缩式制冷循环，当蒸发温度不变，冷凝温度升高时，制冷量将减少，功耗将增加，使制冷系数降低。（√）

85．红外遥控器液晶显示符号缺少笔画的原因有：液晶屏接触不良、电路板引脚断线、脱焊、电池电量耗尽等。（×）

86．房间空调器交流变频电动机是三相交流电动机。（√）

87．开关电源调试时，应随时检查功率开关管和脉冲变压器的温度是否过高，当不正常时，应立即关机。（√）

88．房间空调器交流变频电动机的基本特点是：采用三相交流异步电动机，其转速范围是 1000～9000r/min。（×）

89．房间空调器用直流变频电动机是直流串励电动机。（×）

90. 房间空调器用直流变频电动机是无刷直流电动机。（√）

91. 变频制冷压缩机低转速运转时要考虑气阀流动阻力增大的难题。（×）

92. 变频制冷压缩机高转速运转时要考虑泄漏量增大的难题。（×）

93. 对变频制冷压缩机运转的基本要求是：高转速运转时要考虑气阀流动阻力增大的难题。（√）

94. 吸收式电冰箱的热源只能采用电加热。（×）

95. 示波器的基本应用是：波形测量、电压测量、时间测量、频率测量、相位测量。（√）

96. 变频空调器主要电路的滤波电容，如容量在 2200～4500μF 之间，充电电压约为 310V。检修时，应断开电源将电容放电后，再进行检修。（√）

二、单项选择题

1. R134a 制冷压缩机应采用（   ）为润滑油。
A. 矿物油　　　　　B. 合成烃油　　　　　C. 烷基苯润滑油　　　D. 酯类油
答案：D

2. 下列制冷剂中，（   ）属于非沸溶液。
A. R134a　　　　　B. R290　　　　　　C. R407C　　　　　　D. R502
答案：C

3.《蒙特利尔议定书》及有关国际协议规定发展中国家在（   ）停产、禁用 CFCS。
A. 1995 年　　　　B. 2000 年　　　　C. 2005 年　　　　　D. 2010 年
答案：C

4.《蒙特利尔议定书》及有关国际协议规定发达国家停用 HCFCS 的时间为（   ）。
A. 2020 年　　　　B. 2030 年　　　　C. 2040 年　　　　　D. 2050 年
答案：B

5. 钳形电流表钳口有污垢或杂物，测量电流时其指示值会（   ）。
A. 偏低　　　　　　B. 偏高　　　　　　C. 不变　　　　　　D. 说不清
答案：A

6. 减少重锤式启动继电器的电感线圈匝数后，（   ）。
A. 释放电流减少适用于低电压　　　　　B. 释放电流增大适用于高电压
C. 释放电流不变适用于低电压　　　　　D. 释放电流不变适用于高电压
答案：D

7.（   ）不是电冰箱压缩机效率差的原因。
A. 气缸余隙过大　　　　　　　　　　　B. 活塞与缸套间隙过大
C. 制冷剂不足　　　　　　　　　　　　D. 气缸余隙过小
答案：C

8. 压缩机吸气管结霜的原因是（   ）。
A. 压缩机回油不畅　　　　　　　　　　B. 系统中有不凝性气体
C. 制冷剂过多　　　　　　　　　　　　D. 蒸发器负荷过大或过小
答案：C

9. 用钳形电流表测量单相电流时，把两根导线都放入钳口内，产生结果为（   ）。

A．电流表仍指示正常值   B．电流表指零

C．电流表指示 1/2 正常值   D．电流表指示两倍的正常值

答案：B

10．检查红外遥控器无显示故障的基本步骤是（ ）。

A．电池电压、电池夹、电路主板

B．电路主板、电池电压、电池夹

C．电路主板、电池夹、电池电压、液晶板

D．液晶板、电路主板、电池电压、电池夹

答案：A

11．红外遥控器电路由（ ）组成。

A．红外发射器、指令接收器和执行器

B．红外发射器、指令接收器和控制器

C．红外传感器、红外发射器、指令接收器和执行器

D．红外传感器、红外发射器、指令接收器和控制器

答案：D

12．电子温度控制电路电冰箱中，冷冻室内的温度传感器的功能是（ ）。

A．发出化霜终止信号和发出可以化霜信号

B．发出化霜中断信号和发出化霜终止信号

C．发出可以化霜信号和发出制冷终止信号

D．发出化霜终止信号和发出开始化霜信号

答案：A

13．（ ）不破坏臭氧层，不属于《蒙特利尔议定书》限制使用的制冷剂。

A．R12   B．R22   C．R502   D．R717

答案：D

14．关于辐射换热的说法中下列哪项是错误的？（ ）

A．热辐射过程中伴随着能量形式的转换

B．高温物体能向低温物体发射辐射能，低温物体也能向高温物体发射辐射能

C．不需要冷热物体的直接接触

D．当两个物体温度相等时，相互间的辐射换热即告停止

答案：D

15．文丘里管用于测量流量时的主要工作原理是（ ）。

A．连续性方程 B．伯努利方程 C．运动方程 D．动量方程

答案：B

16．三星级的冷冻室温度为（ ）。

A．0℃   B．−6℃   C．−12℃   D．−18℃

答案：D

17．下列热力过程属于非自发过程的是（ ）。

A．热量自高温物体传递给低温物体

B．高压气体膨胀为低压气体

C．制冷循环中，热量由低温冷源传递至高温热源

D．机械运动摩擦生热

答案：C

18．下列做法可以强化传热的是（　　）。

A．将普通双层玻璃窗夹层抽真空　　　　　B．辐射换热中采用高反射比的表面涂层

C．辐射换热中在换热表面间加装遮热板　　D．安装肋片

答案：D

19．进行 R600a 的系统气密性试验，试验介质宜采用（　　）。

A．氮气　　　　　B．氧气　　　　　C．压缩空气　　　　　D．氟利昂气体

答案：A

20．一般新制冷系统制冷剂的第一次充注量为设计值的（　　），然后在系统运转调试时随时补充。

A．50%　　　　　B．60%　　　　　C．70%　　　　　D．80%

答案：C

21．电热除霜方式适用于（　　）。

A．冷藏设备　　　　　B．冷冻设备　　　　　C．电冰箱设备　　　　　D．低温设备

答案：A

22．兆欧表中手摇发电机产生的电压，在转速达到（　　）r/mm 时基本恒定。

A．50～80　　　　　B．80～110　　　　　C．90～120　　　　　D．100～130

答案：D

23．测量电阻的指针式万用表，表笔短路后，指针偏离 0Ω 点的原因是（　　）。

A．表笔导线内部断路　　　　　B．万用表内无电池

C．万用表内电池电阻变大　　　　　D．调零欧姆电位器滑动点脱焊

答案：C

24．溴化锂吸收式制冷机冷却水进口温度不宜过低，因为进口温度降低会引起稀溶液出口温度降低和浓度增大，这两种变化可能造成（　　）。

A．制冷量减小　　　　　B．压力升高　　　　　C．溶液结晶　　　　　D．冷却水冻结

答案：C

25．电子温度控制电路，因电子电路故障导致制冷压缩机不停机的简易方法是（　　）。

A．冷冻室内的温度传感器短路，观察电动机是否停机

B．冷藏室内的温度传感器短路，观察电动机是否停机

C．冷冻室内的温度传感器断路，观察电动机是否停机

D．冷藏室内的温度传感器断路，观察电动机是否停机

答案：D

26．压敏电阻具有（　　）。

A．过电压保护特性，动作后可恢复，也可修复

B．过电流保护特性，动作后可恢复，但不可修复

C．过电阻保护特性，动作后不可恢复，但可修复

D．过电压保护特性，动作后不可恢复，也不可修复

答案：D

27．对于一般民用建筑和工业辅助建筑的采暖热负荷计算，下列叙述正确的是（ ）。

A．包括围护结构耗热量、冷风渗透耗热量和冷风侵入耗热量

B．包括朝向修正耗热量、风力附加耗热量和高度附加耗热量

C．包括围护结构基本耗热量和围护结构附加耗热量

D．包括冷风渗透耗热量和冷风侵入耗热量

答案：C

28．电子温度控制电路电冰箱中，不妨碍化霜功能的零件是（ ）。

A．除霜按键　　　　　　　　　　　　B．化霜加热器

C．冷藏室温度传感器　　　　　　　　D．冷冻室温度传感器

答案：C

29．螺杆式冷水机组的制冷量调节是通过下列哪个控制装置来实现的？（ ）

A．膨胀阀　　　　　B．单向阀　　　　　C．蒸发压力调节阀　　D．滑阀

答案：D

30．房间空调器使用的变频电动机有（ ）。

A．交流控制电动机和直流并励电动机　　B．交流单相电动机和直流永磁电动机

C．交流三相电动机和直流无刷电动机　　D．交流单相电动机和直流无刷电动机

答案：C

31．房间电冰箱使用的变频电动机有（ ）。

A．交流三相电动机和直流串励电动机　　B．交流三相电动机和直流无刷电动机

C．交流单相电动机和直流永磁电动机　　D．交流单相电动机和直流无刷电动机

答案：B

32．房间空调器使用的交流变频电动机是（ ）。

A．交流控制电动机　　B．交流三相电动机　　C．交流单相电动机　　D．步进电动机

答案：B

33．房间空调器使用的直流变频电动机是（ ）。

A．直流无刷电动机　　　　　　　　　B．直流永磁电动机

C．直流复励电动机　　　　　　　　　D．直流他励电动机

答案：A

34．变频电动机对所拖动的变频制冷压缩机的基本要求是适应（ ）。

A．高转矩和低转速运转时的性能　　　B．高转速和低转矩运转时的性能

C．高转速和低转速运转时的性能　　　D．高转矩和低转速运转时的性能

答案：C

35．变频制冷压缩机高转速运转时（ ）。

A．不用考虑任何难题　　　　　　　　B．要考虑泄漏量增大的难题

C．要考虑润滑油量减小的难题　　　　D．要考虑气阀流动阻力增大的难题

答案：D

36．现行《采暖通风和空气调节设计规范》规定：热水供暖系统各并联环路之间的压力损失相对差额不大于15%，为此应（ ）。

A. 一律采用同程式系统

B. 一律采用异程式系统

C. 所有环路均配置调节阀门

D. 均匀划分环路，按照水力平衡的要求选择管径，必要时配置调节阀门

答案：D

37. 分体式空调器机管道接口处喇叭口连接处未拧紧导致（　　）故障。

A. 制冷剂泄漏　　　　B. 运行电流增大　　　　C. 震动减小　　　　D. 噪声减小

答案：A

38. 在加工完毕后对被测零件几何量进行测量的方法称为（　　）。

A. 接触测量　　　　B. 静态测量　　　　C. 综合测量　　　　D. 被动测量

答案：D

39. 下列有关地下水源热泵系统叙述不正确的是（　　）。

A. 地下水具有常年恒温特性，是热泵系统良好的冷热源

B. 可用于建筑物供暖与供冷

C. 不受地下水质条件的影响

D. 可采用同井或异井回灌

答案：C

40. 游标万能角度尺仅能测量 0°～320° 的外角和（　　）的内角。

A. 0°～180°　　　　B. 15°～180°　　　　C. 0°～320°　　　　D. 40°～180°

答案：D

41. 蒸气压缩式制冷系统，当冷凝温度升高时，（　　）将增加。

A. 制冷量　　　　　　　　　　B. 压缩机功耗

C. 吸气质量体积　　　　　　　D. 制冷剂的循环量

答案：B

42. 蒸气压缩式制冷系统，当蒸发温度下降时，（　　）将增加。

A. 制冷量　　　　　　　　　　B. 压缩机功耗

C. 吸气质量体积　　　　　　　D. 制冷剂的循环量。

答案：C

43. 蒸气压缩式理想制冷循环的制冷系数与（　　）有关。

A. 制冷剂　　　　　　　　　　B. 蒸发温度

C. 冷凝温度　　　　　　　　　D. 蒸发温度和冷凝温度

答案：D

44. 蒸气压缩式制冷的实际循环与理想循环的最大区别是（　　）。

A. 压缩过程　　　　B. 冷凝过程　　　　C. 节流过程　　　　D. 蒸发过程

答案：A

45. 蒸气压缩式制冷系统能得到冷效应是因为经节流使制冷剂产生（　　）的变化。

A. 降压　　　　　　　　　　　B. 降温

C. 能量　　　　　　　　　　　D. 相（液体吸热，才有相变）

答案：A

46．制冷压缩机的主要作用是对制冷剂蒸气进行（　　）。

A．吸气　　　　　　　B．排气　　　　　　　C．压缩　　　　　　　D．做功

答案：D

47．制冷剂在冷凝器内是（　　）状态。

A．过冷　　　　　　　B．过热　　　　　　　C．饱和　　　　　　　D．未饱和

答案：C

48．毛细管通常采用管径为（　　）mm 的纯铜制作。

A．0.3～0.5　　　　　B．0.5～2.5　　　　　C．2.5～5　　　　　　D．3～6．

答案：B

49．用于滤气的 134a 过滤器采用网孔为（　　）mm 的铜丝网。

A．0.1　　　　　　　B．0.2　　　　　　　C．0.3　　　　　　　D．0.4

答案：B

50．节流机构有多种形式，电冰箱适宜采用（　　）。

A．毛细管　　　　　　B．热力膨胀阀　　　　C．热电膨胀阀　　　　D．浮球阀

答案：A

51．气体的内能不包括（　　）。

A．分子位能　　　　　　　　　　　　　　　B．分子直线运动的动能

C．分子旋转运动的动能　　　　　　　　　　D．重力位能

答案：D

52．下列会导致水冷式冷凝器的冷凝压力过高的是（　　）。

A．冷却水流量过大　　　　　　　　　　　　B．冷却进水的温度过低

C．冷却水流量过小　　　　　　　　　　　　D．制冷剂充入不足

答案：C

53．简述冷藏库制冷系统比较简单，多采用单级（　　）制冷直接膨胀供液系统制冷。

A．共氟化合物　　　　B．氟利昂　　　　　　C．氨　　　　　　　　D．碳氢化合物

答案：B

54．（　　）不属于基本视图。

A．右视图　　　　　　B．仰视图　　　　　　C．间视图　　　　　　D．后视图

答案：C

55．采用具有放大环节的串联稳压电路，其组成除整流电路、滤波电路、保护电路、调整管、负载外还有（　　）。

A．取样电路、比较放大器、基准电压　　　　B．取样电路、基准电压

C．比较放大器、基准电压　　　　　　　　　D．取样电路、比较放大器

答案：B

56．典型电冰箱结霜量的模糊推理逻辑是（　　）。

A．冷凝器进口的温度和制冷压缩机启动停车的次数

B．蒸发器出口的温度和制冷压缩机停车的次数

C．制冷压缩机的累计运转时间和蒸发器进、出口两段的温差

D．制冷压缩机的累计运转时间和冷凝器进、出口两段的温差

答案：C

57．测试主、从 JK 触发器，要求输出端 Q=0 时；当输入端所施加信号除（　　）为正常工作状态外，其余均为故障状态。

A．J=0、K=0（CP 脉冲下降沿到后来有效）

B．J=1、K=0（CP 脉冲下降沿到后来有效）

C．J=1、K=2（CP 脉冲下降沿到后来有效）

D．J=0、K=1（CP 脉冲下降沿到后来有效）

答案：D

58．负电阻温度系数传感器在常温下的阻值必须（　　）。

A．符合阻值—温差特性　　　　　　　　B．符合阻值—温度特性

C．接近 0　　　　　　　　　　　　　　D．接近 20

答案：B

59．分体柜式空调器接通电源后，室内轴流电动机运转，但室外制冷压缩机不工作的原因是（　　）。

A．三相供电低于 10%　　　　　　　　　B．制冷压缩机低压偏低

C．制冷压缩机低压偏高　　　　　　　　D．制冷剂量偏少

答案：A

60．柜式空调器性能测试方法中风道热平衡法也是一种简易的测定电冰箱性能的方法。此法的原理是认为（　　）与等湿球温度线近似重合。

A．等温线　　　　　B．等焓线　　　　　C．等压线　　　　　D．等容线

答案：B

61．数字万用表的显示位数，常用的有 3 1/2、3 2/3 位表，它们的最大显示值是（　　）。

A．±2999、1999　　　B．±1999、±2999　　　C．±1999、±2999　　　D．±3999、±1999

答案：B

62．在计算机网络系统中，英文缩写 SQL 意思是（　　）。

A．超文本传输协议　　　　　　　　　　B．对称多处理系统

C．结构化查询语言　　　　　　　　　　D．小型计算机接口

答案：C

63．变频调速时，频率从 50Hz 向下调节时为了避免磁通饱和，应维持 U1/F1=常数，则电动机转矩（　　）。

A．增大　　　　　　　B．减小　　　　　　C．无法判断　　　　　D．不变

答案：A

64．按计数器中计数长度的不同，可分为（　　）计数器。

A．二进制、十进制、N 进制　　　　　　B．五进制、八进制、十六进制

C．十进制、一进制、C 进制　　　　　　D．八进制、十五进制、N+M 进制

答案：A

65．电冰箱负荷的简易计算室外条件夏季湿球温度是（　　）。

A．25℃　　　　　　　B．27℃　　　　　　C．43℃　　　　　　D．15℃

答案：B

66. 变频空调器中，供给电动机的电源频率受（　　）控制。

A．室外微电脑　　　　　　　　　　B．室外微电脑和室内微电脑
C．室内微电脑　　　　　　　　　　D．无法确定
答案：B

67. 当氨制冷系统选用活塞式压缩机时，冷凝压力与蒸发压力之比大于（　　）时就应采用双级压缩。

A．2　　　　　　B．5　　　　　　C．8　　　　　　D．11
答案：C

68. 氨制冷剂不得与含有（　　）的部件直接接触。

A．铜　　　　　　B．铝　　　　　　C．锰　　　　　　D．石棉
答案：A

三、多项选择题（每小题的备选答案中至少有两个选项是符合题意的，请将其字母编号填入括号内。错选、多选均不得分，少选但选择正确的，每个选项得 0.5 分）

1. 用于热量测量的仪器有（　　）。

A．热流计　　　　　　　　　　　　B．热量表
C．压力计　　　　　　　　　　　　D．温度计和流量计
答案：ABD

2. 三星级的冷冻室温度不正确的是（　　）。

A．0　　　　　　B．−6　　　　　　C．−12　　　　　　D．−18
答案：ABC

3. 下列哪些部件属于蒸气压缩制冷系统？（　　）

A．冷凝器　　　　B．毛细管　　　　C．冷却塔　　　　D．干燥过滤器
答案：ABD

4. 下列哪些制冷剂对大气臭氧层有破坏作用？（　　）

A．氢氯氟烃 HCFCs　　B．烃类 HCs　　C．氢氟烃 HFCs　　D．氯氟烃 CFCs
答案：AD

5. 进行 R600a 的系统气密性试验，试验介质严禁采用（　　）。

A．氮气　　　　　　B．氧气　　　　　　C．压缩空气　　　　D．氟利昂气体
答案：BCD

6. 衡量冷却塔冷却效果通常采用的指标是（　　）。

A．空气温差　　　　B．空气湿球温度　　　　C．冷却幅高　　　　D．冷却水温差
答案：CD

7. 对于冷却物冷藏间，减少其中食品干耗的措施有（　　）。

A．加湿
B．采用顶排管
C．减小冷间温度与蒸发温度之间的温差
D．通过设置均匀送风道等措施避免冷气流直吹食品
答案：ACD

8. 对于大型冷库，为防止食品变质，储存（　　　）的冷藏间需要通风换气设施。

A．新鲜水果　　　　　B．新鲜蔬菜　　　　　C．新鲜肉类　　　　　D．冷冻水产品

答案：AB

9. 破坏臭氧层，不属于《蒙特利尔议定书》限制使用的制冷剂是（　　　）。

A．R12　　　　　　　B．R22　　　　　　　C．R502　　　　　　D．R717

答案：ABC

10. 下列参数中是过滤器性能指标的是（　　　）。

A．穿透率　　　　　　B．含尘浓度　　　　　C．过滤器阻力　　　　D．过滤效率

答案：ACD

11. 空调送风口的形式主要有（　　　）。

A．侧送风口　　　　　B．散流器　　　　　　C．孔板送风口　　　　D．喷射式送风口

答案：ABCD

12. 工业管道沿程阻力系数λ在湍流过渡区（　　　）。

A．不受管壁相对粗糙的影响　　　　　　　　B．不受雷诺数的影响

C．当雷诺数增大时λ减小　　　　　　　　　D．受到管壁相对粗糙的影响

答案：CD

13. 电冰箱压缩机效率差的原因是（　　　）。

A．气缸余隙过大　　　　　　　　　　　　　B．活塞与缸套间隙过大

C．制冷剂不足　　　　　　　　　　　　　　D．气缸余隙过小

答案：ABD

14. 电子温度控制电路电冰箱中，不是冷冻室内的温度传感器的功能有（　　　）。

A．发出化霜终止信号和发出可以化霜信号

B．发出化霜中断信号和发出化霜终止信号

C．发出可以化霜信号和发出制冷终止信号

D．发出化霜终止信号和发出开始化霜信号

答案：BCD

15. 蒸发式冷凝器选型计算时需要下列哪几个参数？（　　　）

A．夏季空气调节日平均温度

B．夏季室外平均每年不保证50小时的湿球温度

C．压缩机排热量

D．冷凝温度

答案：BCD

16. 用来衡量湿空气物理性质的状态参数有（　　　）。

A．相对湿度　　　　　B．湿球温度　　　　　C．洁净程度　　　　　D．比焓

答案：ABD

17. 下列关于离心式泵与风机的说法中，正确的是（　　　）。

A．叶轮旋转使流体获得能量

B．流体通过叶轮后压能和动能都得到提高

C．叶轮连续旋转时，叶轮入口处不断形成真空

D．广泛应用于需要大流量和较低电压的场合

答案：ABC

18．关于辐射换热的说法中下列正确的是（　　　）。

A．热辐射过程中伴随着能量形式的转换

B．高温物体能向低温物体发射辐射能，低温物体也能向高温物体发射辐射能

C．不需要冷热物体的直接接触

D．当两个物体温度相等时，相互间的辐射换热即告停止

答案：ABC

19．文丘里管用于测量流量时的主要工作原理下列不正确的是（　　　）。

A．连续性方程　　　B．伯努利方程　　　C．运动方程　　　D．动量方程

答案：ACD

20．下列热力过程属于自发过程的是（　　　）。

A．热量自高温物体传递给低温物体

B．高压气体膨胀为低压气体

C．制冷循环中，热量由低温冷源传递至高温热源

D．机械运动摩擦生热

答案：ABD

21．下列做法不可以强化传热的是（　　　）。

A．将普通双层玻璃窗夹层抽真空

B．辐射换热中采用高反射比的表面涂层

C．辐射换热中在换热表面间加装遮热板

D．安装肋片

答案：ABC

四、简答题

1．请说明新型豪华电子温度控制电路的电冰箱中，检查制冷压缩机不启动的顺序。

答：对新型豪华电子温度控制电路的电冰箱，检查制冷压缩机不启动的顺序是：（1）外电路；（2）压缩机主绕组阻值+副绕组阻值=公用端绕组阻值；（3）主电路板电源部分；（4）电子电路控制部分。

2．什么是电冰箱的能效标志？

它按国标 GB12021.2—2003 规定，对电冰箱的能耗等级进行评定。它共分为 5 个等级，从 1 级到 5 级，能效指标 η（实测耗电量/耗电量限定值×100%）分别为：

1 级：$\eta \leqslant 55\%$；2 级：$55\% < \eta \leqslant 65\%$；3 级：$65\% < \eta \leqslant 80\%$；4 级：$80\% < \eta \leqslant 90\%$；5 级：$90\% < \eta \leqslant 100\%$。1 级和 2 级即可认定为节能产品。

3．简述几种测量流体速度的方法并列举代表性仪器。

答：机械方法，如机械式风速仪；散热率方法，如恒温式热线风速仪、恒阻式热线风速仪；动力测压方法，如皮托管；激光测速方法，如激光多普勒测速仪。

4．房间空调器使用的变频电动机有哪些类型？

答：房间空调器使用的变频电动机有交流三相电动机和直流无刷电动机两大类型。

5．新型豪华电子温度控制电路的电冰箱的化霜温度传感器安装在什么位置？基本功能是什么？

答：新型豪华电子温度控制电路的电冰箱的化霜温度传感器安装在冷冻室内。基本功能是：发出化霜信号和发出化霜终止信号。

6．请说明红外遥控器液晶显示符号缺少笔画的原因。

答：红外遥控器液晶显示符号缺少笔画的原因要有：（1）液晶屏接触不良；（2）电路板引脚断线；（3）脱焊、虚焊等。

7．房间空调器使用的直流无刷电动机有什么缺点？

答：直流无刷电动机存在低速运行时由于转矩波动较大，而转速均匀性较差的缺点。

8．房间空调器使用的直流无刷电动机有什么优点？

答：直流无刷电动机具有较宽的调速范围，平滑的调速性能，启动迅速，寿命长、靠性高和噪声低的优点。

9．举例说明变频制冷压缩机运转时有哪些要求？

答：对变频制冷压缩机运转的基本要求是：低转速运转时要考虑泄漏量增大的难题，高转速运转时要考虑气阀流动阻力增大的难题。

10．阐述电冰箱制冷系统内制冷剂注入量的计算方法。

答：经验估算法：按照制冷系统各容积乘以不同系数相加后为系统内充注的容积。观查法：这种方法是制冷压缩机在运行的情况下，边充制冷剂边检查充注压力，边观察蒸发器结霜情况。直到蒸发器全部结霜，制冷压缩机运转电流不超过额定电流。实验数据法：根据实验方法得出计算式和计算图，这种方法是长期实践中总结出来的，在实验条件下使用是正确的。

11．请说明新型豪华电子温度控制电路的电冰箱，因电子电路故障导致制冷压缩机不启动的简易检查方法。

答：对新型豪华电子温度控制电路的电冰箱，因电子电路故障导致制冷压缩机不启动的简易检查方法是：将冷藏室内的温度传感器短路、观察电动机是否启动。若电动机启动则重点检查温度传感器，若电动机仍不启动则重点检查主电路板。

12．电冰箱噪声值是怎么测定的？

答：根据 GB/T8059.2—1995 标准的规定，测试环境为半消声室，电冰箱放置在场所地面的几何中心的弹性基础上（厚 5～6mm 弹性橡胶垫层）。

电冰箱应空着。将温控器调到中等程度关好门。电冰箱至少运行 30min 后，在测试期间，如果箱内温度达到温控器设定的温度而停机时，则此时应中断测量。待压缩机重新开机工作 3min 后再测量。

测量要用 4 个测噪探头，然后算平均值。4 个探头放置在高度为箱体中部再向上 0.5m 的前、后、左、右 4 个中间位置，前、后、左、右距箱体分别为 1m。

13．压缩机的 COP 值的含义是什么？

答：压缩机的 COP 值是指压缩机的制冷量与输入功率（消耗的电功率 W）的比值，COP 值越高，表示压缩机的效率越高，电冰箱就越省电。常用压缩机的 COP 值一般在 1.1～1.8 之间。Ⅱ系列电冰箱采用 COP 值为 1.81 的特高效压缩机，居国际领先水平。

14．冷冻室采用丝管式蒸发器和板管式蒸发器有什么区别？

答：（1）丝管式蒸发器：强度大，承重能力强；制冷效率高，配合其他节能措施可以起到节能的效果；制冷均匀，结霜少。

（2）板管式蒸发器：强度低，承重能力较差；制冷管道与板壁间的温差较大，传热效率降低，局部易结霜。

15. 可拆卸式门封条有什么优点？

答：可拆卸式门封条可以拆卸下来，方便清洗。但是，平时尽量避免频繁拆卸，以免影响装配效果。

16. 冷藏室结冰是什么原因？

答：对直冷式电冰箱来说，当电冰箱处在工作状态时，冷藏室后背会出现结冰现象，主要在冷藏室内胆的后背有蒸发器，冷藏室的温度主要依靠该蒸发器来达到设定温度。当电冰箱压缩机停止，工作温度会回升，此时冷藏室后背的冰会化掉，变成水珠，水珠顺后背流到出水孔，再到蒸发器蒸发。由于开门的次数、环境温度和湿度的提高、食物的水分、温度控制不准、设置模式不对（在"冬季"开低温补偿器）等都会出现冷藏室后背的冰和水来不及融化和流完，在冰箱再次工作时出现结冰现象。

对于出现冷藏室结冰现象，要指导用户按说明书中有关保养的方法进行清理保养，特殊情况请服务网点进行上门检测电冰箱开、停时冷藏室后背的温度，以区分正常结冰与异常结冰的现象。如果出现异常结冰由服务网点进行检修。

17. 平背式电冰箱的两侧为什么会很热？

答：平背式电冰箱冷凝器在电冰箱的两侧，压缩机工作时冷凝器散热，所以两侧很热，尤其是在夏天（或刚使用的电冰箱），两侧板的温度可能高达 50℃左右，这是正常现象。在冷冻室的门框四周有一圈防凝管，其作用是防止外界的水汽在门边上凝露。因此，冷冻室门打开时也会有些热。

18. 电冰箱在压缩机停转时电表还会缓慢地转动（即有功耗）吗？

答：对装转换开关的机控电冰箱，如开关拨在"夏季"位置时，停机时应无功耗；如开关拨在"冬季"位置时，停机时应有补偿加热器的功耗（约 8W）。对装磁控开关的机控电冰箱停机时是否有功耗，取决于装在冷冻室的磁控开关是否接通（磁控开关的动作点是（-14.5±2）℃，高于-14.5℃时接通，低于-14.5℃时断开），接通时补偿加热器工作，停机时就有功耗，否则无功耗。

电控冰箱停机时至少都有一个待机功耗(1～2W)，但对装有补偿加热器或化霜加热器（风冷冰箱）的电冰箱还有可能有加热器的功耗。

注：维修人员检查时还要考虑用户家中其他电器的用电情况及线损。

19. 用电度表测量的电冰箱耗电量怎么有时与铭牌标注的不一样？

答：电冰箱、冰柜的耗电量分为额定耗电量和实际耗电量。电冰箱铭牌上标注的耗电量为额定耗电量。额定耗电量是按国标 GB/T 8059—1995 规定的实验室条件下测定的，对环温、电冰箱内放置的东西、电冰箱内的温度、测试时间、计算方法都有严格的要求（气候类型 SN、N、ST 型和 T 型的环温要求分别为 25℃和 32℃，运行 24 小时以后在达到冷藏室平均温度 5℃、冷冻室最热点≤-18℃时，这时再运行 24 小时的一定整数倍，测得耗电量的平均值）。电冰箱实际耗电量有时高于额定耗电量，有时低于额定耗电量。实际耗电量随电冰箱环境的不同、储存食物的多少、箱内控制温度的高低及开门次数多少和时间长短而变化。

因电冰箱是利用制冷剂在制冷管路中循环流动，在蒸发器里面吸收热量蒸发成气体，在外部冷凝器冷凝成液体放出热量，不断地将电冰箱内部的热量带到冷凝器上散发到空气中。这样环境温度对电冰箱的耗电有以下的影响：

　　（1）环境温度升高，就会带来电冰箱散热变慢，箱内温度下降慢，导致开机时间加长，耗电量增大。

　　（2）环境温度升高，因电冰箱内、外温差大，箱体保温层散热速度也会加快，会引起散失冷量多，导致停机时间变短，响应开机时间就会加长，引起耗电量增大。

　　（3）对于普通电冰箱按实验数据来分析，当环境温度达32℃时耗电量是25℃时的2倍左右，30℃时耗电量是25℃时的1.6～1.8倍左右。

　　注： 三包内用户如解释不通或用户要求上门检查的，维修人员上门后只能测定电冰箱的制冷效果，包括制冷温度、开停比例等，如制冷效果正常则告诉用户电冰箱是正常的，可放心使用，如有什么问题再和我们联系。切记不要用用户家用电表测定耗电量。

　　20．电冰箱内的制冷剂可以使用多长时间？要不要定期加制冷剂？

　　答：正常使用情况下，电冰箱的制冷剂不泄漏，不需添加。

　　21．直冷式电冰箱的抽屉式会不会冻起来？大约多长时间除一次霜？

　　答：直冷式电冰箱均为微霜型，一般1～3个月按说明书要求除一次霜。如按时处理，不会上冻。对特殊的抽屉结冰可请服务网点进行检测，一般造成特殊问题主要是门封条自身的保温性能下降，更换门封条或维修门封条能得到一定的缓解。

　　22．电冰箱背后有两个小洞，有时有黄色的发泡液流出，是什么原因？

　　答：这两个小洞是注射发泡液留下的注射枪口。这是美菱公司对生产工艺进行的改进，从电冰箱后背注射，这样发泡液分布更加均匀，隔热性能更好。有时，洞口可能留有残余的发泡液，是因为注射结束后未清洁干净，不会影响电冰箱的正常使用。

　　23．丝管式蒸发器热交换面积比板管增大了不少，但其焊接点是否也大大增多，易导致内漏？

　　答：丝管式蒸发器的焊点确实增多了，但是并不会导致内漏。因为增加的焊点是钢丝搭接在制冷管上时，钢丝与制冷管连接采取无缝焊接的方式。焊点并未达到制冷管内部，正常使用焊点不会破裂，即使焊点产生缝隙，制冷管依然完好无损，仅仅是钢丝与制冷管的连接不紧密而已，完全不会影响电冰箱制冷系统的运转。同时，丝管式蒸发器正是由于焊点的增加，大大提高了导热性能，热量通过焊点传给钢丝，焊点越多，传热点越多，且传热面积越大，速度越快。因此丝管式蒸发器焊点的增加既改善了电冰箱的制冷系统性能，高效节能，又没有焊点破裂的担心，可以说有百利而无一害。美菱使用的丝管式蒸发器是钢丝和邦迪管焊接后再进行浸塑（或镀锌）处理，外形美观并具有良好的防腐蚀效果。

　　24．电冰箱清味器使用有年限吗？是否要定期更换？

　　答：使用的是纳米清味器，纳米载体对冷藏室气体催化、分解，但本身不参与反应，可以长期发挥作用15～20年，不需更换（中途如觉得效果下降可取出放在太阳下曝晒几个小时再装入使用）。

　　25．为什么直冷电控冰箱比同体积的机控冰箱耗电量大？

　　答：因为电控冰箱的电脑板、显示及控制装置、电磁阀都需要耗电。

　　26．电控冰箱比机械温控冰箱复杂，是不是故障也多呢？

答：不是。相对于航天飞机等领域，应用在电冰箱上的电控技术已经非常成熟，而且控制参数少（仅仅是温度），因此电控冰箱技术的"复杂"，只是相对于机械控制而言，在电控技术领域则并不"复杂"。

27．冷冻能力越大，电冰箱质量就越好吗？

答：不是。电冰箱的制冷系统应该优化设计，一味增加冷冻能力，会使制冷系统过于庞大，管道多，耗电量也大。

28．电冰箱产生噪声的部分有哪些？

答：电冰箱噪声主要来源于压缩机的工作声音、蒸发器或冷凝器的热胀冷缩声音、管路之间碰撞及共振声音、制冷剂在管路中的声音、产品放置不平产生的声音。对于不同的现象采用不同的方法排除，如加装减振块、阻尼块、固定部件、除霜等。

29．电冰箱噪声国家标准是怎样规定的？

答：2005年8月1日前生产的电冰箱按原国标规定：250升以下，噪声≤52dB（A）；250升以上，噪声≤55dB（A）。

2005年8月1日后新国标对噪声的规定：250升以下，直冷冰箱噪声≤45dB（A）、风冷及冰柜噪声≤47dB（A）；250升以上，直冷冰箱噪声≤48dB（A）、风冷冰箱噪声≤52dB（A）、冰柜噪声≤55dB（A）。铭牌或说明书上必须要标注噪声值，且最高不应超过上述限定值。

30．电冰箱通检项目有哪些？

答：检查用户电冰箱使用的电压；检查用户电冰箱的门封状况；检查用户冷藏室照明灯的状况；检查用户电冰箱温度控制器、低温补偿开关的情况；检查冷藏室化霜水管的状况；检查电冰箱是否放置在通风良好的位置。

31．PDCA循环法的8个步骤包括哪些内容？

答：（1）分析状态找出问题；（2）找出原因；（3）找出质量问题的主要因素；（4）针对质量问题制定措施；（5）按计划实施；（6）检查实施效果；（7）总结经验教训；（8）根据遗留的问题提出下一目标计划。

32．加工紫铜群钻削部分的主要几何角度有哪些主要特点？

答：（1）群钻钻芯高；（2）圆弧后角减少；（3）衡刃斜角修磨90°。

33．简述冷间冷却设备负荷所包括的内容。

答：冷间冷却设备负荷包括：围护结构热流量、货物热流量、通风换气热流量、电动机运转热流量、操作热流量。

34．哪些方法可以消除电冰箱箱体的异味？

答：将电冰箱停用，用温水加入少量中性洗涤剂擦洗内胆及附件，然后用清水擦洗。用电子除臭器除臭（或擦洗干净后将门敞开两天），再用下面的几种方法处理。

（1）将几块新鲜的橘子皮洗净晒干，散放入电冰箱内，其清香亦可趋解除怪味。

（2）放入半杯白酒（最好是碘酒），关上电冰箱门，不通电源，经24小时后即可消除异味。

（3）蒸馒头时剩下一小块生面放在碗中，置于电冰箱冷藏室上层，可使电冰箱2～3个月内没有异味。

（4）用纱布包50克茶叶放入电冰箱，一个月后再取出放在太阳下曝晒，再装入纱布放进电冰箱，可反复使用。

（5）用一条干净纯棉毛巾，折叠整齐放在冰箱上层网架边，毛巾上的微细孔可吸附冰箱中的气味，过段时间将毛巾取出用温水洗净晒干后可再使用。

（6）燃烧过的蜂窝煤完整地取出，放入冰箱内（为了使冰箱内干净，可将其置于一盘内），放置一两天后即可去异味。

五、计算分析题

1. 有一汽轮机工作在 800℃ 及环境温度 30℃ 之间，求这台热机可能达到的最高热效率。如果从热源得到 80000kJ 的热量，能产生净功为多少 kJ？

答：热机所能够达到的最高热效率是卡诺循环的热效率，所以，最高热效率为

$$\eta = 1 - \frac{T_2}{T_1} = 1 - \frac{30 + 273}{800 + 273} = 0.718 \quad (4 分)$$

如果从热源得到 80000kJ 的热量，能产生净功为

$$W = Q \times \eta = 80000 \times 0.718 = 57440kJ \quad (4 分)$$

2. 如图所示，单级蒸气压缩式制冷的理论循环用 12341 表示，当冷凝温度由 t_2 降低为 t_5 后，该循环用 15671 表示。已知各状态点的比焓及状态 1 的比体积，计算冷凝温度降低前、后该循环的单位质量制冷量 q_0、理论比功 w_0、单位容积制冷量 q_V 及制冷系数 ε，并分别比较它们值的大小。

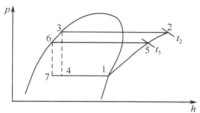

答：单位质量制冷量 $q_0^{12341} = h_1 - h_4$；$q_0^{15671} = h_1 - h_7$，由于 $h_4 > h_7$，所以 $q_0^{15671} > q_0^{12341}$。即冷凝温度的降低使单位质量制冷量升高。（1.5 分）

理论比功 $w_0^{12341} = h_2 - h_1$；$w_0^{15671} = h_5 - h_1$，由于 $h_2 > h_5$，所以 $w_0^{15671} < w_0^{12341}$。即冷凝温度的降低使理论比功减少。（1.5 分）

单位容积制冷量 $q_V^{12341} = q_0^{12341}/v_1$；$q_V^{15671} = q_0^{15671}/v_1$，由于 v_1 不变而 $q_0^{15671} > q_0^{12341}$，所以，$q_V^{15671} > q_V^{12341}$。即冷凝温度的降低使单位容积制冷量增加。（2.5 分）

制冷系数 $\varepsilon^{12341} = q_0^{12341}/w_0^{12341}$；$\varepsilon^{15671} = q_0^{15671}/w_0^{15671}$，由于 $q_0^{15671} > q_0^{12341}$ 而 $w_0^{15671} < w_0^{12341}$，所以 $\varepsilon^{15671} > \varepsilon^{12341}$。即冷凝温度的下降使制冷系数升高。（2.5 分）

3. 一座公称体积 $V=1200m^3$ 的冷库，层高 $H=5.7m$，梁板高度=0.6m，用于冷藏冻鱼。请参考下表计算该冷库吨位。

冷藏间体积利用系数 η

公称体积（m³）	体积利用系数
500～1000	0.4
1001～2000	0.5
2001～10000	0.55

冷藏间体积利用系数 η

冰库净高（m）	体积利用系数
≤4.2	0.4
4.21～5.00	0.5
5.01～6.00	0.6

食品计算密度 ρ（kg/m³）

食品类别	密度
冻肉	400
冻鱼	470
机制冰	750

答：该冷库吨位为

$$G=V\rho\eta/1000 \quad （4分）$$
$$=1200×470×0.5/1000=282t \quad （4分）$$

4．有一段水平敷设的长度为 18m 的空调水管，管径为 57×3.5，输送的制冷量为 40kW，冷冻水供回水温差为 5℃。已知流动的摩擦阻力系数为 0.025，管道上安装一个阀门，其局部阻力系数为 6，冷水的比热容为 4180J/（kg·K）、密度为 1000kg/m³。试求该管段的流动阻力。

解：（1）计算水流量和管内径

水流量为：$G=\dfrac{Q_L}{c_p\Delta t}=\dfrac{40\times10^3}{4180\times5}\approx1.91\text{kg/s}$ （2分）

管内径为：$d_n=57-2\times3.5=50\text{mm}$ （1分）

（2）计算流速

$$v=\frac{G}{\rho\left(\dfrac{\pi}{4}d_n^2\right)}=\frac{1.91}{1000\times\left(\dfrac{\pi}{4}\times0.05^2\right)}\approx0.97\text{m/s} \quad （2分）$$

（3）计算总阻力

$$\Delta P=\Delta P_m+\Delta P_j=\lambda\frac{l}{d_n}\frac{v^2}{2g}\cdot\rho g+\zeta\frac{v^2}{2g}\cdot\rho g=\left(\lambda\frac{l}{d_n}+\zeta\right)\cdot\frac{\rho v^2}{2}$$

$$=\left(0.025\times\frac{18}{0.05}+6\right)\times\frac{1000\times0.97^2}{2}\approx7057\text{Pa} \quad （3分）$$

> ## 项目 12.2 制冷工、制冷设备维修工、家用电器维修
>
> ## 工、冷藏工考工及制冷空调中级职称论文写作与答辩要点

任务 12.2.1 论文写作方法

1. 论文的内容

论文是一个人从事某一专业（工种）的学识、技术和能力的基本反映，也是个人劳动成果、经验和智慧的升华。

论文由论点、论据、引证、论证、结束语等几个部分构成。

（1）论点论述确定性意见及支持意见的理由。

（2）论据证明论题判断的依据。

（3）引证引用前人著作作为明证、根据、证据。

（4）论证。

① 用论据证明论题真实性的论述过程。

② 根据个人的了解或理解证明。

（5）结束语从一定的前提推论得到的结果，对事物作出总结性判定。

2. 怎样撰写技术论文

（1）技术论文的一般格式和具体要求。论文是按一定格式撰写的。内容一般分为：题目、作者姓名、工作单位、摘要、关键词、实践方法（包括其理论依据）、实践过程、参考文献等。具体要求如下：

① 数据可靠。论文中的数据必须是经过反复验证，确定证明正确、准确可用的数据。

② 论点明确。论述中的确定性意见及支持意见的理由要充分。

③ 引证有力。证明论题判断的论据在引证时要充分，有说服力，经得起推敲，经得起验证。

④ 论证严紧。引用论据或个人了解、理解的证明时要严密，使人口服心服。

⑤ 判断准确。在结论中对事物作出的总结性判断要准确，有概括性、科学性、严密性、总结性。

⑥ 实事求是。文字陈述简练，不夸张臆造，不弄虚作假，论文全文的长短根据内容需一般在 3000 字以内。

（2）论文命题的选择。论文命题的标题应做到贴切、鲜明、简短。写好论文关键在如何命题。就制冷专业来讲，由于每个单位情况不同，各专业技术工种数也不同；就同一工种而言，其技术复杂程度、难易、深浅各不相同，专业技术各不相同，因此不能用一种模式、一种定义来表达各不相同的专业技术情况。选择命题不是刻意地去寻找、去研究那些尚未开发的领域，而是把工作实践中解决的工作难题通过筛选总结整理出来，上升为理论，以达到指

导今后工作的目的。命题是论文的精髓所在，是论文方向性、选择性、关键性、成功性的关键和体现，命题方向选择失误往往导致论文的失败。因此在写论文之前，一定要反复思考、反复构思，确定自己想写的命题内容，命题确定后再选择命题的标题。所以，命题不能单纯理解为给论文的标题命名。

（3）命题内容的选择。命题内容的选择是命题的基础，同样是论文成败的关键。选择的内容应针对自己的工作和专业扬长避短。如在工艺改进、质量攻关、技术改进方面，在学习、消化推广和应用国内外先进技术方面，在防止和排除重大隐患方面，在大型和高精尖设备的安装、调试、操作、维修和保养方面及成绩显著、贡献突出、确有推广价值的技术成果，虽不是创造发明，但为企业及社会创造了直接或间接经济效益的项目都可以写。从中选择自己最擅长、最突出的某一方面作为自己命题的内容，然后再从中选择最具代表性的一项进行整理、浓缩，作为自己命题内容的基础材料。

（4）摘要是论文内容基本思想的浓缩，简要阐明论文的论点、论据、方法、成果和结论，要求完整、准确和简练，其本身是完整的短文，能独立使用，字数一般200～300字为好，至多不超过500字。

（5）前言是论文的开场白，主要说明本课题研究的目的、相关的前人成果和知识空白、理论依据和实践方法、设备基础和预期目标等。切忌自封水平、客套空话、政治口号和商业宣传。

（6）正文是论文的主体，包括论点、论据、引证、论证、实践方法（包括其理论依据）、实践过程及参考文献、实际成果等。写好这部分文章要有材料、有内容，文字简明精炼，通俗易懂，准确地表达必要的理论和实践成果。在写作中表达数据的图、表要经过精心挑选；论文中凡引用他人的文章、数据、论点、材料等，均应按出现顺序依次列出参考文献，并准确无误。

（7）结论是整篇论文的归结，它不应是前文已经分别作的研究、实践成果的简单重复，而应该提到更深层次的理论高度进行概括，文字组织要有说服力，要突出科学性、严密性使论文有完善的结尾。

（8）论文的修改定稿。论文完稿后应反复推敲，反复修改，精益求精。论文的体裁不强求统一，但要突出重点。论文的内容和表达方式不需要面面俱到，但通篇体例应统一，所用的各种符号、代号、图样均应符合国家标准规定，对外文符号应书写清楚，大小写、正斜体易搞混时应加标注。

（9）论文撰写应注意的几个问题。

① 要明确读者对象。要解决"为谁写"、"写什么"、"给谁看"的问题。要考虑生产和社会需要，结合当前我国的有关技术政策，考虑自己的经验和能力。若是为工人师傅写出的，应尽量结合生产实际写得通俗一些，深入浅出，易看、易懂。

② 要充分运用资料。巧妇难为无米之炊，要写好技术论文，一定要掌握足够的资料，包括自己的经验总结和国内外资料；要对资料进行充分地分析、比较，加以消化，分清哪些是有用的，哪些是无用的，并根据选择的课题和命题拟出较详细的撰写提纲，包括主次的分类、段落的分节、重点的选择、图表的设计拟定、顺序的排列等。

③ 要仔细校阅。初稿完稿后，不能算定稿，论文必然存在不足，如论文格式、表述方式、图的画法、公式的表述、名词术语、技术内容、文字表达及文章结构等方面要进行反

复推敲，使文字表达符合我国的语言习惯，文字精练，逻辑关系明确。自审外，最好请有关专家审阅，按所提的意见再修改一次，以消错，进一步提高论文质量，达到精益求精的目的。

任务 12.2.2　论文的答辩

（1）专业技术工种专家组需由 7 名各专业技术工种的专家、技师、高级技师、工程师、高级工程师组成。

（2）答辩时先由答辩者宣读 10min 论文，然后由专家组进行提问考核，时间约为 20min。

（3）对具体论文（工作总结）主要从论文项目的难度、项目的实用性、项目经济效果、项目的科学性进行评定。

（4）答辩时对论文中提出的结构、原理、定义、原则、方法等知识论证的正确性主要通过提问方式来考核。

（5）对本工种的专业工艺知识主要考核其熟悉深浅程度并予以确认。

（6）新材料、新设备的发展新动向及其应用技术。

项目 12.3　制冷工、制冷设备维修工、家用电器维修工、冷藏工考工及制冷空调中级职称论文

任务 12.3.1　"双绿色"电冰箱的选购与科学巧用

摘要：目前电冰箱正处在更新换代时期，新型"双绿色"电冰箱采用 HFCl34a、R600a、R411A 制冷剂和 Rl41b 发泡剂，Fl2 制冷剂正被逐步替代。现在市场上销售的电冰箱精品荟萃，满目新品。按冷却方式分类可分为直冷式和风冷式，按控制方式分类可分为机械式、电子液晶显示式和全自动化霜式。每个家庭在购买电冰箱时，都希望自己能买到一台既价廉物美又实用的"双绿色"电冰箱，笔者愿帮您选购一台如意的"双绿色"电冰箱。

关键词："双绿色"电冰箱，选购方法，科学巧用

1. "双绿色"电冰箱的选购

（1）选购"双绿色"电冰箱，要根据自己的需要，结合经济状况、生活习惯、居住环境及人口多少等条件进行综合考虑决定。

（2）如果经济条件一般，住房比较紧张，房间狭小，可选用一台直冷机械式 160L 以内的"双绿色"电冰箱，如新飞牌、美菱牌直冷式电冰箱。直冷式电冰箱具有冷气平稳、无损耗、价格低、省电等优点。

（3）如果经济条件较好，房子宽敞，可选用一台 200L 直冷式带液晶显示的"双绿色"电冰箱，如美的牌、海尔牌、海信牌、西门子牌、科龙牌电冰箱。其制冷剂和发泡剂 100% 不含 CFC，压缩机具有高效节能，冷量传递迅速、均匀，噪声低，省电等优点。

（4）如果居住的地方离超市、连锁店较远，购物不方便，经济条件允许，可选用大容积的"双绿色"电冰箱，如美的 BCD-205E、海尔牌双统帅 BCD-256G、海信 BCD-282 TDC 科龙牌 BCD-230W/HC 豪华型电冰箱等。

（5）选购时，"双绿色"电冰箱的颜色一定要与家庭装饰相协调。箱体外观、漆膜颜色应一致均匀，无划痕和裂纹，表面平整，无凹坑，没有漏涂、掉漆现象。箱门应转动灵活，磁性门封条要平伏，门封严密（检查时可用一张薄纸，抽出时应有用力的感觉；或在箱内放一支手电筒，外边应看不到漏光）。箱体内壁不能有裂纹；附件应齐全；电镀件表面色泽光亮均匀，无鼓包、露底、划伤等缺陷；箱体后部的冷凝器、干燥过滤器、毛细管、压缩机管路连接焊口无油渍。

（6）"双绿色"电冰箱外观选好后，接通电源，运转 30min，看蒸发器是否结满霜。温控器控制在中点，蒸发器结霜应比较均匀，手摸冷凝器应感觉没有忽冷忽热现象，否则说明制冷系统内有空气，会影响制冷性能。"双绿色"电冰箱压缩机运转 1h 后，压缩机回气管应无霜较凉，电冰箱后背回气管出口处有霜，开箱门时，霜层应融化，这样可确定充加制冷剂量是否合适。进行启动性能试验的方法是，通电后人为连续启动 3 次，每次间隔 3～4min，看启动是否正常，在运转过程中，观察噪声是否小于 45dB，白天人站在离电冰箱 1m 处，不应听到压缩机的启动运转声音，用手触摸电冰箱，不能有明显的振动感觉。

2. "双绿色"电冰箱安放位置

电冰箱安放的位置合理，有利于电冰箱的安全、节电及使用寿命。

（1）"双绿色"电冰箱的安放远离热源，不受日光直射，通风良好，地面平整坚固；后背距墙不小于 10cm，两侧距墙不小于 20cm，箱门附近留有不小于 100cm 的旋转开门空挡；远离电视机，因电视机最忌磁场干扰，而电冰箱在启动工作时，会形成 1.5m 范围的电磁场，使其画面出现紊乱。

（2）最好把电冰箱放在一个高 5cm 的支架上，这样有利于冷空气从箱底流入，改善冷凝器的自然对流散热。使用单独插座，禁止把插座保护线接在水管、煤气管、电话地线及避雷针线上。

3. "双绿色"电冰箱的科学使用

新型"双绿色"电冰箱的设计使用寿命一般为 15 年。如果使用得当，保养及时，不仅能发挥其制冷效果，保证冷藏食品的质量，降低电耗，对延长使用寿命起着重要的作用。

（1）使用电冰箱时，应把食品装在保鲜袋内或有盖的容器中，可防止食品内水分蒸发，避免不同食品互相串味。

（2）水果、蔬菜上残留有农药、细菌，应洗干净，擦干再储藏，包装好的食品应擦净外表的水再放入电冰箱。

（3）待热食品冷却到室温后再放入电冰箱冷藏室内。切勿将食品或容器紧贴在冷藏室的后壁上，以免冷传递，把食物冻结。搁架放食品应留有适当间隙，不要放置与搁架大小相等的容器或将纸铺在搁架上，以免影响冷气流通。

（4）熟肉、香肠等可放在上部第一层搁架上；蛋糕、果酱放在第二层搁架上；水果、乳酪和奶制品可放在第三层搁架上；蛋、蔬菜可放在果菜盒中；门的搁架应放些较轻的食品，禁止放啤酒、罐头类较重的食品，以免把电冰箱门压斜、漏冷。

（5）电冰箱在使用中，若冷藏室内有水，说明出口水道堵住，可用铁丝和气筒疏通，以免箱门底边被酸碱水锈蚀。

4．科学除霜的方法

电冰箱使用一段时间以后，食品和空气中的水分，在温度较低的蒸发器表面结霜，霜层厚度到 5mm 时，会影响制冷效果，应及时除霜。

直冷式电冰箱除霜应先切断电源，打开冷冻室门，把食品取出，利用环境温度化霜。为加快化霜，可用霜铲除霜；也可用一盆约 40℃ 的温水，放入冷冻室内进行除霜。切勿使用金属利器、电加热等方式除霜，以防损坏蒸发器，而使制冷剂泄漏。化霜完毕，用干布将室壁擦干，最后用按 1 茶匙小苏打兑 1L 水的比例配成的溶液擦拭内壁和柜门，切勿用热水和粗糙有腐蚀性的清洁剂。磁性门封条，可用 1∶10 的漂白剂和水稀释后，用牙刷蘸湿清洗，清洗门条脏污后，用水洗去漂白剂，然后擦干，插上电源，待冷藏室的温度达到设定要求重新放入食品。

5．"双绿色"电冰箱冬天不宜停用

有很多的家庭为了延长电冰箱使用寿命和省电，在冬天来临时，停止使用电冰箱，错误地认为冬天外界气温低，利用天然大"冰箱"就行了。孰不知，电冰箱停止使用后，箱内潮湿温暖，适宜各种细菌的生长繁殖，并产生难闻的异味。在常温下，蒸发器易被残留下来的碱性物质腐蚀，造成电冰箱内漏。外壳在常温下的氧化腐蚀是正常使用的 20 倍，一旦电冰箱的外壳被腐蚀穿孔后，箱内的温度急剧上升，电冰箱失去保温作用，所以电冰箱忽用忽停不可取。假若因公外出时间较长，为了安全，可采取断电，然后将电冰箱化霜并把内壁清洗干净，敞开、风干，12h 后再关上电冰箱门。

6．"双绿色"电冰箱的科学巧用

电冰箱不仅可以为家庭提供冷冻、冷藏食品保鲜的作用，而且巧用冷冻、冷藏又可提供广泛的用途。

（1）过生日点蜡烛时容易出现"流泪"现象。在点燃前，将蜡烛放入冷冻室 2 h 再拿出，放在蛋糕上点燃，就不会出现"流泪"现象，避免蛋糕无法食用。

（2）将猪肝打成花刀，放入电冰箱 2h，拿出后非常好切（不滑流）。

（3）粟子煮熟放入电冰箱速冻 30min，取出有利于剥壳，壳肉分离完好。

（4）因受潮而软化的饼干，放入冷冻室 8h 后，取出能恢复如初。

（5）将葱头去皮放入冷藏室内 1 h，取出再切，就不会刺激眼睛流眼泪。

（6）松花蛋放入冷冻室储存，10min 再剥皮，即壳皮脱离，再切时不容易切碎。

（7）炎夏把高档香烟放在冷冻室存放，不会发霉变质。

7．电冰箱异味去除法

电冰箱冷藏室应在使用 1～2 个月时即进行清洗一次，清除过期和即将发霉的食品，避免细菌的滋生，同时也可防止对蒸发器的腐蚀，减少电冰箱内漏故障的发生，提高制冷效率，

延长使用寿命。在清洗时，可参阅下面电冰箱异味去除法。电冰箱冷藏室内放的东西多而杂，常会产生各种各样的异味，此时，可用下列任何一法去除。

（1）橘子皮除味法：取新鲜橘子皮 600 克，把橘子皮洗净晾干，分散放入电冰箱的冷藏室中，两天后，打开电冰箱，清香扑鼻，异味全无。

（2）柠檬除味法：将柠檬切成小片，放置在电冰箱冷藏室的各层，效果亦佳。

（3）茶叶除味法：将 60 克花茶装在纱布袋中，放入电冰箱冷藏室内，可除去异味。半个月后，将茶叶取出放在阳光下曝晒，可反复使用多次。

（4）麦饭石除味法：取麦饭石 600 克，筛去粉末微粒后装入纱布袋中，放置在电冰箱的冷藏室里，16min 后异味可除。

（5）黄酒除味法：用黄酒一碗，放在电冰箱冷藏室的底层，一般 3 天就可除净异味。

（6）食醋除味法：将一些食醋倒入敞口玻璃瓶中，置入电冰箱冷藏室内，除味效果也很好。

（7）小苏打除味法：取 600 克小苏打（即碳酸氢钠）分装在两个广口玻璃瓶内（打开瓶盖），放置在电冰箱冷藏室的上下层，异味可除。

（8）木炭除味法：把适量木炭碾碎，装入小布袋内，放置电冰箱冷藏室内，除味效果甚佳。

（9）檀香皂除味法：在电冰箱冷藏室内放半块去掉包装纸的檀香皂，除异味的效果亦佳。但电冰箱冷藏室内的熟食必须放在加盖的容器中。

8. "双绿色"电冰箱的节电窍门

现在每个家庭的家用电器较多，节约用电利国利己。下列方法可有利于电冰箱节电：

（1）电冰箱放在通风干燥的地方，远离热源和炊具。

（2）食品放入电冰箱前，应先冷却到室温。

（3）尽量减少开门次数，缩短开门存储时间，按种类存放食品。

（4）冬季把温控调节器放置在 3 挡、炎夏放置在 2 挡为宜，各种食品要包装好，防止风干和结霜。

（5）合理储藏食品，不要超过安全储藏期。

（6）冷冻的食品可提前一天把它放在冷藏室内慢慢解冻，可以把解冻的食品冷量利用起来。

（7）风冷式电冰箱冷冻室内无食品，可放一盒水冻结；直冷式电冰箱冷藏室无食品，也可放一盆水冻结，然后，放入冷藏室，这样可减少压缩机起、停次数。

（8）停电时，不要打开冷冻室门，以免冷气损耗较快导致食品融化，损失营养成分。食品融化后再来电时，压缩机运转时间延长，耗电量增加。

9. 结束语

以上是我对"双绿色"电冰箱的选购和科学巧用的一点肤浅认识，请各位老师及考评专家指正。

任务 13.3.2 怎样看新型电冰箱单片机电路图

摘要：维修技术员首先掌握电路符号、电路的组成，单元电路的形式、特点等，掌握主要元件的作用和性能，理解关键测试点上的电压、波形等参数，然后以信号流程为线索，来理解新型电冰箱各单元电路，才能较清晰地分析单片机电路。

关键词：看、电冰箱、单片机、电路图、方法

1. 看新型电冰箱单片机电路图的方法

维修人员要从整机方框图、电路原理图、印制电路板图中了解其设计思想和意图，必须认真看图，领悟出其中包含的各种信息。下面就看新型电冰箱单片机电路图有关的技巧加以讨论。

2. 看新型电冰箱单片机电路图的目标

看新型电冰箱单片机电路图的目标因人而异，业余爱好者、专业工作者和维修技术员的要求各不相同。

对于业余爱好者来说，看新型电冰箱单片机电路图只要达到一般要求：能根据新型电冰箱的方框图找出对应的电路图，弄清交、直流电源供给情况，指出新型电冰箱的信号在机内流通的路径。要做到这几点也不是轻而易举的，因为电路的画法是因人而异的，元件的符号也不尽统一，各单元电路的布局也没有固定格式，所以只能根据维修人员已掌握的知识，利用电路的内在联系灵活寻找，才能看出各单元电路的位置、名称和功能，沿着信号的流程走通整机电路。

对于维修技术员，看新型电冰箱单片机控制电路仅需满足维修要求：由电路图通过底板图在新型电冰箱上找到相应的实物或由实物经底板图在电路原理图上找到电路符号，对电路的组成和主要元件的作用有概括的了解。要达到维修要求，必须能识别新型电冰箱的主要元部件，以及常规的位置。这样才能通过分析、判断、检测，最后找到故障元件，以便分析故障。

对于工程技术人员和在校学生，看新型电冰箱单片机电路要实现高级要求：了解单元电路的形式、特点，掌握主要元件的作用和性能，理解关键测试点上的电压、波形等参数。要达到这些要求，技术人员首先学习新型电冰箱基本原理和单元电路的工作原理，然后以信号流程为线索，来理解新型电冰箱各单元电路，才能较清晰地分析整机电路。

3. 看新型电冰箱单片机电路图的基础

新型电冰箱单片机电路图是比较复杂的，要研究、修理新型电冰箱，首先必须能看懂电路图。要获得这种能力，应具备以下基本知识：

（1）熟悉各种元器件符号。同一个元器件可能有不同的表示方式，而且各新型电冰箱厂单片机电路也互有差异，这给维修人员增加了难度。因此，要能识别和记住各种电路符号，并且要十分注意符号的更新和标准化。

（2）掌握各单元电路的基本结构。整机电路就是由众多的单元电路组合而成的。为改善性能，各新型电冰箱单片机电路厂家根据需要在基本单元电路上增加一些附加的元件，这是分析电路的难点。随着新型电冰箱功能的增加和性能的完善，新型单元电路不断涌现，维修

人员也应积累这方面的知识。

（3）了解集成电路的基本功能。变频新型电冰箱是以集成电路为核心的，了解其内部功能，便于看懂外部元件的作用。

（4）熟记典型机型的方框图和信号流程图。任何新型电冰箱都是在典型机型基础上改进而成的。因此，只要熟悉基本机型，又能随时在脑中浮现，就能看懂新型电冰箱单片机控制电路的多半，而且前后相互关联比较清楚。只要多点时间琢磨特殊新型电冰箱单片机电路的单元电路，就能看懂全图。

看新型电冰箱整机线路，不仅需要具备上述基本知识，而且要耐心、仔细地实践。经认真读懂一种典型的电路图之后，再在实践中逐步积累经验，就能看懂更新新型电冰箱单片机控制电路。

4. 看新型电冰箱单片机电路图的技巧

一台新型电冰箱单片机电路有数百个元器件，乍看起来，无从下手。然而通过多看、多比较，并配合查阅有关资料，就能逐步掌握看图的规律。不过，要达到这种程度，正确的看图方法是很重要的。下面介绍几种看图的方法。

（1）信号流程法：在新型电冰箱中，看新型电冰箱单片机电路信号流程图，可利用信号流程图依次阅读。这种方法是从特征元件开始，依次为电源电路、变压电路、整流电路、滤波电路等。一个电路连接一个电路，由此及彼，顺藤摸瓜，定能走通新型电冰箱单片机电路。

（2）交、直流分离法：电子电路均分为直流供电、交流整理两种电路。因此，在看电路时，将直流供电与交流整理电路分开考虑，可使复杂电路变得简单。

（3）特征提示法：新型电冰箱单片机电路图中，一些有特征的元器件符号和简要的文字说明，为看整机电路图提供了很多有用的信息。如看到"+"、"−"的符号，就可很快找到滤波电路；当看到"～"的符号，就可知道电源电路；当看到"—"的符号，就可知道是直流电路。

（4）粗读—精读法：在实际新型电冰箱单片机控制电路中，某些单元电路与基本电路不尽相同。为了增加功能或改善性能，往往在基本单元电路上增加若干附加元件，这些附属元件的作用有的是显而易见的，有的则一时不易看清。有些与几部分相连的电路一时也不易看懂，遇到这种情况，维修人员不要被它所困扰，应把主要精力放在先看懂基本电路上。先分清哪部分是电源电路、变压电路、整流电路、滤波电路、晶振电路、复位电路等（粗读）；待看完整机电路后，再来分析各部分电路及具体元器件的作用（精读）。

5. 结束语

上面介绍的几种方法，目的在于说明看图的思路。看新型电冰箱单片机控制电路图的方法因人而异，维修人员可以根据自己的经验和体会归纳出多种方法。同时看图法还因时、因地而异，根据不同的机型、不同的需要，可灵活运用各种方法。

反侵权盗版声明

　　电子工业出版社依法对本作品享有专有出版权。任何未经权利人书面许可，复制、销售或通过信息网络传播本作品的行为，歪曲、篡改、剽窃本作品的行为，均违反《中华人民共和国著作权法》，其行为人应承担相应的民事责任和行政责任，构成犯罪的，将被依法追究刑事责任。

　　为了维护市场秩序，保护权利人的合法权益，我社将依法查处和打击侵权盗版的单位和个人。欢迎社会各界人士积极举报侵权盗版行为，本社将奖励举报有功人员，并保证举报人的信息不被泄露。

举报电话：（010）88254396；（010）88258888

传　　真：（010）88254397

E-mail：　dbqq@phei.com.cn

通信地址：北京市万寿路 173 信箱

　　　　　电子工业出版社总编办公室

邮　　编：100036